气象
改革开放40年

主　编◎于新文
副主编◎张洪广　胡　鹏

REFORM AND OPENING-UP
40 YEARS OF METEOROLOGY

气象出版社
China Meteorological Press

内 容 简 介

改革开放 40 年来,我国气象发展取得了巨大成就,积累了宝贵经验,对新时代全面深化改革开放具有重大借鉴意义。本书较为系统地归纳了气象服务、气象业务、科技人才、开放合作、管理体制和党的建设等方面的重大历程、重要成就;在此基础上,实事求是地从 7 个方面进行了评价并作出判断,从 10 个方面归纳了有益启示;精选了改革开放以来,对气象发展具有高显示度、高影响力、成效显著、已产生巨大作用、取得重大效果,并且还将延续产生影响的标志性事件;首次按照 8 个类别摘编了气象发展大事记。本书可供气象及相关行业、部门的管理者、研究者、工作者和其他社会各界人士参阅。

图书在版编目(CIP)数据

气象改革开放 40 年 / 于新文主编.--北京:气象出版社,2019.6

ISBN 978-7-5029-6982-0

Ⅰ.①气⋯ Ⅱ.①于⋯ Ⅲ.气象-工作-中国
Ⅳ.①P4

中国版本图书馆 CIP 数据核字(2019)第 116553 号

Qixiang Gaige Kaifang 40 Nian
气象改革开放 40 年

出版发行:气象出版社

地　　址:北京市海淀区中关村南大街 46 号　邮政编码:100081
电　　话:010-68407112(总编室)　010-68408042(发行部)
网　　址:http://www.qxcbs.com　E-mail:qxcbs@cma.gov.cn
责任编辑:宿晓凤　　　　　　　　　终　审:吴晓鹏
责任校对:王丽梅　　　　　　　　　责任技编:赵相宁
封面设计:博雅思企划
印　　刷:北京地大彩印有限公司
开　　本:710 mm×1000 mm　1/16　　印　张:21.5
字　　数:450 千字
版　　次:2019 年 6 月第 1 版　　　　印　次:2019 年 6 月第 1 次印刷
定　　价:180.00 元

《气象改革开放 40 年》专家咨询组

（以姓氏笔画为序）

于玉斌	马　力	王守荣	帅　军	吕　波
任宜勇	刘英金	刘　勇	刘燕辉	许小峰
阮水根	孙先健	孙景兰	李红山	李春虎
李　慧	杨　智	轩青贵	肖文名	汪金福
张世英	张昌同	张　柱	张俊霞	张　强
赵会强	袁招洪	徐相华	郭志武	唐爱文
陶建红	彭　军	彭莹辉	温克刚	雷小途
裴　翀	廖　军	薛根元	魏　丽	

高举改革开放伟大旗帜
昂首阔步迈上新时代气象强国新征程[*]
（代序）

同志们：

今天，我们召开会议，庆祝改革开放 40 周年。

1978 年 12 月 18 日，中国共产党召开十一届三中全会，实现了新中国成立以来党的历史上具有深远意义的伟大转折，开启了改革开放和社会主义现代化的伟大征程，成为中华民族伟大复兴的重要里程碑。

2018 年 12 月 18 日，党中央隆重举行了庆祝改革开放 40 周年大会，习近平总书记发表了重要讲话，用"十个始终坚持"高度概括了改革开放 40 年来党和国家事业取得的伟大成就，用"九个必须坚持"深刻总结了改革开放的宝贵经验，郑重宣示了改革开放只有进行时没有完成时、改革开放永远在路上、坚定不移将改革进行到底的信心和决心，明确提出了坚定不移全面深化改革、扩大对外开放、不断把新时代改革开放继续推向前进的目标要求。习近平总书记的重要讲话站位高远、气势恢宏，思想深邃、内涵丰富，通篇闪耀着马克思主义的真理光芒，是习近平新时代中国特色社会主义思想的又一篇纲领性文献。我们要深刻学习领会和准确把握其精神实质，切实把思想统一到对改革开放取得的伟大成就和宝贵经验的认识上来，统一到对改革开放面临的形势任务的认识上来，深入总结气象改革开放 40 年的成就和经验，将气象改革开放和现代化事业进行到底。

40 年来，党中央国务院从保障人民生命财产安全、保障国家安全、保障经济社会健康持续发展的需要出发，从满足人民群众日益增长的美好生活需求出发，对气象工作给予了极大的重视和关怀。党和国家领导人多次视察气象工作，慰问基层气象干部职工，多次就气象工作作出重要批示，为气象事业发展指明了前进方向。党中央国务院作出一系列影响深远的重大部署，不断加快推进气象事

---

* 本文为中国气象局党组书记、局长刘雅鸣同志 2018 年 12 月 27 日在气象部门庆祝改革开放 40 周年电视电话会议上的讲话。

业发展,不断完善气象体制机制,不断加大支持投入力度,为气象事业改革发展提供了强大动力。

40年来,气象事业与社会主义现代化事业同步发展。在党和政府的重视和领导下,在社会各界的关注下,在人民群众的关心下,气象工作积极融入经济社会发展大局,融入各行各业,惠及千家万户。气象现代化作为民生工程,始终秉承人民利益至上这一根本宗旨,以人民放心满意为目标,着力服务经济、社会、国防建设,着力服务保障国家重大战略,着力提升防灾减灾能力水平,气象服务效益不断彰显,为全面建成小康社会做出重要贡献。

40年来,气象改革开放与国家改革开放同步推进。气象发展的每一个重要历史阶段,所取得的每一项发展成就,既得益于改革开放带来的经济、政治、文化、社会、生态和党的建设全面进步的成果,又为经济社会发展和人民安全福祉贡献了自己的智慧和力量。全体气象工作者以一往无前的进取精神和创新实践,成功探索出中国特色气象发展道路,气象改革开放取得了根本性突破,成为国家改革开放历史性成就的重要组成部分。

同志们!

40年气象改革开放昂首阔步,不断从气象大国向气象强国迈进。

1978年党的十一届三中全会以后,我们党作出把党和国家工作重心转移到经济建设上来、实行改革开放的历史性决策,成功开创中国特色社会主义。气象部门决定把气象工作重心转移到以提高气象服务经济效益为中心的轨道上来,转移到气象现代化建设上来。党中央加强对气象工作的领导,1982年,国务院批准实行"气象部门与地方政府双重领导,以气象部门领导为主"的体制,1992年,国务院明确气象部门实行"双重计划体制和相应的财务渠道",确保了对气象工作的集中统一领导,实现了气象现代化全国统一规划、统一布局、统一建设、统一管理,形成了中央和地方共同推进气象事业发展、共同支持气象现代化的新格局,尽显协调统一、坚强有力的体制优势。

1999年,国家颁布实施《中华人民共和国气象法》,2006年,国务院印发《国务院关于加快气象事业发展的若干意见》,分别明确气象事业是经济建设、社会发展、国防建设的基础性公益事业的战略定位,明确要坚持公共气象、安全气象、资源气象的发展理念,确立到2020年实现气象现代化的奋斗目标,为气象事业发展提供了法律依据和战略指南。

全国气象部门贯彻党的路线方针政策,加强战略谋划、顶层设计,实施五年规划和气象现代化纲要,气象事业纳入到国民经济和社会发展总体规划,积极推进一流装备、一流技术、一流人才、一流台站建设，大力提升气象预报预测能力、气象防灾减灾能力、应对气候变化能力、开发利用气候资源能力。推进气象业务服务体制、科技教育体制、人事制度改革，建成由"四大功能块"组成的气象基本业务体系，成立了国家级新的业务机构，建立了新型气象事业体制框架，强化了公共气象服务，拓宽了服务领域，提高了经济社会效益，广泛开展了国际气象科技合作，加快了气象现代化建设的进程。

党的十八大以来，党中央对党和国家各方面工作提出一系列新理念新思想新战略，推动党和国家发生历史性变革、取得历史性成就，中国特色社会主义进入新时代。习近平总书记对气象监测预报、综合防灾减灾救灾、应对全球气候变化、生态文明建设、利用风云气象卫星服务"一带一路"沿线国家等作出了一系列重要指示。在党中央国务院的正确领导下，气象事业实现跨越式发展，发展环境不断优化，投入总量大幅增加，气象现代化水平快速提升。

全国气象部门深入贯彻习近平新时代中国特色社会主义思想，认真落实习近平总书记重要指示精神和中央决策部署，以坚定的政治定力和战略定力，提出了全面建成现代化气象强国的战略目标，实施气象保障"一带一路"、生态文明建设、综合防灾减灾、乡村振兴、军民融合等重大战略行动计划，推进以智慧气象为重要标志的现代气象业务体系、服务体系、科技创新体系和气象治理体系建设，推进以气象服务体制、气象业务科技体制、气象管理体制、气象保障体制为重点的全面深化气象改革，构建面向全球观测、全球预报、全球服务这一更高层次更大格局的气象现代化，成功开启了全面建设现代化气象强国新征程。

40年来，我们坚持改革创新，大胆地试、勇敢地改，干出了气象发展的一片新天地。从以地面人工观测为主到"天—地—空"一体化的综合气象观测网，从手填手绘天气图和人工分析到今天的客观、定量、智能、精细化分析预报，从单一天气预报业务到气象预报预测、气象防灾减灾、应对气候变化、气候资源开发利用、预警信息发布、生态环境气象、海洋气象、农业气象、水文气象、空间天气业务全面发展，从气象领导管理体制改革到全面深化气象改革，从部门自我发展为主到局校合作、局企合作、部门合作、省部合作、区域合作、国际合作、军民融合全方位推进，气象事业蓬勃发展，蒸蒸日上。

同志们！

改革开放40年来，从开启新时期到跨入新世纪，从站上新起点到进入新时代，40年砥砺奋进，40年春风化雨，气象为党引领人民绘就的一幅波澜壮阔、气势恢宏的历史画卷增添了浓墨重彩的一笔。

——40年来,我们面向国家发展战略、面向世界科技前沿,加快气象现代化建设。

我们建成了世界上规模最大、覆盖最全的综合气象观测系统,2400多个国家级地面气象观测站全部实现自动化,区域自动气象观测站近6万个,乡镇覆盖率达到96%。成功发射17颗风云系列气象卫星,8颗在轨运行,198部新一代多普勒天气雷达组成了严密的气象灾害监测网,初步建立了生态、环境、农业、海洋、交通、旅游等专业气象监测网。

我们建成了精细化、无缝隙的现代气象预报预测系统,能够发布从分钟、小时到月、季、年预报预测产品,全球数值天气预报精细到10千米,全国智能网格预报精细到5千米,区域数值天气预报精细到1千米,建立了台风、重污染天气、沙尘暴、山洪地质灾害等专业气象预报业务。

我们建成了高速气象网络、海量气象数据库、超级计算机系统,气象高速宽带网络达到每秒千兆,气象数据存储总量达到300TB,高性能计算机计算峰值达到每秒8千万亿次。

我国气象现代化建设突飞猛进,变化翻天覆地,中国气象局被世界气象组织正式认定为世界气象中心,成为全球9个世界气象中心之一,标志着我国气象现代化的整体水平迈入世界先进行列!

——40年来,我们适应经济社会发展需要、适应人民生产生活需求,建成了世界一流、中国特色的气象服务体系。

面对日益增长的气象服务需求,我们主动服务党委政府决策、经济建设、社会发展、国防建设和生态文明建设,不断拓宽领域、丰富产品、改进手段,气象服务已经拓展到交通、水利、能源、旅游等几十个部门,融入到几百个行业,覆盖到亿万群众,气象服务的经济社会效益显著提升,投入产出比达到1:50,人民群众气象获得感明显增强,公众满意度保持在85分以上。

我们建立了比较完善的"党委领导、政府主导、部门联动、社会参与"的气象综合防灾减灾体系,建成了全国一张网的突发事件预警信息发布系统,仅2018年就发布预警信息25万余条,向应急决策部门发布预警短信22亿人次,预警信息在10分钟内可以实现覆盖86.4%的公众。强对流天气预警时效提前到38分钟,暴雨预警准确率提高到88%。暴雨洪涝灾害风险普查率达到100%,气象灾害风险区划完成率达到85%。气象灾害经济损失占GDP的比例从3%~6%下降到2013—2017年的0.38%~1.02%。

我们构建了人工影响天气作业体系,拥有50多架飞机、6200多门高炮、8300多部火箭,人工增雨(雪)覆盖500万平方千米,防雹保护达50万平方千米,为防灾减灾、生态修复、农业增产做出了巨大贡献。

我们率先开展科学数据共享和服务,年共享数据量超过500TB,累计支持各类项目4600多项,惠及3600余家科研教育机构和政府、行业、国防部门。中国气象数据网累计用户突破24万,海外注册用户遍布30多个国家,累计访问量超过2.8亿人次。风云气象卫星遥感数据用户覆盖80多个国家,仅2018年对外共享数据就超过3PB。

一系列重大自然灾害,我们做到了成功应对;一系列重大活动,我们做到了有效保障;一系列重大工程,我们做到了有力支撑;一系列重大战略,我们做到了全面参与。我国已成为世界上气象服务体系最全、保障领域最广、服务效益最为突出的国家之一,成为全球展示气象作用、贡献和效益的优秀典范。

——40年来,我们大力实施科技兴气象战略,打造高素质干部和人才队伍,气象科技创新实力显著增强。

我们建立起国家气象科技创新体系,建设研究型业务,气象业务的科技水平和服务的科技含量显著提升,气象科技实力和创新能力不断增强。我国"风云三号""风云四号"气象卫星遥感和应用技术达到世界先进水平,晴雨预报、暴雨预报、台风路径预报达到世界先进水平,气候系统模式、高性能计算跻身世界先进行列。

我们形成由9个国家级气象科研院所、23个省级气象科研所,39个国家级、省级重点实验室和试验基地以及高等院校构成的科技创新格局。实施了一大批国家气象科学研究计划,开展一系列重大科学试验,取得了9000多项获奖科研成果,雷达、卫星、数值预报、气候变化、数据应用等气象核心和关键技术取得了重大突破。

气象队伍素质不断提升,人才结构持续优化。我们按照新时期好干部标准,坚持正确的选人用人导向,坚持德才兼备、以德为先、任人唯贤,忠诚干净担当的气象干部队伍建设得到不断加强。我们着力加强人才队伍建设,大学本科以上人员比例由1981年的8%提升到2018年的82.5%,高级职称人员比例由1990年的1.5%提升到2018年的20.6%。气象部门现有两院院士8人,正高级职称专家千余人,副高级职称专家近万人。多学科交叉的复合型人才比例明显增加,行业部门、高等院校、科研机构都建立起了气象专业力量。我国气象科学家叶笃正、秦大河、曾庆存先后获得国际气象领域最高奖,叶笃正获国家最高科学技术奖。

一系列成果和一大批人才有力支撑了气象现代化建设。

——40年来,我们加强法治建设和管理创新,气象科学管理水平显著提高。

我们加强法治体系建设。建立起由《中华人民共和国气象法》为主体,3部行政法规、19部部门规章、101部地方法规、121部地方政府规章组成的气象法律法规制度体系,气象法治建设融入我国依法治国的大局。

我们建立起由气象发展规划、气象现代化纲要、专项气象规划、区域气象规划等构成的气象规划体系。

我们形成了由147项国家标准、423项行业标准、351项地方标准组成的气象标准体系。

我们实施了灾害预警、气候变化应对、风云气象卫星、山洪地质灾害防治等一批重点工程,投资总额由20世纪80年代年均1.1亿元到2013—2017年年均52.7亿元,增长了46.9倍。

我们建立起国家、省、地、县四级管理体制,强化业务、服务、政务、财务管理和行业管理,治理更加有效,管理更加科学,气象发展更加全面、更可持续。

——40年来,我们扩大对外开放、加强国内合作,我国气象的全球影响力日益扩大。

我们积极融入国家对外开放大局,率先开展对外科技合作,增强了全球影响力和话语权。1979年,我国与美国签署气象科技合作协议,开创了我国对外科技人员交流、培训和引进先进技术的先河,迄今已与160多个国家和地区开展了气象科技合作和交流,为亚洲、非洲国家提供了气象科技援助。

全面参与国际气象科学研究计划,积极参与全球气象治理。邹竞蒙自1987年起连续两届担任世界气象组织主席,成为我国担任国际组织主席的第一人,迄今100多位中国专家在世界气象组织、联合国政府间气候变化专门委员会等国际组织中任职。我国已成为世界气象事业的深度参与者、积极贡献者,为全球应对气候变化、自然灾害防御不断贡献着中国智慧和中国方案。

气象国内合作范围广、力度大,局校合作达到24家,省部合作达到31家,与自然资源、生态环境、农业农村、应急管理、商务、民政、水利、林业等部门在重大灾害防御、重大工程建设方面开展了广泛联合,与中国航天、中国电科、三峡集团、招商局等企业在装备研发、专业服务方面开展了广泛合作,与香港、澳门、台湾地区在科技、人才方面开展了广泛交流。

——40年来,我们全面加强党的建设和文化建设,广大气象干部职工作风优良、斗志昂扬。

我们全面加强党的领导和党的建设,各级党组织战斗力、组织力不断增强,形成了6万多人的党员队伍、1100多个党组、4600多个基层党组织构成的组织体系。我们严格落实责任,健全制度机制,强化日常监督,严格执纪问责,确保全面从严治党责任在气象部门不折不扣落到实处。

不断加强文化建设，组织全国职业技能竞赛，开展体育文化活动，推进廉政文化建设，加强气象科普宣传，推进文明单位创建，共创建 2500 多个文明单位，占比达到 95%，其中全国文明单位 145 个。

数万名气象工作者长期坚守在高山、海岛、荒漠、高原等艰苦地区，战斗在抗洪抢险、抗震救灾、重大活动和重大工程保障等气象服务一线。几代气象人形成了"准确、及时、创新、奉献"的气象精神，涌现出雷雨顺、陈金水、崔广等具有强烈时代感和震撼力的一批模范人物，锻造出拐子湖、长白山、珊瑚岛气象站等一批先进集体。

广大气象干部职工焕发出前所未有的积极性、主动性、创造性，在气象改革开放和现代化建设中展现出强大力量。

40 年改革开放的历程可歌可泣，40 年建设发展的成就来之不易。这些成就，是党中央坚强领导的结果，是各级气象部门认真贯彻党的路线方针政策的结果，是各级党委政府和各有关部门高度重视、大力支持的结果，是一代又一代气象人不懈努力、艰苦奋斗的结果。我们为广大气象工作者感到骄傲和自豪！

在这里，我代表中国气象局，向奋战在各个岗位上的广大气象工作者，致以崇高的敬意！向所有关心和支持气象改革发展的各界人士，表示衷心的感谢！

同志们！

40 年的实践充分证明，正是我们党改革开放的历史性决策，我国气象事业才创造出良好的发展环境，展现出光明的发展前景，激发出强大的发展动力，气象综合实力才获得前所未有的提升。改革开放是坚持和发展中国特色气象事业的必由之路，是实现气象现代化的重要法宝。40 年积累的宝贵经验是现代化气象强国建设弥足珍贵的精神财富，对气象高质量发展、高水平开放有着重要指导意义，必须倍加珍惜、长期坚持，在实践中不断丰富和发展。

第一，必须坚持党的领导。坚持党的领导是气象改革沿着正确方向发展的政治保证，也是根本要求。40 年来，气象事业改革发展取得的每一项重大成就、每一次重大进步，都与党的坚强领导密不可分，都与党的基本理论、基本路线、基本方略的指引密不可分。

各级气象部门必须以习近平新时代中国特色社会主义思想为指导，自觉增强"四个意识"、坚定"四个自信"，坚决做到"两个维护"，坚定不移走中国特色社会主义道路，把党的领导贯穿和体现到气象改革开放和现代化建设各个领域。我们必须提高政治站位、保持政治定力，要善于总揽全局，切实加强部门党的建设,不断提高把方向、谋大局、定政策、促改革的能力,持之以恒推进气象部门全面从严治党向纵深发展,不断创造气象服务经济社会、气象改革开放和现代化气象强国建设的新业绩。

第二,必须坚持以人民为中心。全心全意为人民服务是气象工作的根本宗旨,公共气象是气象发展的根本方向,基础性、公益性是气象事业的根本属性。我们始终坚持根本宗旨、根本方向、根本属性,党中央、国务院和各级党委政府对气象工作高度重视,社会各界对气象工作高度关切,广大人民群众对气象工作高度关心。

我们必须践行习近平新时代中国特色社会主义思想,以满足人民美好生活需要为气象工作的根本出发点和落脚点,让人民有更多、更直接、更实在的气象服务的获得感、幸福感、安全感。我们必须坚持面向决策、面向生产、面向民生,主动融入国家发展大局,主动保障国家重大战略,推动气象服务供给侧结构性改革,积极转变发展方式、优化事业结构、提升服务质量,大力发展公共气象使人民满意、发展安全气象使保障有力、发展资源气象使气候增利、发展生态气象使中国美丽,为国家、为人民、为全社会提供更加优质的气象服务。

第三,必须坚持改革创新。改革创新为气象事业发展提供了强大动力和活力。我们坚持理论联系实际、战略指导行动、改革推动发展,把握气象发展规律,突出气象中国特色,不断开辟气象改革开放和气象现代化建设新境界。

我们必须坚决贯彻习近平新时代中国特色社会主义思想,坚定贯彻创新、协调、绿色、开放、共享的新发展理念,进一步完善气象发展思路,丰富气象发展内涵,开创气象更加广阔的前景。我们要强化问题导向、目标导向、战略导向,以历史的眼光认识气象发展的本质和宗旨,以国际的视野把握气象发展的机遇和挑战,以发展的方式解决前进道路上的困难和问题,团结广大气象工作者不断增强气象业务服务的能力、气象改革开放的活力。

第四,必须坚持气象现代化建设。建设和实现气象现代化,增强气象综合科技实力,是几代气象人孜孜以求的梦想,是国家现代化不可或缺的重要组成部分,是增强气象服务能力的必然要求。我们坚定不移地推进气象现代化建设,实施创新驱动发展战略,汇聚起全面推动气象现代化的强大合力,全面增强了气象业务实力、服务实力、科技实力,使气象现代化迈入世界先进行列。

我们必须深入贯彻党的十九大作出的新时代中国特色社会主义的战略安排,坚韧不拔、锲而不舍,以永不懈怠的精神状态和一往无前的奋斗姿态,继续朝着建设现代化气象强国的宏伟目标奋勇前进。我们要紧扣我国气象发展主要矛盾变化,坚持创新驱动发展、科技引领发展,突出抓重点、补短板、强弱项,大力发展智慧气象,推动互联网、大数据、人工智能与气象的深度融合,坚持统筹兼顾联动、整体协调推进,全国一盘棋构建满足需求、技术领先、功能先进、保障有力、充满活力的气象现代化体系,全面发挥气象在国家治理体系和治理能力现代化中的责任作用,全面提升气象保障社会主义现代化强国的能力。

第五,必须坚持加强干部队伍建设。千秋基业,人才为本。气象作为科技型公益性事业,努力建设一支忠诚干净担当的气象干部队伍和矢志爱国奉献、勇于创新创造的优秀人才队伍,是永葆事业发展活力和动力的不竭源泉。

我们必须坚持新时代党的组织路线,以符合新时代气象事业发展需要为目标,着力培养一大批高素质专业化的干部队伍。我们必须坚持以对气象事业发展高度负责的态度,把发现选拔优秀年轻干部放在更加突出位置,造就一代又一代可靠的气象事业接班人。我们必须坚持以激发干事创业活力为根本,不断优化气象人才发展环境,激发人才活力。

第六,必须坚持全面加强气象法治建设。建立与气象事业发展相适应的管理体制、业务技术体制和服务体制,完善有利于气象事业发展的法治体系,是气象改革开放和气象现代化建设的有力保障。

我们要在法律规定的体制框架下,不断破除制约事业发展体制机制障碍,积极推进气象领域中央与地方财政事权和支出责任划分改革,充分调动中央和地方两个积极性,充分发挥政府和市场两个作用,使气象体制更具优势、更有活力。我们要坚持规划引领,促进气象发展规划与国家规划的协调,与行业、地方发展规划的衔接,形成内容完备、科学高效的规划体系,更好地发挥战略规划的导向作用,切实做到科学编制规划、严格执行规划、全面落实规划。我们要把握以气象防灾减灾为重心、趋利避害并举的发展理念,把握研究型业务发展模式,加快推进气象服务供给侧结构性改革和气象业务科技体制、管理体制、保障体制改革,构建气象高质量发展新格局。我们要坚持全面推进气象法治建设,建立起更加完善的气象法律法规和制度体系,在法治轨道上推进气象事业持续健康发展。

第七,必须坚持开放合作。开放就是更大范围的改革,开放带来更有质量的发展。大气无国界,应对气候变化、防御自然灾害、治理全球生态需要世界各国的共同努力,推动全球气象治理、实现气象核心技术突破需要与各相关国际组织和各个国家通力合作。我们是气象大国,大国要有大国的实力,大国要有大国的担当,共建共享共赢是全球气象治理的基本原则,开放合作融合是我国气象发展的基本政策。

我们必须实行更加积极主动的开放政策,加快形成全方位、多层次、宽领域的全面开放气象新格局。我们要大力推进和参与全球观测、全球预报、全球服务、全球创新、全球治理,利用全球性资源,形成全球性能力。我们要落实与世界气象组织签订的协议,加快"一带一路"气象服务体系建设,深化气象科技双边多边合作、区域气象合作,支持广大发展中国家气象业务建设,积极参与全球气候治理体制改革,合作应对气候变化,展现大国作为,做出大国贡献。

同志们!

将改革开放进行到底,是对改革开放40周年最好的纪念。服务新时代党和国家事业发展,到2020年使气象现代化达到全面建成小康社会的总体要求,到2035年全面建成气象现代化体系,到21世纪中叶建成现代化气象强国,既是广大气象工作者的历史重任,更是气象工作者对党和人民的庄严承诺,使命光荣,任务艰巨。

我们要维护核心。坚决维护习近平总书记党中央的核心、全党的核心地位,坚决维护党中央权威和集中统一领导,高举中国特色社会主义伟大旗帜,将政治建设与业务发展高度融合,理直气壮把加强党的领导作为深化改革的根本方略和重要内容,贯穿于改革开放始终。

我们要不忘初心。坚持以人民为中心的发展思想,时刻牢记改革开放为了谁、依靠谁,以满足人民群众对美好生活的向往为目标,扎实推进气象服务供给侧结构性改革,全面提高气象服务供给能力,为人民群众提供更精细、智能、贴心的气象服务。

我们要坚定信心。信心就是力量,信心就是勇气。我们要毫不动摇地坚持气象现代化建设这一主线,以智慧气象为标志,以科技创新为引领,以信息化为驱动,实现核心技术突破,构建研究型业务,提升综合科技实力,实现气象大国到现代化气象强国的历史性跨越。

我们要下定决心。发展出题目,改革做文章。我们要切实用好改革开放这关键一招,以改革的思维谋划工作,靠改革出实招、闯路子,破解气象事业发展中的难题,不断完善体制机制,充分激发气象事业发展的活力和动力。

我们要常怀戒心。坚持党要管党,全面从严治党,把严明政治纪律和政治规矩摆在第一位,认真贯彻落实《中国共产党纪律处分条例》和《中国共产党党内监督条例》,推动全面从严治党和党风廉政建设责任层层落实落地,巩固巡视整改成果,建立健全警示教育长效机制,不断加强为改革开放提供强有力的政治保障。

我们要保持恒心。全面推进新一轮改革开放,离不开气象部门广大干部职工,特别是领导干部凝心聚力、真抓实干、攻坚克难、勇于担当。我们要把雷厉风行和久久为功结合起来，一棒接着一棒跑下去，每一代气象人都要为下一代跑出一个好成绩，推动气象部门改革开放走得更稳更远。

同志们！40年峥嵘岁月，40年光辉历程。让我们更加紧密地团结在以习近平同志为核心的党中央周围，坚决贯彻落实新时代改革开放的重大战略部署，以更加昂扬的斗志、更加务实的举措，不断把气象部门改革开放推向深入，创造气象改革开放和现代化建设新的辉煌，为全面建成小康社会、建成社会主义现代化强国做出新的更大的贡献！

刘雅鸣

2018 年 12 月 27 日

前　言

　　2018 年 12 月 18 日,党中央隆重举行了庆祝改革开放 40 周年大会,习近平总书记发表重要讲话,郑重宣誓了改革开放只有进行时没有完成时、改革开放永远在路上、坚定不移将改革进行到底的信心和决心,明确提出了坚定不移全面深化改革、扩大对外开放、不断把新时代改革开放继续推向前进,实现"两个一百年"奋斗目标、实现中华民族伟大复兴中国梦的目标要求。40 年春风化雨,40 年春华秋实。与我国社会主义现代化事业同步,与我国改革开放进程同步,中国气象事业改革开放也走过了波澜壮阔、砥砺奋进的 40 年。

　　"行之力则知愈进,知之深则行愈达。"作为中国气象局 2018 年软科学重点项目,"气象改革开放 40 年研究"旨在全面梳理回顾气象改革开放 40 年的光辉历程,客观总结气象改革开放的伟大成就和宝贵经验,为推进气象服务新时代党和国家事业发展提供有益启示,为 2020 年基本实现气象现代化,2035 年全面建成气象现代化体系,本世纪中叶全面建成现代化气象强国进一步凝聚共识、汇集力量。

　　气象改革开放 40 年研究课题组在研究过程中确立了三个基本原则。一是坚持展示性与研究性相结合。既充分展现 40 年来气象事业发展所取得的突出成就,又客观揭示气象事业接续发展的经验和动力。二是坚持继承性与创新性相结合。既继承借鉴气象事业改革开放 30 年研究报告、新中国气象事业 60 年和中国气象现代化 60 年等研究成果,又力争突出改革开放这条主线,结合新时代提出的新要求,使研究有所创新。三是坚持纵向与横向相结合。既纵向梳理气象改革开放历史发展清晰脉络,体现气象改革开放递进性和历史纵深感,又横向参考国际气象发展和国内相关行业发展,用数据和例证全方位展示气象改革开放取得的成就。在三个基本研究原则指导下,课题组深入研究分析了气象改革开放 40 年的重大历程、重要经验、基本判断和主要启示。

　　"气象改革开放 40 年研究"是由中国气象局下达的气象软科学研究项目,由中国气象局政策法规司、中国气象局发展研究中心具体组织实施,于 2018 年 6 月启动。10 月 24 日,研究的初步成果在第 8 届气象发展论坛暨 2018 年中国气象学会气象软科学年会上进行了报告交流。11 月 2 日,课题组召开第一次专家咨询会,征求中国气象局机关和直属单位领导和专家意见。11 月 5 日,课题组召开第二次专家咨询会,征求北京、辽宁、山东、海南、江西、湖北、上海、广东、四川、甘肃、新疆等部分省(自治区、直辖市)气象局领导和专家意见。11 月 23 日,于新文副局长主持召开第三次专家咨询会,温克刚、刘英金、孙先健、王守荣、许小峰、阮水根、张世英、张昌同等老领导和专家对研究成果提出了宝贵的意见和建议。2019 年 1 月 11 日,于新文副局长主持召开了《气象改革开放 40 年研究报告》审定会,与会专家提出了宝贵意见。在研究过程中,课题组还赴海南、重庆开展了实地调研。在实地调研并充分吸收历次专家提出的意见和建议基础上,最终形成了《气象改革开放 40 年研究报告》。

在课题研究期间,课题组多次组织深入学习领会习近平总书记在庆祝改革开放 40 周年大会上的重要讲话精神,并以此为指导,不断修改完善气象改革开放 40 年研究成果。这一研究成果,为全国气象部门庆祝改革开放 40 周年电视电话会议的成功召开,为在更高起点、更高层次、更高目标上推进全面深化气象改革,推动气象高质量发展提供了有力的决策咨询和思想支撑。

在气象改革开放 40 年研究的基础上,本书对原研究成果进一步整理和完善,增加综述、十大标志性事件、大事记、附表等相关内容。全书共有六章。第一章对全书主要研究结论进行了综述。第二章和第三章分别从气象服务、气象业务、科技人才、开放合作、管理体制、党的建设 6 个方面全面梳理了气象改革开放 40 年的发展历程和重要成就。第四章在对发展历程和重要成就进行系统回顾和总结的基础上,研究分析并提出了改革开放 40 年来气象事业发展的 6 个基本判断和 10 点主要启示。第五章精选了改革开放以来,对气象发展具有高显示度、高影响力、成效显著、并且还将产生持续影响的 10 大标志性事件。第六章按照 8 个类别摘编了气象发展大事记。各章主要执笔人员如下:第一章李栋、张洪广;第二章陈葵阳、李栋;第三章唐伟、王兰兰、王妍、于丹、郝伊一;第四章李栋、刘召彬、魏文华;第五章李锡福、姜海如、王兰兰;第六章姜海如、唐伟、王妍。全书由张洪广、姜海如、李锡福、李栋、唐伟等同志统稿并审定。

课题组的研究和本书的编写,得到了许多领导和专家的悉心指导,得到了中国气象局机关、直属单位和有关省气象局的大力支持,在此,对所有专家表示衷心的感谢!对所有参与编研的人员致以最诚挚的谢意!同时,作为研究成果,因时间有限,资料和数据收集整理任务较重,编者水平有限,经验不足,难免存在疏漏和不妥,尚有诸多待完善之处,敬请广大读者提出宝贵意见和建议。

目　　录

第一章 综述

　　1978年12月18日,中国共产党召开了具有划时代意义的十一届三中全会,作出实行改革开放的历史性决策,实现了新中国成立以来党的历史上具有深远意义的伟大转折,开启了改革开放和社会主义现代化的历史新时期,成为中华民族伟大复兴的重要里程碑。

　　改革开放是当代中国最显著的特征、最壮丽的气象。习近平总书记指出,一个国家、一个民族要振兴,就必须在历史前进的逻辑中前进、在时代发展的潮流中发展。伴随着改革开放的伟大历史进程,中国气象事业一步一步成长为现代化的科技型、基础性社会公益事业,牢固确立了气象大国的地位,昂首阔步迈向世界气象强国,大踏步地赶上了时代的前进步伐。

　　改革开放的40年,是我国气象事业发生历史性变化的40年,也是广大气象工作者解放思想、实事求是、开拓创新、拼搏奋进的40年,更是气象事业发展不断开辟新境界、气象现代化迈向世界先进行列的40年。改革开放40年来,我国气象事业发展走过了辉煌的历程,取得了显著成就,积累了宝贵的经验。

（一）

40 年来,气象事业紧紧融入我国改革开放和社会主义现代化建设的伟大征程,与国家改革开放同步推进、同步发展,在改革开放和社会主义现代化事业中发挥着越来越重要的作用,在国际气象科技发展和世界气象治理中发挥着越来越重要的影响力。

1978 年党的十一届三中全会以后,气象部门顺应时代声音、把握历史脉搏,认真贯彻执行党中央作出的把党和国家工作重心转移到经济建设上来、实行改革开放的战略决策部署,把气象工作重心转移到以气象现代化建设和提高气象服务的经济、社会效益为中心的轨道上来。从此,全国气象部门紧紧扭住这两个工作重点不放松、不动摇,取得了气象事业发展的巨大成功,开创了气象现代化建设的新局面。

这一时期,在推进改革开放的伟大实践中,党中央国务院加强对气象工作的领导。1980 年、1982 年,国务院先后批准气象部门实行“气象部门与地方政府双重领导,以气象部门领导为主”的领导管理体制。1983 年,全国气象部门基本完成领导管理体制改革,确保了对气象工作的集中统一领导,为气象事业发展提供了强有力的体制保障。1992 年,国务院明确发展国家气象事业和地方气象事业、实行“双重计划体制和相应的财务渠道”,实现了气象现代化全国统一规划、统一布局、统一建设、统一管理,形成了中央和地方共同推进气象事业发展、共同支持气象现代化的新格局。1999 年,国家颁布实施《中华人民共和国气象法》,明确了气象事业是经济建设、社会发展、国防建设的基础性公益事业的战略定位,标志着气象改革开放和现代化建设步入依法发展的轨道。2006 年,国务院印发《国务院关于加快气象事业发展的若干意见》,明确提出要坚持公共气象、安全气象、资源气象的发展理念,确立到 2020 年率先基本实现气象现代化的奋斗目标和战略指南,为气象改革发展和现代化建设勾画了一幅宏伟蓝图。

这一时期,全国气象部门贯彻党的路线方针政策,加强战略谋划、顶层设计,制定《气象现代化建设发展纲要》,实施 6 个五年规划,气象事业纳入到国民经济和社会发展总体规划。组织中国气象事业发展战略研究,实施科教兴气象战略、人才强局战略、拓展领域战略,积极推进一流装备、一流技术、一流人才、一流台站建设,大力提升气象预报预测能力、气象防灾减灾能力、应对气候变化能力、开发利用气候资源能力。推进气象业务技术体制、气象服务体制、科研教育体制、人事制度改革,加快气象事业结构调整,优化气象事业结构,建成由"四大功能块"组成的气象基本业务体系,成立国家级新的业务机构和流域气象机构,建立新型气象事业体制框架,强化公共气象服务职能,拓宽服务领域、丰富服务产品、改善服务手段、完善服务体系、提高服务质量,大力推动公共气象服务主动融入各级地方经济社会发展之中,广泛开展国际国内气象科技合作,加强气象文化建设,有力推进了气象事业持续发展,成功地把我国气象现代化发展成为国家现代化的重要标志之一。

党的十八大以来,党中央提出一系列治国理政新理念新思想新战略,推动党和国家发生历史性变革,取得历史性成就,中国特色社会主义进入新时代。特别是党的十八届三中全会以来,以习近平同志为核心的党中央以巨大的政治勇气和智慧迎难而上、立柱架梁,坚定全面深化改革、系统整体设计和推进改革,全面推进了社会主义市场经济、科技、财税、人事、综合防灾减灾救灾、生态文明等一系列体制机制改革,指明了气象改革发展的正确方向和主要任务,确保了全面深化气象改革在正确的轨道上不断前行。习近平总书记对气象监测预报、综合防灾减灾救灾、应对全球气候变化、生态文明建设、军民气象融合、气象服务"一带一路"建设等作出了一系列重要指示,有力强化了气象工作在国家治理体系和治理能力现代化中的地位和作用。在党中央国务院的正确领导下,气象改革呈现出全面推进、多点突破、纵深发展的新局面,气象服务体制改革、气象业务科技体制改革、气象管理体制改革的系统性、整体性、协同性不断增强,国家"放管服"改革落实有力,防雷减灾体制改革成效明显,气象综合实力快速提升,气象事业实现跨越式发展、步入现代化的快车道。

在新时代,全国气象部门深入贯彻习近平新时代中国特色社会主义思想,认真落实习近平总书记重要指示精神和中央决策部署,贯彻创新、协调、绿色、开放、共享发展理念,制定《全国气象现代化发展纲要(2015—2030 年)》,提出到2020 年基本实现气象现代化,到 2035 年全面建成气象现代化体系,到 21 世纪中叶全面建成现代化气象强国的三步走战略目标,实施气象保障"一带一路"、生态文明建设、综合防灾减灾、乡村振兴、军民融合等重大战略行动计划,建设以智慧气象为重要标志的现代气象业务体系、服务体系、科技创新体系和气象治理体系,推进气象业务能力、服务能力、科技创新能力和气象治理能力现代化,瞄准气象发展的主要矛盾和突出问题全面深化气象服务体制、气象业务科技体制、气象管理体制、气象保障体制改革,推动气象事业发展质量变革、效率变革、动力变革,构建面向全球观测、全球预报、全球服务、全球创新和全球治理这一更高层次更大格局的气象现代化,成功开启了全面建设现代化气象强国新征程。

40年来,改革开放成为气象事业发展的强大动力。在推进改革开放的伟大实践中,在气象改革开放发展的不同阶段,党中央国务院从保障人民生命财产安全、保障国家安全、保障经济社会健康持续发展的需要出发,从满足人民群众日益增长的美好生活需求出发,对气象工作给予了极大的重视和关怀,先后提出"加强应对气候变化能力建设""强化防灾减灾工作"的战略任务,作出"加强适应气候变化特别是应对极端气候事件能力建设"的战略部署,提出"健全农业气象服务体系和农村气象灾害防御体系,充分发挥气象服务'三农'的重要作用""加强农村防灾减灾救灾能力建设,提升气象为农服务能力""建立全球观测、全球预报、全球服务的气象保障体系""共谋全球生态文明建设,引导应对气候变化国际合作"等一系列明确要求,推出一系列影响深远的重大部署,出台一系列重大举措,为气象事业发展指明了前进方向,特别是习近平总书记作出"中方愿利用'风云二号'气象卫星为各方提供气象服务"的世界承诺,既体现了新形势下党和国家对气象事业寄予的厚望,也为新时代开创气象改革发展新局面提出了根本要求。党中央国务院在气象事业发展的不同时期对气象改革开放提出的新要求新使命,成为推动气象高质量发展的政治保障和强大动力。

40年来,改革开放成为气象事业发展最显著的特征。全国气象部门解放思想、实事求是、大胆地试、勇敢地改,干出了一片新天地。从以地面人工观测为主到"天—地—空"一体化的综合气象观测网,从手填手绘天气图和人工分析到客观、定量、智能、精细化分析预报,从单一天气预报业务到气象预报预测、气象防灾减灾、应对气候变化、气候资源开发利用、预警信息发布、生态环境气象、海洋气象、农业气象、水文气象、交通气象、旅游气象、空间天气业务全面发展,从气象领导管理体制改革到全面深化气象改革,从部门自我发展为主到局校合作、局企合作、部门合作、省部合作、区域合作、国际合作、军民融合全方位推进。气象事业蓬勃发展、蒸蒸日上,在党和国家发展大局中的作用迈上了新台阶,对保障经济社会发展和人民安全福祉的贡献迈上了新台阶,气象事业的面貌、气象服务的面貌、气象台站的面貌都发生了历史性变化,为新时代在更高起点、更高层次、更高目标上推进改革开放提供了强大物质基础。

40年来,改革开放成为气象事业发展最突出的标志。全国气象部门迎难而上、攻坚克难,迈出了实干新步子,解答了一系列实现气象现代化宏伟目标必须直面的时代命题。要不要发展自己的气象卫星?要不要发展自己的新一代多普勒天气雷达?要不要自主研发数值预报模式?如何提高气象预测预报准确率和精细化水平?如何提高关键性、转折性、灾害性天气气候预测预报能力?如何提高科技和人才对推动现代气象业务发展的贡献率?如何激发体制机制创新活力?如何破解气象核心技术难题的瓶颈制约?如何以核心业务技术突破带动智慧气象发展?如何推进和参与全球观测、全球预报、全球服务、全球创新、全球治理?面对这一系列的紧迫问题和时代之问,我国气象事业跳出传统思维定式,跳出条条框框限制,跳出自己的一亩三分地,率先打开大门、走出国门,积极学习和借鉴美国、英国、日本等世界气象发达国家科技发展的实践和经验,广泛推进国际国内气象科技交流与合作,汇聚起攻坚克难的强大力量,实现了"强起来"的历史性飞跃,走出了一条具有中国特色的气象改革发展道路,为推进全球气象科技发展和改善全球气候环境做出了应有贡献,为世界气象治理改革贡献了中国智慧、中国方案、中国力量。

(二)

40年弹指一挥间,改革开放为气象发展注入了强大动力和活力,使气象现代化建设取得历史性成就,使我国气象面貌发生了巨大而深刻的变化,在现代化气象强国建设的征程上迈出了决定性步伐。

改革开放40年是我国气象现代化建设突飞猛进、变化翻天覆地的40年,气象现代化整体水平已迈入世界先进行列。40年来,我国已建成精细化、无缝隙的现代气象预报预测系统,能够发布从分钟、小时到月、季、年预报预测产品,气候预测部分领域达到国际同类先进水平,全球数值天气预报精细到10千米,全国智能网格预报精细到5千米,区域数值天气预报精细到1千米。建立了台风、重污染天气、沙尘暴、山洪地质灾害等专业气象预报业务,我国24小时台风路径预报达到国际领先水平。2017年中国气象局被世界气象组织正式认定为世界气象中心,成为全球9个世界气象中心之一,我国成为发展中国家里唯一拥有"世界气象中心"称号的国家,标志着我国气象业务能力总体达到先进水平。我国先后成功发射17颗气象卫星,8颗在轨运行,风云气象卫星系列被世界气象组织列入全球业务应用卫星序列,使我国成为世界上少数几个同时具有研制、发射、管理极轨和静止气象卫星的国家之一,成为与美国、欧洲中心三足鼎立的气象卫星主要成员国。我国天气雷达实现全面更新换代,198部新一代多普勒天气雷达组成了严密的气象灾害监测网,基本达到世界先进水平。初步建立了生态、环境、农业、海洋、交通、旅游等专业气象监测网,建成了 2425 个地面自动气象观测站,57435 个加密自动气象观测站网,乡镇覆盖率达到 96%。建成了高速气象网络、海量气象数据库、超级计算机系统,气象高速宽带网络达到每秒千兆,气象数据存储总量达到 300TB,高性能计算峰值达到每秒 8 千万亿次。经过 40年的改革开放,中国气象现代化已达到或接近发达国家先进水平,成为国家现代化的重要标志之一。

改革开放 40 年是中国特色气象服务体系逐步发展成为世界一流的 40 年,气象服务质量和效益大幅提升。40 年来,面对天气气候背景复杂多变的严峻形势,面对人民群众、社会各界日益增长的气象服务需求,面对国家重大战略、重大工程、重大活动的保障需要,气象事业主动服务党委政府决策,保障经济建设、社会发展、国防建设和生态文明建设,气象服务的经济、社会和生态效益大幅提升,投入产出比达到 1∶50,人民群众气象获得感明显增强,社会公众满意度保持在85 分以上。建立了比较完善的"党委领导、政府主导、部门联动、社会参与"的气象综合防灾减灾体系,强对流天气预警时效提前到 38 分钟,暴雨预警准确率提高到 88%。暴雨洪涝灾害风险普查率达到 100%,气象灾害风险区划完成率达到 85%。建成了全国一张网的突发事件预警信息发布系统,汇集了 16 个部门76 类预警信息,仅 2018 年就发布预警信息 25 万余条,向应急决策部门发布预警短信 22 亿人次,预警信息在 10 分钟内可以实现覆盖 86.4% 的公众。7.8 万个气象信息服务站、78.1 万名气象信息员、123 个标准化现代农业气象服务县和1009 个标准化气象灾害防御乡镇的建设成果丰硕,已成为基层气象防灾减灾的中坚力量。1987 年大兴安岭森林大火、1991 年江淮流域水灾、1998 年长江流域大洪水、2008 年南方低温雨雪冰冻、超强台风等一系列重大自然灾害应对中,气象防灾减灾救灾发挥着不可替代的作用,气象灾害经济损失占 GDP 的比例从20 世纪 80 年代的 3%～6% 下降到 2013—2017 年的 0.38%～1.02%。构建了人工影响天气作业体系,全国拥有 50 多架飞机、近 6200 门高炮、8300 多部火箭,人工增雨(雪)覆盖 500 万平方千米,防雹保护达 50 万平方千米,有力推动了生态修复、农业增产、环境改善、污染防治、水库蓄水,美丽中国建设的参与者、守护者、贡献者的作用日益凸显。率先开展科学数据共享和服务,年共享数据量超过 500TB,累计支持各类项目 4600 多项,惠及 3600 余家科研教育机构和政府、行业、国防部门。中国气象数据网累计用户突破 24 万,海外注册用户遍布 30 多个国家,累计访问量超过 2.8 亿人次,风云气象卫星遥感数据用户覆盖 80 多个国家。中国已成为气象服务体系最全、保障领域最广、服务效益最为突出的国家之一,成为全球展示气象发展作用、贡献和效益的优秀典范。

改革开放 40 年是我国气象科技创新引领气象发展的 40 年,气象科技创新力、竞争力大幅提升。40 年来,我国建立起"产学研业"相结合的国家气象科技创新体系,建设研究型业务,形成由 9 个国家级气象科研院所、23 个省级气象科研所,39 个国家级、省级重点实验室和试验基地以及高等院校构成的科技创新格局,实施了一大批国家气象科学研究计划,开展了一系列重大科学试验,实现了从"引进、消化、吸收"到"自主创新、原始创新"的重大转变,显著提升了气象业务的科技水平和气象服务的科技含量。我国气象科技创新成果丰硕,全国气象部门共有 9358 项气象科技成果获奖,其中国家级奖项达 133 项,省部级奖项达 2570 项。第一个国家重点科技攻关计划——中期数值天气预报业务系统,填补了我国在中期数值天气预报领域的空白,使我国步入世界上少数几个开展中期数值天气预报的国家行列。中国短期气候预测系统获得国家科技进步一等奖。"风云三号""风云四号"卫星应用系统研制达到了国际先进水平,关键技术达到国际领先水平。"首都北京及周边地区大气、水、土环境污染机理及调控原理""973 计划"项目被列为世界气象组织示范项目。自主开发的新一代全球资料同化与中期数值预报试验系统,填补了我国在该领域的多项空白。雷达、卫星、数值预报、气候变化、数据应用等气象核心和关键技术不断取得重大突破,使我国气象科技创新已由过去的引进跟跑转向多领域并跑、领跑,成为气象事业发展、现代化气象强国的重要引擎。

改革开放 40 年是气象人才队伍综合素质和专业化水平显著提升的 40 年,气象人才队伍结构不断优化、实力显著增强。40 年来,不断实施气象人才强局发展战略,加强气象人才体系建设,努力培养一大批高素质专业化的干部队伍,注重高层次人才队伍建设,先后推进"323"人才工程、"双百计划""青年英才培养计划"等一系列重大人才工程,建立台风暴雨强对流天气预报、地面观测自动化、气象卫星资料应用新技术研究与开发等不同层级的创新团队,建设"创新人才培养示范基地""海外高层次人才创新创业基地""国际科技合作基地",大规模轮训气象干部队伍,我国气象事业发展人才结构持续优化,人才队伍综合素质显著提高。大学本科以上人员占比由 1981 年的 8% 提升到 2018 年的 82.5%,高级职称人员占比由 1990 年的 1.5% 提升到 2018 年的 20.6%。全国气象部门现有两院院士 8 人,正高级职称专家千余人,副高级职称专家近万人,入选国家人才工程和项目人选 40 余人,首席预报员、首席气象服务专家、科技领军人才、特聘专家 149 人。宽领域、多层次、开放式气象培训体系逐步形成,大规模气象科技人才和管理干部培训扎实推进,预报员、观测员持证上岗制度有效实施。大气科学、电子信息、生态环境、经济社会等多学科交叉的复合型人才比例明显增加,行业部门、高等院校、科研机构都建立起了气象专业力量。一大批人才有力支撑和保障了气象改革开放和现代化建设。

改革开放的 40 年是我国法治建设和管理创新不断加强的 40 年,气象科学管理水平显著提高。40 年来,通过不断完善气象法规体系,着力加强气象法规实施,深入推进气象依法行政,气象事业发展的法制环境得到了根本性改善。目前,已建立起以《中华人民共和国气象法》为主体,由 3 部行政法规、19 部部门规章、101 部地方法规、121 部地方政府规章组成的气象法律法规制度体系,形成了由 147 项国家标准、423 项行业标准、351 项地方标准组成的气象标准体系,气象法治建设融入我国依法治国的大局,对气象改革开放强有力的制度保障作用充分发挥。建立起由气象发展规划、气象现代化纲要、专项气象规划、区域气象规划等构成的气象规划体系,实施了灾害预警、气候变化应对、风云气象卫星、山洪地质灾害防治等一大批重点工程,气象现代化建设投资力度不断加大,投资总额由 20 世纪 80 年代均 1.1 亿元增加到 2013—2017 年均 52.7 亿元,增长了46.9 倍。建立起国家、省、地、县四级气象管理体制,强化业务、服务、政务、财务管理和行业管理,治理更加有效,管理更加科学,气象事业发展更加全面、可持续。

改革开放的 40 年是气象国际地位实现前所未有提升的 40 年,气象全球影响力日益扩大。大气无国界,开放合作、共建共享已成为世界气象发展的大势。40 年来,我国气象事业积极融入国家对外开放大局,率先开展对外科技合作,打开大门建设气象现代化,积极学习借鉴发达国家气象科技创新的先进经验,增强全球影响力和话语权。1979 年,中央气象局与美国国家海洋大气局(NOAA)签署了气象科技合作协议,率先打开了气象对外开放之门,开创了我国对外科技人员交流、培训和引进先进技术的先河,迄今已与 160 多个国家和地区开展了气象科技合作和交流,为亚洲、非洲国家提供了气象科技援助。邹竞蒙同志于 1987年和 1991 年连续两届担任世界气象组织(WMO)主席,成为我国担任国际组织主席的第一人。迄今中国气象局历任局长担任世界气象组织执行理事会成员并发挥着重要作用,有 100 多位中国气象专家在世界气象组织、联合国政府间气候变化专门委员会等国际组织中任职。我国科学家叶笃正、秦大河、曾庆存先后获得国际气象领域最高奖——国际气象组织(IMO)奖,多位中国科学家获世界气象组织青年科学家奖。中国气象局承担的 20 个世界气象组织区域/专业中心任务,成为实施"全球监测、全球预报、全球服务、全球创新、全球治理"理念的重要依托平台。我国已成为世界气象事业的深度参与者、积极贡献者,为全球应对气候变化、自然灾害防御不断贡献着中国智慧和中国方案。

改革开放的 40 年是气象部门党的建设和文化建设不断加强的 40 年,先进气象文化的理念更加深入人心。40年来,气象部门党的建设始终内在地统一于气象事业发展之中,统一于气象现代化建设之中,既紧紧围绕推进事业发展来推进部门党的建设,又通过加强和改进党的建设来促进气象事业发展,各级党组织战斗力、组织力不断增强。目前,全国气象部门已形成了由6.6万多名党员、1100多个党组、4600多个基层党组织构成的组织体系。深入开展"三讲"教育、深入学习实践科学发展观、党的群众路线、"三严三实"专题教育、"两学一做"学习教育等主题教育实践活动。严格落实责任,健全制度机制,强化日常监督,严格执纪问责,确保了全面从严治党责任在气象部门不折不扣落到实处。不断加强文化建设和部门和谐建设,深入开展"五讲四美三热爱"活动和文明机关、文明单位、文明台站标兵"三大创建"等一系列活动,组织全国职业技能竞赛,推进廉政文化建设,推进文明单位创建,共创建2500多个文明单位,其中全国文明单位145个。气象图书、气象报纸、气象科技期刊、气象展览(科普)馆、气象科普基地等气象文化阵地蓬勃发展。几代气象人树立了"准确、及时、创新、奉献"的气象精神,涌现出雷雨顺、陈金水、崔广等一批具有强烈时代感和震撼力的模范人物,锻造出拐子湖气象站、长白山气象站、珊瑚岛气象站等一批先进集体,为气象事业发展提供了强大的精神动力。广大气象干部职工焕发出前所未有的积极性、主动性、创造性,在气象改革开放和现代化建设中展现出强大力量。

(三)

40年的实践充分证明,改革开放是坚持和发展中国特色气象事业的必由之路,是决定气象前途命运的关键抉择,是实现气象现代化的重要法宝。40年的实践探索,深化了对气象实现什么样发展、怎样发展,建设什么样的气象现代化、怎样建设气象现代化的规律性认识,积累的宝贵启示和经验,对气象高质量发展有着重要指导意义,需要在新时代改革开放的实践探索中倍加珍惜并不断坚持、丰富和发展。

坚持把党的领导作为推进气象改革开放的政治保证。坚持党的领导是气象改革沿着正确方向发展的政治保证,也是根本要求。在新时代继续把气象改革开放推向前进,必须以习近平新时代中国特色社会主义思想为指导,自觉增强"四个意识"、坚定"四个自信"、做到"两个维护",必须提高政治站位、保持政治定力,坚定不移走中国特色社会主义道路,把党的领导贯穿和体现到气象改革开放和现代化建设各个领域,持之以恒推进气象部门全面从严治党向纵深发展,不断创造气象服务经济社会、气象改革开放和现代化气象强国建设的新业绩。

坚持把解放思想、实事求是作为推进气象改革开放的思想法宝。实践发展永无止境,解放思想永无止境。前进道路上,要以一贯之坚持解放思想、实事求是、与时俱进、求真务实的思想路线,勇于冲破思想观念的障碍,勇于突破体制机制的藩篱,不断分析和把握气象事业发展的新形势,谋划和制定气象事业发展的新战略,不断增强气象事业改革的动力、永葆气象事业开放的活力。

坚持把不断满足人民群众需求作为推进气象改革开放的根本宗旨。全心全意为人民服务是气象工作的根本宗旨,是气象改革开放的初心和使命。在新时代继续把气象改革开放推向前进,要始终坚持以人民为中心,把增进民生福祉作为气象工作的价值取向和本质要求,作为气象现代化的重要衡量标准,紧紧围绕人民群众的新期待大力发展智慧气象,让人民群众共享气象改革发展成果,让人民有更多、更直接、更实在的气象服务的获得感、幸福感、安全感。

坚持把公共气象作为推进气象改革开放的发展方向。公共气象是气象改革开放的基本方向,不管改什么、怎么改,坚定公共气象的发展方向不能偏,公益性的基本定位不能变。在新时代继续把气象改革开放推向前进,要坚定不移把公益性气象服务放在首位,面向决策、面向生产、面向民生,不断拓宽服务领域、创新服务能力、丰富服务产品、改善服务手段、提高服务质量,大力推动公共气象服务主动融入经济社会发展之中,大力发展公共气象使人民满意、发展安全气象使保障有力、发展资源气象使气候增利、发展生态气象使中国美丽,为国家、为人民、为全社会提供更加优质的气象服务。

坚持把气象现代化建设作为推进气象改革开放的主题主线。气象现代化建设是强业之路,是增强气象综合科技实力、提升气象服务能力的必然要求。在新时代继续把气象改革开放推向前进,要聚焦全面建成现代化气象强国的战略目标,大力实施创新驱动发展、科技引领发展,着力破解气象核心技术难题,全面构建满足需求、技术领先、功能先进、保障有力、充满活力的以智慧气象为标志的气象现代化体系,全面发挥气象在国家治理体系和治理能力现代化中的职能作用,全面提升气象保障社会主义现代化强国的能力,我国整体气象发展水平实现从跟跑向并跑、领跑的战略性转变。

坚持把依法发展作为推进气象改革开放的制度保障。完善有利于气象事业发展的法治体系,是气象改革开放和气象现代化建设的制度保障。在新时代继续把气象改革开放推向前进,要毫不动摇地坚持依法发展气象,全面推进气象法治建设服务和服从于依法治国的大局,着力构建保障气象改革发展的法律规范体系,着力提升依法履行气象职责的能力,着力提高依法管理气象事务的水平,在法治的轨道上推进气象改革开放,依靠制度保障气象事业健康发展。

坚持把双重领导以部门为主的管理体制作为推进气象改革开放的体制保

障。领导管理体制事关发展全局,是气象服务国家改革开放和社会主义现代化建设的重要保障。在新时代继续把气象改革开放推向前进,需要毫不动摇地坚持气象部门和地方政府双重领导、以气象部门为主的现行领导管理体制,不断完善与现行领导管理体制相适应的双重计划体制和相应的财务渠道,不断推进中央与地方事权和支出责任改革,充分调动中央和地方两个积极性,充分发挥政府和市场两个作用,充分用好国际国内两个资源,充分发挥这一体制的最大优势,在推进气象现代化、服务保障国家重大战略上展现新作为。

坚持把加强干部队伍建设作为推进气象改革开放的组织保障。人才资源是永葆事业发展动力和活力的不竭源泉。在新时代继续把气象改革开放推向前进,要坚持人才优先发展,以符合新时代气象事业发展需要为目标,以激发干事创业活力为根本,努力建设一支忠诚干净担当的气象干部队伍,建设一支结构优化、布局合理、素质优良的气象人才队伍,为气象改革开放、气象现代化建设提供有力的组织保障和人才支撑。

坚持把积极参与世界气象治理作为推动气象改革开放的重要担当。开放合作,道路就会越走越宽广;共建共享,活力就会越来越强盛。在新时代继续把气象改革开放推向前进,要坚持改革不停顿、开放不止步,坚持共建共享共赢的对外开放战略,以国际视野、全球思维,谋求互联互通、合作共赢的气象国际发展前景,大力推进和参与全球观测、全球预报、全球服务、全球创新、全球治理,努力构建全方位、多层次、宽领域的全面开放新格局,利用全球性的资源,形成全球性的能力,展现大国担当,做出大国贡献。

坚持把统筹协调作为推进气象改革开放的基本方法。方法正确才会事半功倍、破浪前行,统筹协调才能形成合力、勇往直前。在新时代继续把气象改革开放推向前进,应坚持问题导向、目标导向、战略导向,加强顶层设计和整体谋划,加强气象服务、业务、科技、管理和保障各领域、各环节统筹协调发展,加强区域统筹协调发展,加强上下不同层级统筹协调发展,既要重视整体推进又要重视重点领域、关键环节的突破,既要注重顶层设计又要注重基层大胆探索,既要敢为人先、敢闯敢试,又要积极稳妥、蹄疾步稳,确保气象改革开放行稳致远。

每一次成功,都意味着新的出发,气象改革开放永无止境、永不停步。以改革开放的眼光看待改革开放,以改革开放的姿态继续走向未来,中国气象事业必将在改革开放的历史进程中拥有更广阔的舞台,现代化气象强国的宏伟目标必将在改革开放的历史进程中变成更璀璨的现实。

第二章　重大历程

1978 年党的十一届三中全会以后，气象部门决定把气象工作重心转移到以提高气象服务经济效益为中心的轨道上来，转移到气象现代化建设上来，气象发展进入新时期。全国气象改革持续推进，气象业务服务体制、科技教育体制、气象管理体制、人事制度等改革不断深入，国际国内气象开放合作不断深化，建立了新型气象事业体制框架，推进气象法治进程，加快了气象现代化建设进程，提高了气象服务经济社会的效益。

2012 年党的十八大以来，全国气象部门深入学习贯彻习近平新时代中国特色社会主义思想，认真落实中央重大决策部署，实施气象保障"一带一路"、生态文明建设、综合防灾减灾、乡村振兴、军民融合等重大战略行动计划，推进以气象服务体制、气象业务科技体制、气象管理体制、气象保障体制为重点的全面深化气象改革，构建面向全球观测、全球预报、全球服务这一更高层次更大格局的气象现代化，成功开启了全面建设现代化气象强国新征程。

40 年来，气象改革开放与国家改革开放同步推进，气象事业与社会主义现代化事业同步发展，成功探索出中国特色气象发展道路，气象改革开放取得了根本性突破，成为国家改革开放历史性成就的重要组成部分。40 年来，气象改革开放昂首阔步，不断从气象大国向气象强国迈进。

一、气象服务

气象服务体制改革,是坚持公共气象发展方向,围绕更好发挥政府主导作用、气象事业单位主体作用和市场在资源配置中的作用,变革气象服务的组织体系、运行机制和管理制度,推进公共气象服务的规模化、现代化和社会化发展的重大实践。

改革开放40年来,气象部门不断强化气象服务管理职能,组建气象服务实体,拓展气象服务领域,开放气象服务市场,不断推进完善气象服务体制,逐步形成了中国特色气象服务体系。

气象服务体制改革主要经历了三个阶段。

(一)改革开放伊始至20世纪90年代初期,气象服务体制改革大胆探索阶段

党的十一届三中全会以后,气象工作重心逐步转移到气象现代化建设和提高气象服务效益上来。1982年3月,中央气象局及时提出了"积极推进气象科学技术现代化,提高灾害性天气的监测预报能力,准确及时地为经济建设和国防建设服务,以农业服务为重点,不断提高服务的经济效益"的工作方针。这一时期,气象部门一直把对灾害性天气的预报服务放在突出位置,明确将大江大河、大型水库以及重点防洪城市作为全国防汛气象服务工作重点。森林防火和远洋导航气象服务等专业气象服务在这一时期快速发展,人工影响天气取得良好效益,有偿专业服务促进了气象服务深度融入经济社会发展。

1. 适应改革发展形势,创新气象服务理念

为贯彻落实党的十一届三中全会精神,1979年12月19日至1980年1月5日召开的全国气象局长会议,明确提出要把气象工作的重点转移到以提高气象服务经济效益为中心的轨道上来,转移到气象现代化建设上来。从此,气象部门一直抓住这个重点不动摇,推动了气象事业与气象服务的快速发展。1984年,国家气象局印发的《气象现代化建设发展纲要》指出"气象服务是气象工作的根本目的和体现",要"全面运用各种气象服务手段,不断提高服务质量和社会、经

济效益,为国民经济和国防建设服务"。1985 年,国家气象局提出要拓宽气象服务领域,提高气象服务的经济效益和社会效益,发展有偿专业气象服务。1987年 1 月,第一次全国气象服务工作会议首次提出规范开展气象服务工作,各级气象部门在实际工作中要十分重视质量第一、用户第一、信誉第一,在"准""专"字上狠下功夫,并提出一手抓公众气象服务,一手抓有偿专业气象服务,不断拓宽专业气象服务领域。1990 年 10 月,第二次全国气象服务工作会议提出紧密结合国民经济发展的需要,进一步提高服务能力,拓宽服务领域,巩固提高公益服务和有偿专业服务,开拓发展科技服务和专项服务,进一步提高气象服务的社会效益和经济效益,充分体现了气象服务指导思想的与时俱进和不断深化。

2. 总结气象发展经验,提出决策气象服务

在总结 20 世纪 80 年代决策气象服务经验的基础上,1987 年,"决策气象服务"一词由新疆维吾尔自治区气象局首先提出,1990 年,全国气象局长会议正式确定了"决策气象服务"的概念。各级气象部门非常重视为党政领导的决策气象服务。每当预报出现重大灾害性、关键性天气前,气象部门首先通过电话、简报、当面汇报等形式向党政领导汇报,使党委政府决策最快掌握气象信息,争取指挥防灾减灾的主动权。

1989 年 4 月,国家气象局颁发了《汛期气象服务暂行规定》(国气天发〔1989〕5 号),规范了组织分工与职责、汛前准备与汛后总结、汛期气象服务的联防协作等。同年 7 月,下发了《关于进一步做好城市防洪气象服务的通知》(国气天发〔1989〕11 号),有效规范了汛期灾害性天气的气象服务业务。1991 年 6 月,江淮流域出现大洪水,14 日,在中央准备分洪的关键时刻,气象部门及时向党中央、国务院提供了降雨将减弱的准确预报服务,分洪时间可推迟 7 小时,为安徽蒙洼地区近两万名群众安全撤离赢得了宝贵的时间,受到了党政领导和人民群众的赞扬。

这一阶段,气象部门还积极为重大社会活动和重点建设工程提供气象保障服务。1990 年 6 月,国家气象局印发《关于积极支持办好亚运会的通知》,积极为亚运会服务。同年 10 月,国家气象局召开十一届亚运会气象服务总结表彰会,15 个先进单位、15 名优秀工作者、103 名先进工作者受到表彰。1991 年 9月,国家气象局提出了为三峡工程服务的气象保障总体方案,为三峡工程的气象服务拉开序幕。1992 年上半年,国家气象局建成为国务院领导架设的气象信息光缆传输系统,各省(自治区、直辖市)及以下气象部门也都为当地党政领导安装了微机服务终端,使党政领导能随时查阅气象服务信息和天气实况,提高了政府防灾减灾决策效率。

3.把做好为农气象服务作为工作重点

为农气象服务一直是气象工作的重点。为推进农业气象工作,1979年,重新组建农业气象基本观测站网,设置国家和省两级农业气象观测站。1983年初,国家气象局开始组建国家级农业气象情报业务,制作、发布《全国农业气象旬月报》,为国务院及有关部委服务,标志着我国农业气象业务进入了一个新的发展阶段。1987年,开展了国内主要作物产量预报业务。1988年,调整了国家农业气象观测网、情报网和预报网,使三网合一,业务服务一体化。调整后的国家和省级农气基本观测站分别为402个和317个,大大提升了气象为农服务的能力。1989年5月,国家气象局下发了《农业气象产量预报业务服务工作暂行规定》(国气候发〔1989〕16号),对产量预报业务进行了规范。截至1991年年底,全国有28个省(自治区、直辖市)气象部门利用气象卫星遥感信息开展了粮食作物总产量预报,冬小麦估产准确率达95%以上。1991年10月,国家气象局召开全国气象科技兴农会议,会议提出气象科技兴农是以农业服务为重点的方针在新时期的深化和发展,要求深入开展气象科技兴农,为我国农业登上新台阶做出更大贡献。1992年,气象部门建立了比较系统的国家级和省级农业气象服务体系,开展农业气象信息服务,部分地(市)级的农业气象服务业务也相继开展起来。

4.有偿专业服务推动气象融入经济社会发展

开展有偿专业服务和综合经营,是这一阶段解放思想、改革创新的重要内容。从1984年开始,气象部门大力推进全方位、多层次的改革,当年全国气象局长会议对气象部门发展综合经营问题统一了思想认识,首次提出气象部门要大力推进气象有偿专业服务,要求各级气象部门一手抓公众气象服务,一手抓有偿专业气象服务。

当时,为缓解气象事业维持和发展资金短缺的矛盾,国家气象局在总结广东等地基层气象台站开展专业服务收费和庭院经济实践探索的基础上,提出了在全国气象部门开展有偿专业服务和综合经营的构想,并于1985年3月向国务院呈送了《关于气象部门开展有偿服务和综合经营的报告》,国务院办公厅以国办发〔1985〕25号文转发了这个报告。随后,国家有关部门陆续下发了一系列支持气象部门开展有偿气象服务的有关文件:国家气象局和财政部联合下发《关于气象部门开展专业服务收费及其财务管理的几项规定》(国气计字〔1985〕第135号)和《关于气象部门专业服务收费及其财务管理的补充规定》(国气计发〔1990〕179号),国家物价局、财政部下发《关于发布气象部门专业服务收费的通知》(价费字〔1992〕128号),财政部下发《关于下发〈关于支持农口事业单位开展有偿服务和兴办实体的意见〉的通知》[(93)财农字第6号],等等,为气象有偿服务提供了良好的政策环境。

国务院办公厅 25 号文件下发后,气象部门的有偿专业服务得到了快速发展。有偿专业服务领域不断扩大,服务合同成倍增加,为开展有偿专业服务建立起来的天气警报服务系统迅速普及,服务收入直线上升,大大增强了气象部门的活力,调动了广大气象工作者的积极性,对拓展服务领域、加强服务的针对性、弥补气象事业经费不足发挥了一定作用。在大力开展有偿专业服务的同时,广大气象台站开展综合经营的积极性比较高。1989 年 10 月,国家气象局在上海召开了首次全国气象部门综合经营工作会议,研究如何进一步推动综合经营健康发展等问题。1989 年 11 月,国家气象局下发《气象部门综合经营管理暂行办法》(国气计发〔1989〕199 号),推进了综合经营快速、健康发展。开展有偿专业服务和综合经营是气象部门继管理体制改革后的又一成功尝试,是气象事业结构调整的前奏,标志着气象事业结构开始由单一形式向三元结构转变。

气象部门关于开展有偿专业服务的重大改革措施,是气象服务工作的指导思想和服务方式的一次重大转变,打破了气象部门长期处于的封闭或半封闭状态,拓宽了走向社会的大门,使气象服务工作出现了新的局面,1991 年参加气象有偿专业服务的专兼职人数达到 1.9 万人。气象有偿专业服务涉及国民经济的各行各业,包括农业、牧业、渔业、工矿、城建、交通运输、海洋开发、水利电力、环境保护、仓储管理、财贸、旅游以及文化体育等行业的企事业单位和个人,到1991 年有 10 万余用户签订了气象服务合同,当年气象有偿专业服务毛收入达到国家气象事业经费的五分之一。

这一阶段的实践证明,气象部门通过开展有偿专业服务,逐步探索出一条与经济建设密切结合、能更好地将气象科技成果转化为生产力的服务途径,促进了专业气象服务领域不断扩大,增强了气象部门自我发展能力和自我改善能力,创造了良好的社会效益和经济效益。

5.拓展专业气象服务的发展空间

气象服务体制改革在起步阶段涉及的领域就非常广泛。根据当时经济社会发展需要,一是开展森林防火气象服务。1986 年 4 月,国家气象局下发《关于切实做好护林防火气象服务工作的紧急通知》(国气专字〔1986〕24 号),首次提出各级气象部门要把气象为森林防火服务作为一件大事来抓。1987 年 5 月 8 日,卫星气象中心从卫星云图发现大兴安岭发生森林火灾,国家气象局领导及时向国务院领导报告火情,在扑灭这起特大森林火灾中提供了大量云图信息服务,组织了人工增雨灭火工作,为扑灭大火做出了重要贡献,得到了国务院的表彰。二是远洋导航气象服务起步。1987 年 2 月,国家气象局批复了《关于全国性气象导航业务系统建设方案》(国气计发〔1987〕15号)。1988年12月,中央气象台海洋气象导航中心成立,并在上海、广州、天津、青岛筹建分中心,为远洋运输推荐最佳航线和跟踪导航。截至1990年年底,已为70多条远航船舶成功导航,结束了我国没有自己远洋导航的历史。三是人工影响天气工作取得新发展。1980年,中央气象局提出要加强人工影响天气科学研究,大规模作业要慎重的调整意见,但新疆、黑龙江等一些干旱地区因抗旱、防雹的需要,在地方政府和人民群众的支持下,仍自发地开展人工影响天气作业。人工影响天气作业在1987年大兴安岭森林大火中发挥重要作用,之后才重新受到重视,得以全面恢复。1988年7月,在长春召开的全国云物理和人工影响天气科学讨论会,总结了30年来人工影响天气工作取得的进展和在防灾减灾中的重大效益,强调了进一步推动人工影响天气工作发展的必要性。1989年3月,国家气象局在天津召开全国人工影响天气工作会议,提出要积极开展人工影响天气工作,抓好有关服务、科研、人才培养、安全作业、科学管理,为防灾减灾做出更大贡献。1989年11月,国家气象局发布《人工影响天气工作管理办法》(国气科发〔1989〕64号)。1991年8月,国家气象局下发《关于进一步做好人工影响天气工作的通知》(国气科发〔1991〕31号),提出要在各级政府领导下,积极做好外场作业的有关组织和服务工作。在这些指导性文件和会议的推动下,我国人工影响天气工作发展得很快,成为防灾减灾的重要手段,得到了各级党政部门在人力、物力、财力上的大力支持,成为气象事业发展的一个新的重要增长点。

6.气象服务手段不断改进

为了尽快将气象服务信息传播到广大人民群众手中,强化公众服务,各级气象部门充分利用电台、电视台、报纸等媒介传播气象服务信息。1980年7月7日,中央电视台电视节目《新闻联播天气预报》诞生,开启了公共气象服务的先河。1990年6月,国家气象局下发《关于通过中央电视台播发气象信息的通知》(国气天发〔1990〕17号),各级气象部门自己制作的天气预报服务节目陆续登上当地电视台。到1991年,气象传播服务从电话、报纸、电台广播发展到电视、电台广播、报纸、电话自动答询、传真电话、天气警报系统、甚高频对讲机、微机远程终端等多种渠道,当时形象直观的电视气象节目成为全国人民最喜闻乐见的栏目之一,成了最受人民群众关注的电视节目之一。

(二)20世纪90年代初至2012年,气象服务进入快速发展阶段

1992年,在中央提出建立社会主义市场经济体制以后,我国气象服务体制改革步伐加快,领域不断扩大,逐步形成了包括决策气象服务、公众气象服务、专业气象服务、专项气象服务和气象科技服务等在内的服务体系,服务对象涵盖各级党政领导机关、国民经济各部门、企事业单位、社会公众,以及国防科技和科研部门等。服务内容和产品包括天气预报、气象情报、气象资料、气候分析应用、气象卫星信息分析应用、气象实用技术、雷电灾害防御、人工影响天气等。这一阶段,根据气象服务发展需要,通过气象服务体制改革,国家级、省级和地市级气象部门新组建了各类气象服务机构。

1.把决策气象服务放在首位

1995年,第三次全国气象服务工作会议提出,坚持在公益服务与有偿服务中把公益服务放在首位,在决策服务和公众服务中把决策服务放在首位,在为国民经济各行各业服务中以农业服务为重点的"两首位一重点"气象服务理念。1996年,中国气象局成立决策气象服务中心,1997年,中国气象局决策气象服务系统建成并投入业务运行。建立国家、省两级决策气象服务专门机构和专职队伍。1998年5月召开的全国决策气象服务工作研讨会,着重分析研究了加快决策气象服务发展的思路与措施,进一步丰富了决策气象服务的内涵。经过多年努力,决策气象服务领域持续拓宽,气象服务产品科技含量不断提升,各级气象部门决策气象服务的业务逐步成熟,形成了具有中国特色的气象服务模式,决策气象服务产生了显著的经济、社会效益。如对1998年长江大水,从气候预测到中短期天气预报都做出了比较准确的预报,为党中央、国务院领导防洪抗洪斗争提供了优质气象服务;为1999年庆祝中华人民共和国成立50周年大会提供精细化服务,保障国庆阅兵正常顺利进行,受到党中央的表扬;为长江三峡大江截流等重点工程服务效益明显。

进入21世纪,决策气象服务理念不断创新。2000年,第四次全国气象服务工作会议提出,气象服务是立业之本,并努力做到"一年四季不放松,每个过程不放过";2005年,提出了"以人为本、无微不至、无所不在"的气象服务理念;2006年9月,正式把中国气象发展战略研究提出的"公共气象、安全气象、资源气象"的发展理念,写入《气象事业发展"十一五"规划(2006—2010年)》;2007年,提出气象服务必须面向民生、面向生产、面向决策;2008年9月召开的第五次全国气象服务工作会议,明确了新形势下气象服务的内涵、定位等,提出了"需求牵引、服务引领"的气象业务发展理念。这些理念的提出不断丰富和发展气象服务内涵,在这些理念的指导下,中国气象局先后与国务院相关部门合作建立了气象灾害应急联动机制、灾害防御规划管理协调保障机制、突发事件保障机制,构建开放、合作、共赢的新局面,标志着气象服务发展历程中在思想观念和发展方式上重大而深刻的变革,是从部门气象向社会气象发展的重大转变,是强化气象社会管理和公共服务职能的关键。

进入 21 世纪,决策气象服务进入依法发展阶段。2000 年 1 月 1 日,《中华人民共和国气象法》正式实施,标志着气象防灾减灾步入了制度化和法治化发展阶段。2002 年 3 月,国务院第 56 次常务会议讨论通过了《人工影响天气管理条例》。2006 年 6 月 12 日,国务院印发《国务院关于加快气象事业发展的若干意见》(国发〔2006〕3 号),明确要求必须高度重视气象灾害防御,坚持避害与趋利并举,建立各级政府组织协调、各部门分工负责的气象灾害应急响应机制,构建气象灾害预警应急系统,最大限度减少气象灾害损失。2004 年 8 月,颁布实施《突发气象灾害预警信号发布试行办法》。2007 年 7 月,国务院办公厅印发《关于进一步加强气象灾害防御工作的意见》(国办发〔2007〕49 号),同年 9 月 18 日,全国气象防灾减灾大会成功召开,时任国务院副总理回良玉到会并作重要讲话。以国办 49 号文件和防灾减灾大会为标志,初步确立了"政府主导、部门联动、社会参与"的气象防灾减灾工作新机制,气象灾害监测预警、信息发布、防灾减灾科普组成的气象灾害防御体系初步形成,推动了以天气预报服务为主向以灾害性天气监测预警预报服务为主转变。2009 年 12 月,《国家气象灾害应急预案》作为气象防灾减灾第一个国家级预案由国务院办公厅发布,2010 年,《气象灾害防御条例》作为国务院第一个关于气象灾害防御的行政法规发布,《国家气象灾害防御规划(2009—2020 年)》作为第一个由国务院批准的气象防灾减灾专项规划正式施行,2011 年,国务院办公厅出台《关于加强气象灾害监测预警及信息发布工作的意见》(国办发〔2011〕33 号),在上述重要法规、文件的指导下,气象防灾减灾工作机制以及气象灾害应急响应机制、应急管理组织体系的建设纳入法治化轨道,利用社会资源强化气象防灾减灾工作力度取得历史性的突破,实现了气象防灾减灾由部门行为向政府行为的转变,为气象防灾减灾营造了良好的法治环境。

这一阶段,全面加强了决策气象服务能力建设。1996 年 9 月,中国气象局成立决策气象服务的业务协调机构——中国气象局决策气象服务中心;2000 年,第四次全国气象服务工作会议后,逐步建立了决策服务业务体系;2001 年,中国气象局大气环境决策服务中心在国家气象中心成立,决策服务正式纳入业务体系运行。2002 年,各省(自治区、直辖市)决策气象服务系统基本建成,逐步实现了全国气象业务服务信息共享,并建成了气象灾情信息收集上报处理系统、气象灾害风险评估系统等,实现了决策气象服务信息实时交流、上下协同。

2005 年,中国气象局成立应急管理办公室,加强对全国决策气象服务的指导和协调。2007 年 12 月,中国气象局发文要求"加强决策气象服务的能力建设。中国气象局决策气象服务机构和省级决策气象服务机构以各业务部门为基础，以'小实体、大网络'方式运作，建立健全协调配合、联动的高效运行机制，明确各单位相应职责，决策气象服务机构组成单位需设立专门决策气象服务岗位。各级决策气象服务机构要充分发挥各组成单位的积极性，不断增强决策气象服务的综合性。"推动了国家级、省级决策气象服务机构、岗位、流程的建设和完善。在国家气象中心成立了气象灾害评估中心，省级、地市级、县级等各级气象部门先后成立决策气象服务中心或相应机构。2008年，第五次全国气象服务工作会议确定了"需求牵引、服务引领"的理念，决策气象服务在防灾减灾、气象事业发展中的地位和作用愈发突出。同年，组建了中国气象局公共气象服务中心，成立了中国气象局应急减灾与公共服务司。

2009年以后，决策气象服务在业务、科研方面取得了新的进展，气象灾害防御工作得到了各级政府部门的大力支持，并吸引社会各方的广泛参与，进而形成了"政府主导、部门联动、社会参与"的气象服务工作机制，初步实现了决策气象服务的规范化、现代化，进一步提高了决策服务的效益和效率，在国际上也产生了积极影响。为全面落实《国家气象灾害防御规划（2009—2020年）》提出的重点任务和工程措施，2009—2012年，国家先后支持实施了气象灾害监测预警工程、应对气候变化工程、山洪地质灾害气象保障工程、气象为农服务"两个体系"建设、人工影响天气工程等，进一步加强了气象防灾减灾能力建设，有效提升了气象防灾减灾科学化水平。气象防灾减灾工作由预报预警、灾后救助和恢复为主逐步向气象灾害风险管理和"融入式"发展转变，防灾减灾能力大幅提升，防灾减灾效益显著提高。根据统计，仅2009—2012年，中国气象局向国务院提供的决策气象服务信息达2912期次，年均582期次，最多的2010年达1245期次。

2.气象为农服务取得新进展

气象为农服务始终是气象工作的重点，这一时期气象为农服务继续得到加强。自20世纪90年代初以来，每年的5月中旬、8月下旬，国家气象中心组织全国31个省（自治区、直辖市）农业气象专家进行全国夏收粮油作物、秋收粮棉作物及全年粮食作物产量会商，综合多方意见得出粮食产量预报结论。1995年，农业气象情报预报服务工作正式纳入气象基本业务，在规范化、流程化、自动化和现代化方面有了很大的发展，形成了具有中国特色的农业气象服务业务体系。

进入21世纪，我国农业气象业务步入快速发展阶段。原有的农业气象情报由单一的旬月报发展为旬、月、季、年报系列产品，逐步开展了国外主要产粮国产量预报、生态气象服务、农业气象灾害监测预警评估、设施/特色农业气象保障服务、农业病虫害发生发展气象等级预报、农用天气预报、农业气候区划等领域的气象服务。一是农业气象业务服务适应我国农业由传统农业向现代农业加快转变的新形势,从服务传统种植业为主逐步向新型农业产业领域拓展。二是随着计算机与信息技术的发展,各级农业气象业务部门相继开发建立了方便快捷、自动化程度较高的农业气象业务系统,大大提高了服务效率。三是随着科研开发力度的加大和科研成果的应用转化,农作物产量动态预报技术、农业干旱综合监测预警技术、农业病虫害发生发展气象等级预报技术等有了较快发展;作物生长模拟模型技术也在农业气象业务中进行了尝试性应用;现代农业气象服务平台、乡镇气象信息服务平台等服务方式和手段的建立,使农业气象服务能力得到显著提升。2009 年,中国气象局下发《现代农业气象业务发展专项规划(2009—2015 年)》,要求大力推进现代农业气象业务服务发展,我国现代农业气象业务进入了一个新的发展时期。

气象为农服务"两个体系"建设积极推进。一是农业气象服务体系,主要围绕农业防灾减灾、农业气候资源开发利用、粮食安全和重要农产品供给气象保障、农业应对气候变化等需求,由国家、省(自治区、直辖市)、地(市)、县各级农业气象服务机构组织的农业气象监测、预报预测预警、影响评估和生产技术等业务服务系统构成。农业气象服务体系是公共气象服务体系的重要组成部分。二是农村气象灾害防御体系,是各级气象部门坚持"政府主导、部门联动、社会参与"的方针,以保障农民生命财产安全和农民农村满意为出发点,以提高农村气象灾害防御基础能力为核心,在各相关部门、各地区、各行业的共同参与下,综合运用科技、行政、法律等手段,统筹为农村地区开展气象灾害监测预报、预警发布、应急处置和风险管理等工作,全面提高农村趋利避害水平,切实保障农民生命财产安全,促进农村经济发展和社会和谐稳定所建立的农村气象灾害防御的组织结构和业务整体。

农业气象服务体系建设方面。2005 年以来,中央一号文件连续对气象为农服务提出要求。为适应现代农业的发展,2009 年,中国气象局《现代农业气象业务发展专项规划(2009—2015 年)》提出建设现代农业气象服务体系的思路。2009 年,全国气象为农服务工作会议深刻阐述了农业气象服务和农村气象灾害防御的发展思路和重点任务。2009 年,中央农村工作会议明确提出"要加强农业气象服务体系和农村气象灾害防御体系建设"(简称气象为农服务"两个体系")。2010 年,中央一号文件提出"要健全农业气象服务体系和农村气象灾害防御体系,充分发挥气象服务'三农'的重要作用"。为贯彻落实 2010 年中央一号文件和《现代农业气象业务发展专项规划(2009—2015 年)》的要求,中国气象局于 2010 年提出了《关于加强农业气象服务体系建设的指导意见》。

农村气象灾害防御体系建设方面。2008 年,浙江德清第一个全国新农村建设气象工作示范县经验凝练的"德清模式",以农村气象灾害防御为建设重点,探索实践了气象为农服务"两个体系"的实现途径,气象为农服务"两个体系"雏形初现。2009 年出台的《国家气象灾害防御规划(2009—2020 年)》,提出要加强农村气象灾害防御体系建设。2010 年,中央一号文件提出了关于健全农村气象灾害防御体系的精神,中国气象局提出了加强农村气象灾害防御体系建设的指导意见。在原有气象灾害防御工作的基础上,深入开展基层防灾减灾和公共服务体系建设,通过强机制、建标准、提能力、增效益,有效推进了气象为农服务工作的业务现代化、主体多元化、管理法治化。

中央一号文件提出气象为农服务"两个体系"建设以后,2010 年,中央财政设立专项,在 5 个县启动"直通式"农业气象服务试点工作,2011 年起,中央财政设立"三农"服务专项,支持气象为农服务"两个体系"的建设。在原有农业气象业务服务的基础上,农业气象服务体系的建设取得积极进展,专业化的农业气象监测预报技术体系日趋完善,面向地方特色的现代农业气象服务初具规模,保障粮食安全的气象防灾减灾服务已经覆盖农业生产全过程,农业适应气候变化的决策服务初步形成,一支农业气象服务队伍逐步建立。农村气象灾害防御机制不断完善,农村气象灾害防御组织体系逐步健全,县、乡、村三级的气象防灾减灾组织管理体系以及横向到边、纵向到底的基层气象灾害应急预案体系基本形成,农村气象灾害监测预报能力显著提高,农业、农村、农民防御气象灾害的能力明显提升,农业气象灾害风险损失逐年降低。

3.气象服务领域不断拓宽

20 世纪 90 年代,中国气象局发挥积极主动性,推动部门合作,探索多部门合作的运行机制和方式,为农业、林业、水利水文、海洋、交通、工业、能源、商业、环保、旅游、航空、医疗、电力、建筑、邮电、体育、保险、盐业、渔业、消防、仓储、物流等行业开展的专业气象服务范围不断扩展。1991 年 10 月,国家气象局在山东青岛召开全国气象科技兴农会议,提出气象科技兴农是以农业服务为重点的方针在新时期的深化和发展。1992 年,国家气象局印发《关于贯彻党的十三届八中全会〈决定〉,进一步做好气象科技为农业和农村经济发展服务的意见》,全国气象科技兴农、科技扶贫服务蓬勃开展。1994 年,国务院批准建立人工影响天气协调会议制度。1995 年,中国气象局召开全国人工影响天气工作会议,大力推进人工影响天气工作。

进入 21 世纪,气象服务领域进一步拓宽。2001 年 6 月,国家环境保护总局和中国气象局在中央电视台共同发布 47 个环境保护重点城市环境空气质量预报。从 2003 年开始,每年汛期(5—9 月),国土资源部和中国气象局联合开展地质灾害气象预报预警工作。2005 年,签署了"交通部、中国气象局共同开展公路交通气象监测预报预警工作备忘录"。2006 年,中国气象局与交通部合作开展海上搜救气象服务,与卫生部开展应对气象条件引发公共卫生安全问题的合作。2007 年,中国气象局与公安部开展道路交通信息共享。2008 年和 2010 年,中国气象局与交通运输部的两次沟通座谈,有力地促进了气象、交通运输部门的合作,为保障百姓安全出行、减少灾害性天气的影响发挥了积极作用。2012 年 6月,中国气象局召开了全国高速公路交通气象业务电视电话会议,对加快推进高速公路交通气象服务业务能力建设进行部署,推进全国高速公路交通气象服务业务的规模化发展。多部门协作更好地推动了气象服务领域和服务内容的不断拓展。多年来,中国气象局通过与农业、林业、水利水文、航空、海洋、交通、电力、环境、国土资源、公安、卫生、体育等国家主管部门的有效合作,使我国专业专项气象服务达到了一个新的水平,水文气象服务、海洋气象服务、环境气象服务、地质灾害气象服务、交通气象服务、航空气象服务、能源气象服务、旅游气象服务、保险气象服务等专业专项气象服务业务体系基本建成,省级以上气象部门建立形成了相关专门机构和专职人员队伍,一些高相关行业还建立了行业专业气象服务机构和队伍,专业气象服务内容不断丰富,针对性增强,取得了良好的经济效益和社会效益。

4.公众气象服务不断强化

公众气象服务是指气象部门通过广播、电视、报纸、电话、网络、手机等公众媒体以及电子显示屏、气象警报系统等手段,面向社会公众发布传播气象预报、预警、天气实况等相关气象信息的公益性气象服务行为。

这一阶段,在保持传统公众气象服务方式的基础上,进入 20 世纪 90 年代,气象声讯电话蓬勃发展;2000 年起,手机短信气象服务迅速兴起,利用手机短信发送气象预警信息逐渐成为公众气象服务的重要手段。1997 年,中国气象局官方网站上线,成为公共气象服务的重要窗口;2001 年 6 月,中国兴农网正式开通,并逐步形成辐射全国、以现代化信息网络为基础、以多级服务组织为架构的农村综合信息服务体系;2006 年 5 月,中国气象频道正式开播,是我国首个全天候的气象数字频道;2008 年 7 月,中国天气网——公众气象服务门户网站,正式上线运行;2011 年 7 月,智能客户端"中国天气通"上线,并逐步实现了手机、电脑、智能电视、数字信息亭和智能手表的五屏覆盖。各级气象部门也建立了自己的官方网站、地方气象兴农网等,有的还推出了具有地方特色的智能客户端,服务当地用户。气象部门还逐步利用微博、微信等新媒体渠道,提供更具针对性的公众气象服务,到 2012 年年底,全国气象官方微博"粉丝"超 1070 万。2012 年 5 月,中国旅游天气网上线,提供全方位、多角度、集约化的网络旅游气象服务。到 2012 年,全国传播气象服务的电视频道和广播频道数量分别达到 3684 个和 1734 个,气象部门除了建设中国气象网、中国天气网、中央气象台网、中国兴农网和中国气象视频网以及各省气象部门建设的地区性气象服务网站外,还与新华网、人民网、新浪网等大型综合门户网站建立了气象信息联动传播机制,手机短信气象服务的定制用户数达到 1 亿 6 千万,提供气象服务的报刊总数达到 1347 种,提供气象服务的电子显示屏达到 91726 块。

5. 人工影响天气体系建设积极推进

20 世纪 90 年代,我国注重加强人工影响天气科学试验研究,北京市气象局于 1994 年在昌平沙河机场、1995 年在高速公路、1997 年在首都国际机场分别进行了液氮人工消雾试验。进入 21 世纪以来,随着我国大范围干旱和水资源短缺问题日趋严重,人工影响天气活动也越来越受到重视。国家科技部连续资助开展"十五"国家科技攻关课题"人工增雨技术研究及示范"和"十一五"国家科技支撑项目"人工影响天气关键技术与装备研发",取得了许多科研成果,其中"十五"攻关课题成果"人工增雨技术研发及集成应用"获得国家科技进步二等奖。自 2000 年开始科技部公益性行业(气象)科研专项,先后支持开展"地形云人工增雨技术研究""层状云人工增雨条件和效果技术研究""江淮对流云人工增雨技术研究""南方大范围云系人工增雨潜力研究""人工增雨随机化外场试验",以及一些有关催化剂技术方面的研究等科研项目,从不同方面加强了面向我国人工影响天气业务实际需要的科学技术研究,取得丰硕成果,并不断应用于业务,研究成果的不断转化,推动了我国人工影响天气业务的发展。

2000 年以后,我国人工影响天气事业呈现快速发展趋势,特别是随着国家、地方科研和工程建设投入的增加,取得了多项科研成果,中国气象局逐步将地方投入的人工影响天气工作,作为一项气象业务进行规划和发展。特别是《人工影响天气管理条例》的实施,以及《飞机人工增雨作业业务规范》《高炮人工防雹增雨作业业务规范》的制定,全国人工影响天气业务服务的规范化建设得到加强,人工影响天气工作发展迅速,成为各级地方政府抗旱防灾的重要手段。2005 年 4 月,《国务院办公厅关于加强人工影响天气工作的通知》(国办发〔2005〕22 号)印发各地和各部门,进一步推进了人工影响天气工作的健康协调发展。2007 年年底,在中国气象科学研究院人工影响天气研究所基础上,组建了中国气象局人工影响天气中心。2008 年,在奥运史上首次成功实施人工消减雨作业。2008

年,中国气象局与国家发展和改革委员会联合印发《人工影响天气发展规划(2008—2012年)》。2009年,人工增雨防雹工程纳入《全国新增1000亿斤粮食生产能力规划(2009—2020年)》(国办发〔2009〕47号),有力地促进了人工影响天气业务能力、服务水平和整体效益的提高。2011年,中央一号文件《中共中央国务院关于加快水利改革发展的决定》,提出"切实加强人工增雨(雪)作业示范区建设,科学开发利用空中云水资源"。2012年8月,国务院办公厅出台《关于进一步加强人工影响天气工作的意见》,推动了气象事业科学发展,对提高"四个能力",调动全社会力量共同参与气象防灾减灾,保障经济社会发展具有重大意义。到2012年5月,全国30个省(自治区、直辖市)、新疆生产建设兵团和黑龙江农垦等行业的2235个县(市、区、团、场)开展了人工影响天气作业,配备高炮6902门,火箭7034架,飞机50余架,人工增雨作业面积达500余万平方千米,人工防雹作业保护面积50余万平方千米。

6.雷电灾害防御工作依法推进

从20世纪80年代开始,建筑物防雷已经不仅限于建筑物本体,还包括对建筑物内部的电气系统和电子系统的防护,采用屏蔽、等电位连接共用接地、电涌保护器等综合防雷措施,实现对建筑物及内部设施的全面防护。进入20世纪90年代,由于我国城市化和电子系统的快速发展,促进了雷电防御工作在东中部各省市的较快发展,截至1999年年底,全国所有省级城市,85%的地(市),75%的县(市)开展了雷电防护工作。1999年,《中华人民共和国气象法》颁布后,从法律上赋予了气象部门组织管理雷电灾害的职责。

进入21世纪,2004年6月,国务院颁布《国务院对确需保留的行政审批项目设定行政许可的决定》(国务院令第412号),明确了气象部门防雷装置检测、防雷工程专业设计、施工单位资质认定、防雷装置设计审核和竣工验收等职能。2005年1月,中国气象局分别以第10号令和第11号令发布了《防雷工程专业资质管理办法》《防雷装置设计审核和竣工验收规定》。同年2月,中国气象局发布《防雷减灾管理办法》,明确气象主管机构负责组织和指导防雷减灾工作。

2007年,全国中小学校防雷减灾示范工作正式启动。2009年,通过国家财政投入,吸引了来自地方的投入参与中小学校防雷建设,尤其是加大对广大农村中小学校的防雷建设,完成了近3000所中小学校防雷工程建设。通过试点示范,在全国建立起由政府主导、教育与气象部门联动和各学校参与的雷电防护长效投入机制,使中小学校防雷示范工程覆盖全国。

在法律、法规及相关规范的保障下,我国雷电防护工作全面展开,科技水平显著提升。到2011年,我国建成了广东野外雷电试验基地,连续十年开展人工引雷试验和应用试验研究,取得了一批科研成果;建成了亚洲最大、最强的防雷产品专业检验机构——上海市防雷中心防雷产品测试中心,有力地促进了企业对各种防雷产品的研发,强化了防雷产品的市场监管。

这一阶段,建成了全国雷电监测网,基本满足了雷电预报预警的需要,积累了很多宝贵的历史资料。

7.气象科技服务快速发展

这一阶段,通过大力推进气象事业结构调整,推动了气象科技服务的快速发展,服务手段不断丰富,服务内容不断细化,气象部门进一步增强了自我发展能力。1992年,根据国家提出的建立社会主义市场经济体制的目标,国家气象局提出气象事业结构由基本气象多种、科技服务和多种经营构成的"三大块"战略思路,有偿专业服务的内涵和领域进一步延伸和拓展。1996年,中国气象局提出要调整产业发展方向,依托气象基本业务系统,发展以气象信息服务为重点的高新技术产业。1999年,中国气象局提出建立由"气象行政管理、基本气象系统、气象科技服务与产业"三部分组成的气象事业发展新格局,以气象影视服务、专业气象服务、声讯气象服务、施放气球服务、防雷工程与检测服务等项目为支柱的气象科技服务与产业逐步形成。

20世纪末,气象部门开展的气象科技服务包括:气象装备制造、技术研发、运维、系统集成等服务;防雷科技服务,含防雷设计审核、检测验收、防雷工程、雷电灾害评估等;交通、电力、风能、太阳能、大气环评、旅游等专业专项气象服务;气象影视、气象短信、新媒体等传播信息类科技服务项目;气象应用软件开发、移动互联网气象服务等特色科技服务项目。其中,电视天气预报、电话自动答询系统、防雷科技服务、无线寻呼成为20世纪90年代气象科技服务的四个支柱项目,为气象事业发展和队伍的稳定发挥了重要作用。到2000年,全国气象部门有偿专业服务毛收入和综合经营收入总计达到7.8亿元,占当年国家气象财政预算经费的71%。

进入21世纪,2002年,中国气象局召开了全国气象科技服务与产业发展工作会议。2003年1月,在北京召开的全国气象局长会议提出,要大力发展气象科技服务与产业,坚持适应社会主义市场经济体制的要求,走规模化、集约化的发展道路,推进气象科技服务与产业化向更高水平迈进。2007年8月,中国气象局制定下发了《气象科技服务管理暂行办法》,在北京召开全国气象科技服务工作会议,总结了气象科技服务发展取得的主要成绩和经验,下发了《气象科技服务财务管理暂行办法》,强调气象科技服务一定要适应事业单位改革、财政体制改革、服务业改革和现代气象业务快速发展的新形势,坚持公共气象服务的发展方向,通过提高科技含量、强化管理,推动气象科技服务实现新发展,取得更大的社会效益和经济效益。

这一阶段,气象科技服务快速发展,特别是防雷技术服务突飞猛进,到 2012 年,全国气象部门科技服务与产业总收入达到 62.5 亿元,占当年中央财政气象总经费的 58%,有力地支持了气象现代化和职工工作、生活环境改善,稳定了人才和队伍。

(三)2012 年以来气象服务体制改革进入全面深化阶段

以气象服务体制改革作为全面深化气象改革的着力点,通过创新体制机制,开放气象服务市场,有效扩大了面向社会的气象服务供给,气象服务行政管理能力显著提高,气象服务市场焕发新的生机和活力。

2014 年,第六次全国气象服务工作会议提出,重点是落实《中共中国气象局党组关于全面深化气象改革的意见》,加快构建中国特色现代气象服务体系,以改革为动力,以创新驱动发展,将现代气象服务体系建设放在全面推进气象现代化和全面深化气象改革中统筹考虑,协调推进,最终实现以体系集约、技术先进、队伍专业、机制高效为标志的业务现代化水平稳步提高,集约化、规模化、品牌化的公共气象服务运行机制逐步完善,公共气象服务多元提供格局逐步形成,市场机制作用得到充分发挥等目标。

1. 强化政府在公共气象服务中的职能和作用

2014 年 10 月,第六次全国气象服务工作会议明确了现代气象预报业务无缝隙、精准化、智慧型的发展方向。会后,中国气象局印发《气象服务体制改革实施方案》,全面部署了新时期气象服务体制改革任务,明确了中国特色气象服务体系建设的发展方向和落实气象服务体制改革重点任务举措,进一步提出构建气象服务业务现代化、主体多元化、管理法治化的中国特色现代气象服务体系;改进政府提供公共气象服务方式,建立政府购买公共气象服务机制,组织引导社会资源和力量开展公共气象服务。

2015 年,国家预警信息发布中心成立,国务院办公厅秘书局正式印发《国家突发事件预警信息发布系统运行管理办法(试行)》。至此,国家突发事件预警信息发布系统已汇集 16 个部门 76 类预警信息,有 22 个省级、183 个市级、683 个县级政府成立预警发布中心。2015 年,印发了《关于推进气象部门政府购买服务工作的通知》,并制定了《气象部门政府购买服务指导性目录》,在气象部门预算中依托"三农"服务专项持续支持政府购买气象为农服务工作,并合理扩大购买规模,多地制定了防灾减灾和公共气象服务权责清单,并将公共气象服务和气象防灾减灾内容纳入政府购买公共服务目录。各省(自治区、直辖市)建立公益性和市场化专业气象服务分类发展机制,对于面向民生和防灾减灾的公益性专业气象服务,探索政府购买服务发展机制。2016 年,全国 155 个市、675 个县实现将公共气象服务和气象防灾减灾内容纳入政府购买公共服务目录,186 个市级、874 个县级气象局以政府购买形式承接人工影响天气、农业气象服务、气象设备维护、信息传播等气象服务。健全气象防灾减灾机制,完善基本公共气象服务均等化制度。2017 年,为深入贯彻国家综合防灾减灾救灾体制机制改革要求,中国气象局组织开展气象综合减灾专项设计,推进政策环境和体制机制战略研究,提出新时代气象防灾减灾体系建设"五大体系""六个作用""七大行动计划"。

2.加强气象部门在公共气象服务中的基础作用

气象部门主动适应气象服务市场开放和政府职能转变的要求,改进服务提供方式,提升服务能力,扩大服务覆盖面,为市场和社会提供基本气象资料和产品。2015 年,全国气象部门为全面落实《气象服务体制改革实施方案》确定的任务,气象服务体制改革试点单位在创新完善气象服务业务体制、事企分开运行机制、气象服务市场监管等方面迈出了重要步伐。2016 年,中国气象局强化决策气象服务能力建设,建设气象信息决策支撑平台,推进决策气象服务机构改革,建立相对独立、实体运行的决策气象服务管理体制,健全责任明晰、界面清晰、运转高效的分工协调机制和业务流程,推进决策气象服务标准化、制度化建设,开展重大活动气象服务保障 ISO9000 认证,决策气象服务体系加快向基层延伸,基本形成了省(自治区、直辖市)—县市(区)—街道—社区网络为一体的城市突发事件预警体系,落实了"政府主导、部门联动、社会参与"的气象灾害防御机制和应急体系,全国气象为农服务"两个体系"建设基本完善。围绕建立适应需求、响应快速、集约高效、支撑有力的新型公共气象服务业务体制要求,形成了国家级精细化气象预报服务产品加工制作能力,建立完善了公众气象服务业务指导与产品共享机制,创新气象服务供给产品与机制。2017 年,气象信息决策支撑平台在国务院应急管理办公室部署运行。

3.积极推进国家级、省级气象服务集约化

2015 年,积极推进省级气象服务体制改革,将面向企业的县级专业气象服务向省市级集约,探索打破区域限制,建立跨区域合作机制,省级气象部门基本完成影视、网络、短信、电话等公众气象服务业务系统建设和精细化产品制作向省市级集约,建设形成了省市级一体化公共气象服务平台。试点改革划分事业单位及国有企业公共气象服务业务界面,探索建立现代企业制度,2015 年,中国气象局公共气象服务中心通过改革,逐步建立"事企共担、分工合理、权属清晰、分类管理、协调发展"的服务运行机制,不同身份人员管理制度和激励机制、财政投入与事业收入和经营收入相结合的经费保障机制,以及事业支撑企业、企业反哺事业的运行机制。部分省(市)建立"前店后厂"模式和分工明确、资源共享、利益共享、责任共担、风险共担的运行机制。2017年,举办了气象服务创新大赛,培育上海远洋导航、宁波港口气象服务、贵州扶贫模式以及天津内涝监测预警等为代表的创新产品和模式。推进了中国气象频道改革,组织融媒体平台建设,促进了多媒体气象服务的融合发展。激发部门活力,优化资源配置,发挥部门优势,建立统筹协调、集约高效的新型公共气象服务运行机制,促进公共气象服务集约化、规模化发展。

4.积极培育气象服务市场

建立公平、开放、透明的气象服务市场规则,形成统一的气象服务市场准入和退出机制,鼓励和支持气象信息产业发展。以上海自贸区气象服务市场管理体系建设为试点,依托浦东新区气象局成立自贸区气象服务和管理中心,建成一体化气象社会管理信息系统。加强气象信息服务市场监管制度体系建设,2015年,组织制定《气象信息服务市场管理信息化系统建设方案》《气象信息服务市场管理标准体系建设工作方案》,加强气象信息服务市场管理标准体系建设。2016年,出台了《气象信息服务企业备案管理办法》《气象预报传播质量评价管理办法》,发布了4项行业标准。以气象导航和气象保险为重点,成立混合所有制气象服务企业,建立多元气象服务市场。截至2016年年底,全国各类气象服务企业达到近1500家,主要集中在气象信息增值服务、雷电防护技术与咨询服务、专业气象服务、气象仪器装备制造、气象工程咨询、气象软件开发等领域。建立气象服务市场监管体系,实行统一的气象服务市场监管,规范气象服务市场秩序,2017年,基本完成由9个办法、14项标准构成的气象服务市场管理和标准体系建设,发布11项行业标准,气象信息服务企业备案达到456家,其中社会企业74家。规范气象信息传播与服务,组织北京、河北建立重点天气过程公众气象服务监控平台,联合中央网信办开展气象信息传播的监控和管理,开展针对全国10家知名网站和11家知名手机客户端传播预报预警信息质量评价。

5.鼓励社会组织参与公共气象服务

鼓励发展气象社会组织,支持社会资源和力量参与公共气象服务,适合由气象社会组织提供的公共气象服务事项,交由气象社会组织承担。2015年,在中国气象局和国家民政部门支持下,中国气象服务协会成功组建,是气象部门成立的第一个全国性行业协会,成立8个专业委员会,举办"气象服务社会化的机遇和挑战"气象服务发展论坛,启动标准化建设和信用评价体系建设,开展气象服务产业发展研究,编制《中国公共气象服务》白皮书,与中国保险学会共同组建中国气象保险专业委员会,在上海自贸区共建气象保险实验室,与上海金融办、保监局和黄浦区政府联合探索开展巨灾保险试点。截至 2017 年,中国气象服务协会共有 468 家会员单位。

二、气象业务

气象业务体制是在相应气象技术体系下,各种气象业务的组织结构体系和管理制度的总称,包括各级业务机构的设置布局、任务和责任分工,业务组织和管理的运行机制,以及业务管理和技术管理的层次结构。气象业务体制改革主要是对各项气象业务的设置、布局、任务、分工、相应的业务联系和运行管理方式进行调整、改进和优化。通过逐步深化气象业务体制改革,气象部门基本建成了现代气象业务体系,理顺了业务运行机制,促进了业务水平的不断提升。

改革开放 40 年来,气象部门围绕国家目标、经济社会需求、科技进步和气象事业发展趋势,不断改革完善气象业务体制。

气象业务体制改革主要经历了三个阶段。

(一)改革开放伊始至 20 世纪 80 年代末,气象业务体制调整阶段

这一阶段,气象业务体制改革的重点是适应改革开放和经济社会发展需要,优化气象业务体系的整体结构,提升气象业务的服务功能。国家气象局先后通过了《气象现代化建设发展纲要》《关于加快和深化业务技术体制改革的意见》,实施了一批气象建设重点工程,调整了气象台站布局,初步解决了"上下一般粗"的问题。

1.规划气象现代化宏伟蓝图

1980 年 7 月,中央气象局成立了以邹竞蒙、程纯枢为组长的长期规划领导小组,着手制订气象事业长远发展规划,并在 1982 年机构改革中,设立了"技术发展司",负责制订长远发展规划工作。在对国内外气象科技发展状况进行深入调研和分析,广泛征求各方面意见,反复论证修订的基础上,《气象现代化建设发展纲要》于 1984 年初,在全国气象局长会议上通过。《气象现代化建设发展纲要》明确了到 2000 年气象工作的基本任务、气象事业现代化建设的奋斗目标、战略重点、实施步骤和分阶段任务以及保障措施;提出了由各种探测手段有机组成的大气综合探测系统、多层次结构及多种通信手段并存的综合气象电信系统、以计算机为主要手段的气象资料自动处理及信息检索系统、以数值预报方法为基础并综合运用各种预报方法的天气预报业务系统、综合运用各种气象服务手段及现代传播工具的气象

服务系统等5大系统；明确提出到2000年要建成适合我国特点、布局合理、协调发展、比较现代化的业务技术体系。《气象现代化建设发展纲要》为气象现代化建设勾画出了一幅宏伟蓝图，成为我国气象现代化建设的新起点。

2. 积极探索改革业务技术体制

这一阶段，以实施《气象现代化建设发展纲要》为抓手，对气象业务技术体制改革进行了一系列有益的探索，取得了一定进展。1984年，国家气象局制定了《关于气象部门改革的原则意见》，对当时的气象改革进行了规划和部署。1987年1月，全国气象局长会议审议通过了《气象业务技术体制改革方案》，该方案明确提出业务技术体制改革是气象部门各项改革的中心，包括探测、通信、气候资料、天气预报、气象服务等方面的业务体制和技术体制，通过改革达到优化气象业务体系整体功能的目标。1988年4月，全国气象局长会议通过了《全国气象部门加快和深化改革的总体设想》及业务技术体制、气象服务体制、科学技术研究体制、教育体制、仪器设备管理、计划财务、人事制度、综合经营等8个配套的分方案。其中《关于业务技术体制改革的意见》被列为分方案之首，明确提出业务技术体制改革要以建立新型的天气预报业务技术体系为重点，按照自然条件、经济区划、行政体制及服务需要的实际情况，调整台站任务，使布局趋于合理，做到一网多能，形成分工明确、相互配套、高效率、高效益的业务技术体系，达到增强业务服务能力的目的。《全国气象部门加快和深化改革的总体设想》及其配套分方案的实施，标志着气象部门的改革已全面展开。

3. 推进现代化重点骨干工程建设

在国家级层面从抓气象卫星、中期数值预报等气象现代化重点骨干工程入手，在省级层面主要抓省级以下的气象现代化试点和推广，通过上下结合，取得了重大进展。

——气象卫星实现了从无到有的重大转变。1978年4月，国务院正式批准建设我国第一颗极轨气象卫星资料接收处理系统工程。1981年，中央气象局党组《请求批准"气象卫星资料接收处理系统工程"继续建设的报告》（中气计字〔1981〕第201号）获得了国务院有关部门支持，列入1982年的在建项目。1982年12月，气象卫星资料接收处理系统工程——资料处理中心大楼（711-5-0）破土动工。从此，气象卫星和卫星气象工作开始取得一系列重要进展。1987年，气象卫星资料接收处理系统工程完工，同年12月26日，时任国家主席李先念亲自为工程落成剪彩。1988年9月7日，我国第一颗气象试验卫星"风云一号"（FY-1）A星发射成功。1990年9月3日，"风云一号"B星试验卫星成功发射。气象卫星发射成功及其在气象预报服务上的广泛应用，大大提升了我国气象事业的高科技含量。

——天气雷达组网得到较快发展。改革开放以来,气象部门一直把天气雷达作为气象现代化的重点项目来抓。自 20 世纪 70 年代起,我国陆续研制出711(波长 3 厘米)、713(波长 5 厘米)、843(波长 10 厘米)天气雷达。这些雷达在通过生产定型后陆续在全国布点。根据我国天气气候的特点,明确了以 713、843(沿海)为主,711 为辅组建天气雷达监测网的原则。1983 年开始先后引进多普勒天气雷达和 WSR-81S 天气雷达。截至 1990 年年底,布建各类天气雷达240 部,基本建成了天气雷达监测网,在监测台风、暴雨和强对流等灾害性天气方面发挥了重要作用。

——数值预报业务从开始起步到投入业务运行。1982 年,全国灾害性天气预报会议制定了新时期天气预报现代化的技术路线和政策,即多种方法综合运用、重点发展数值预报、尽快实现客观定量。与此同时,短期数值预报业务系统(简称 B 模式)正式投入使用,填补了我国这一领域的空白,这在我国天气预报发展史上具有重要意义。1985 年 5 月,"中期数值天气预报业务系统工程"列入国家"七五"期间的重点工程项目;国家科委将中期数值天气预报研究列为国家"七五"重点科技攻关项目。巨型计算机作为中期数值天气预报系统工程建设中最重要的技术装备,一方面立足国内,使用了国产银河巨型机,同时在 1989 年和1991 年分别引进美国 CDC 公司的 CYBER962(每秒 1480 万次)和 CYBER992(每秒 3460 万次)计算机。这是当时经美国总统特批后出口到中国的最高性能的大型计算机。

——积极推广应用电子计算机。气象部门在应用高新技术方面比较超前,1980 年 1 月,北京区域通信枢纽系统工程(BQS 系统)正式投入业务运行,使我国气象通信在 20 世纪 80 年代初从国家级开始告别了手工作业和半自动化的通信方式,在我国通信行业率先实现了计算机自动化通信。从 1982 年开始,探测业务普遍采用 PC-1500 袖珍计算机,探测资料的计算、统计、编报实现了自动化。

4. 改革调整全国气象台站布局

在改革开放前,全国气象台站呈现布局不合理、观测项目不完备、观测标准不统一等诸多问题,1979 年,中央气象局制定了"在国家统一规划下,把自然条件(天气、气候和地理特点)与行政体制结合起来,考虑服务、业务、科研和气象事业现代化建设的要求,尽量做到合理"的台站建设原则,把气象台站大体分为气候、天气、高空气象、航空天气、农业气象、太阳辐射、天气雷达、卫星气象等 8 类气象探测网,对全国气象台站网进行了科学调整,减少设置不合理的观测站,增设气象资料空白区观测站点,在艰苦台站、维持极端困难的地区以无人自动气站替代,逐步形成了比较科学合理的大气探测站网。大气本底观测、酸雨观测、臭氧观测、大气边界层探测等大气特种观测站点相继建立。1984 年开始,先后在北京上甸子、浙江临安和黑龙江龙凤山建成了大气区域本底站。

1989 年,面对国民经济和城镇建设迅速发展的新形势,调整了地面气象观测站的任务,再按不同任务将气象站分为气候基准站、国家基本气象站、一般气象站和辅助气象站 4 类。截至 1990 年年底,全国共有 2479 个地面气象观测站,其中气候基准站 58 个、国家基本气象站 631 个、一般气象站 1685 个、辅助气象站 105 个,根据不同任务配备人力和设备等资源,解决了气象站"一般齐"的问题。与此同时,对中央气象台、省(自治区、直辖市)气象台、地(市)气象台、县(市)气象站的任务也进行了调整,初步解决了"上下一般粗"的问题。

5. 省级以下气象现代化建设大步推进

《气象现代化建设发展纲要》下发不久,1984 年 12 月,国家气象局在吉林省气象局召开现场会,交流推广了省级气象现代化建设的经验,随后在江西省气象局等省级气象部门进行试点。省级以下气象现代化重点抓微机的推广应用,1985 年 12 月 20 日至 1986 年 1 月 23 日,国家气象局举办了"全国气象系统微机开发应用展览会",各省(自治区、直辖市)气象局、国家气象局各直属单位、大学专科院校、军队气象系统、有关工厂积极参加展览,时任国务院副总理李鹏参观展览并给予高度评价,对推动省级以下气象现代化起到重要作用。这次展览会之后,气象部门微机应用范围迅速扩大,应用水平不断提高,各种业务软件、专家系统和局域、广域网不断推出,使气象现代化的整体水平上了一个大台阶。1986 年 6 月,国家气象局下发《"七五"期间区域气象中心建设方案》(国气业字〔1986〕94 号),之后,六大区域气象中心相继挂牌成立。

20 世纪 80 年代,气象业务体制改革取得了明显成效,国家、区域、省、地和县五级业务布局逐步稳定,由各种探测手段有机组成的大气综合探测系统、多层次结构及多种通信手段并存的综合气象电信系统、以计算机为主要手段的气象资料自动处理及信息检索系统、以数值预报方法为基础综合运用各种预报方法的天气预报业务系统、综合运用各种气象服务手段及现代传播工具的气象服务系统基本建立。气象观测站网类型重新划分,调整了各级气象台站的任务,天气预报上级对下级的指导能力明显增强,提高了预报准确率和服务效益,减少了重复劳动。

(二)20 世纪 90 年代到 2012 年,气象业务体制优化阶段

这一阶段气象业务体制改革的重点是,适应社会主义市场经济发展的需要,优化和完善气象业务体制,建设布局合理、有机联系、信息畅通、协调发展、比较现代化的气象业务系统,充分发挥系统整体效益,增强气象业务能力、服务能力和自我发展活力。1992年,全国气象局长工作研讨会审议通过了"九十年代气象业务技术体制",采用先进技术和系统工程方法,对20世纪80年代气象业务技术体制进行了优化完善,提出将气象业务系统划分为综合气象探测系统、气象信息网络系统、基本气象信息加工分析预测系统和综合气象服务系统四大功能块,同时对五级业务布局分工进一步调整,使气象业务技术体制进一步清晰。"四大功能块"和"五级业务分工"构成的业务技术体制,对推动我国气象现代化快速发展起到了重要作用。

1. 制定气象发展纲要,谋划发展战略

——编制气象事业发展纲要。1991年,国家气象局党组决定编制《气象事业发展纲要(1991—2020年)》(以下简称《发展纲要》)和《气象事业发展规划(1991—2000年)》(以下简称《规划》)。由1991年10月成立的总体规划研究设计室牵头承担编制任务。1993年4月,经全国气象工作会议审议,国家气象局印发《发展纲要》和《规划》。《发展纲要》和《规划》根据信息系统的构成思路,将基本气象业务服务系统划分为气象综合探测系统、气象信息网络系统、基本气象信息加工分析预测系统和综合气象服务系统四个分系统,提出了到2000年和2020年的发展目标和主要任务。《发展纲要》和《规划》下发后,按照要求,先后编制了《全国综合气象探测系统发展规划》《全国高空探测系统发展规划》《全国地面观测系统发展规划》《全国气象信息网络系统发展规划》《全国基本气象信息分析预测系统发展规划》等,对新一代天气雷达和新一代探空业务技术体制、中尺度灾害性天气监测预警系统、气候模式等作出比较详细的规划,有效地指导着当时的气象事业发展,而且至今仍然在发挥着重要指导作用。

——开展中国气象事业发展战略研究。进入21世纪,全球科技发展日新月异,经济全球化高速发展,气象工作面临新的机遇和挑战。2002年10月,在党的十六大召开前夕,时任国务院总理朱镕基、副总理温家宝视察中国气象局。朱镕基总理对我国的气象现代化建设和气象服务工作给予高度评价,并提出气象工作要率先实现现代化的要求。温家宝副总理又一次对气象工作作出了建设"四个一流"(一流的装备、一流的技术、一流的人才、一流的台站)的重要指示。建设"四个一流",率先实现气象现代化成为新世纪新阶段广大气象工作者的奋斗目标。

2003年4月,中共中国气象局党组认真分析国家对气象工作的需求,气象科技进步的发展基础,深刻认识到科学规划21世纪头20年我国气象事业发展的战略意义,决定开展中国气象事业发展战略研究。在国务院的直接关怀和领导下,由中国气象局牵头,汇集了从事自然科学、经济、社会、资源、国情、国防、军事、航天等方面多个学科的 40 多名院士和 350 多名专家学者,先后召开了上百次座谈会和研讨会,组织了 10 多次国内外调研,举办战略研究论坛,就经济社会发展、环境外交、世界科技前沿、气候变化等问题,邀请国内外著名专家作专题科学报告,顺利完成战略研究任务,于 2014 年编写完成《中国气象事业发展战略研究》。

《中国气象事业发展战略研究》提出了"公共气象、安全气象、资源气象"的发展理念,提出了"强化观测基础、提高预测水平、趋利避害并举、科研业务创新"的战略方针,明确了建设"具有国际先进水平的气象现代化体系"的战略目标和任务。

《中国气象事业发展战略研究》突破了部门、行业的界限,其研究范围涉及天气、气候系统、气候变化、经济建设、社会进步、国家安全、环境外交、可持续发展等众多领域,以及海洋、国土资源、农业、林业、气象、水文、地震等多个部门和行业,确定了 21 世纪头 20 年中国气象事业发展的总体思路,明确了战略目标和战略任务,凝练了加强能力建设的重大工程,提出了由气象大国向气象强国跨越的主要战略措施,成为了新世纪中国气象事业发展的重要依据。

2005 年 1 月,在国务院领导下,基于中国气象事业发展战略研究成果,中国气象局牵头起草国务院关于加快推进气象事业发展的政策性文件。2006 年 1 月,《国务院关于加快气象事业发展的若干意见》(国发〔2006〕3 号)印发,明确了中国气象事业发展的指导思想、奋斗目标和主要任务,为加快建设气象现代化体系,为着力建立适应防灾减灾和应对气候变化需求的现代气象业务体系,为气象事业长远发展奠定了重要的政策基础,成为指导气象事业发展的纲领性文件。

2. 全面推进气象业务体制改革

这一阶段气象业务体制改革的重点是围绕加快气象现代化建设,建立现代气象业务体系。

——推进建立现代气象业务体系。1992 年 5 月,国务院印发《国务院关于进一步加强气象工作的通知》(国发〔1992〕25 号),要求继续加强气象科学研究和现代化建设,不断改进天气气候监测预测和通信技术,提高服务能力。这一阶段前期,气象业务体制改革主要以事业结构调整为重点,按照精干高效要求不断优化业务体制。

2005 年,气象部门在开展气象发展战略研究的基础上开展业务技术体制改革,提出"建立基本满足国家需求,功能先进、结构优化的多轨道、集约化、研究型、开放式业务技术体制,增强气象业务和服务能力,提升气象科技水平"的总体目标。2006 年,为贯彻落实《国务院关于加快气象事业发展的若干意见》,中国气象局先后印发了《业务技术体制改革总体方案》(2006 年)、《进一步推进气象业务技术体制改革的意见》(2007 年)、《关于发展现代气象业务的意见》(2007

年)、《公共气象服务业务发展指导意见》(2009年)、《综合气象观测系统发展指导意见》(2009年)、《现代天气业务发展指导意见》(2010年)、《现代气候业务发展指导意见》(2011年)等一系列全面推进气象现代化和业务体制改革的文件,进一步明确业务技术体制改革的目标和重点任务,提出以满足气象灾害防御、应对气候变化和气候资源开发利用的新需求为目的,立足我国基本国情,坚持效益性、效率性、优势性和协调性原则,着力推进以提高气象服务覆盖面和满意度为主要内容的公共气象服务系统,以提高预报预测准确率和精细化程度为核心的气象预报预测系统,以连续、稳定、可靠运行和资料质量控制为重点的综合气象观测系统的建设,加快建立结构合理、布局适当、功能齐备的现代气象业务体系。由一个体系、三个系统构成的现代气象业务格局基本形成,公共气象服务系统是根本,气象预报预测系统是核心,综合气象观测系统是基础,气象信息、科技和人才是保障,各业务间相互衔接、相互支撑。随着业务技术体制改革的不断深化,全国气象业务分工按照统一布局、分级设置和效率最佳的原则进一步明确,各级业务流程、组织机构和业务管理制度逐步完善,气象业务信息化、标准化和集约化取得较大进展,现代气象业务体系已见端倪。

——调整气象业务组织结构。根据拓展气象业务和服务领域的需要,中国气象局适时调整加强了组织机构。1994年2月,国务院办公厅印发《关于组建国家气候中心有关问题的通知》(国办通〔1994〕10号),同意组建国家气候中心,为中国气象局直属司局级事业单位。同年5月,国务院办公厅印发《国务院办公厅关于同意建立人工影响天气协调会议制度的通知》(国办通〔1994〕25号),同意建立人工影响天气协调会议制度。1997年7月,全球气候观测系统中国委员会在北京成立。2002年,中央机构编制委员会办公室(以下简称"中央编办")批准成立了国家空间天气监测预警中心。2003年,中央编办批复成立中国气象局大气探测技术中心。2004年,经中央编办批复,正式组建了国家气象信息中心。在气象科学研究院成立大气成分监测与服务中心,中国气象局第一个国家级的重点实验室——"灾害天气国家重点实验室"通过评审。2005年,在国家气候中心成立风能太阳能评估中心。2007年,在国家气象中心成立气象灾害评估中心。2005年,中国气象局决定陆续在全国主要江河流域建立流域气象中心,截至2010年,中国气象局先后批准成立了长江、黄河、淮河、海河、松花江流域气象中心。2010年,组建了中国气象局数值预报中心;全面推进了省级气象服务机构建设;海南省气象工作管理体制调整方案获得中央编办批准。

——大力推进提高"四个能力"建设。2009年,在中国气象局成立60周年之际,胡锦涛总书记在发来的贺信中,要求气象部门提高气象预测预报能力、气象防灾减灾能力、应对气候变化能力、开发利用气候资源能力(以下称"四个能力")。胡锦涛总书记作出提高"四个能力"的重要指示后,中国气象局党组站在全局高度全面理解和准确把握这一重要战略思想,深入分析气象事业发展中的问题和机遇,进一步思考和谋划气象事业科学发展的重大问题,在 2010 年、2011年全国气象局长会议上作出全面部署,对转变发展方式,提高"四个能力"提出了一系列新思路、新任务、新举措。2011 年 12 月,《气象发展规划(2011—2015年)》印发,重点突出了以科学发展为主题,以转变发展方式为主线,着力推动气象事业科学发展,坚持在发展中促转变、在转变中谋发展;突出了把不断提高"气象预测预报能力、气象防灾减灾能力、应对气候变化能力、开发利用气候资源能力"作为战略任务,把建设"一流装备、一流技术、一流人才、一流台站"作为战略目标,把提供一流服务作为根本出发点和落脚点。"十二五"期间,全国气象部门在实践中把推进提高"四个能力"建设与推进气象现代化建设有机结合,大大加快了全国气象现代化发展进程,为率先基本实现气象现代化打下了坚实基础。

3. 实施一批重大气象工程建设

从 20 世纪 90 年代到 21 世纪初,全国气象部门狠抓重点项目的立项,新上了一批重大工程并全力组织实施,加快了气象现代化建设步伐,也加快了业务体制改革。在 2006 年国务院 3 号文件下发以后,中国气象局及时提出了全面推进气象现代化建设,到 2020 年率先基本实现气象现代化的奋斗目标。这一阶段,全国气象现代化建设步伐全面加快。

——气象卫星和卫星气象业务快速发展。"风云二号"A 星试验卫星于1997 年 6 月 10 日成功发射。"风云一号"C 星于 1999 年 5 月 10 日进入业务运行。为解决气象卫星长期发展的资金问题,经多方努力,1999 年年底《未来十二年气象卫星及应用发展计划》获国务院批准,使我国气象卫星发展有了持续的经费支持。

"风云二号"B 星试验卫星于 2000 年 6 月 25 日成功发射。2002 年 5 月 15日,"风云一号"D 星发射成功并投入业务运行,与"风云一号"C 星一起,完成双星运行。2004 年 10 月 19 日和 2006 年 12 月 8 日,"风云二号"C 星和 D 星分别发射成功并投入业务运行。"风云二号"C 星是我国第一颗业务静止气象卫星,圆满实现了"一次成功,稳定运行,三年寿命"的目标,也实现了静止气象卫星从试验应用型向业务服务型的转变,与"风云二号"D 星一起,形成了静止卫星"双星观测,互为备份"的业务格局,极大地提升了我国综合气象观测系统的现代化水平。"'风云二号'C 星业务静止气象卫星及地面应用系统"总体质量达到同期国际先进水平,荣获 2007 年度国家科技进步一等奖。2005 年,"风云三号"气象卫星地面应用系统一期工程项目通过了国务院审批,"风云三号"A星于2008年5月27日发射成功。截至2012年,共成功发射气象卫星12颗,其中极轨气象卫星6颗、静止气象卫星6颗。

——天气雷达网建设进展顺利。1994年,中国气象局制定了《我国新一代天气雷达发展规划》,拟在全国布设126部新一代天气雷达。新一代天气雷达瞄准当时美国的先进技术,但由于进口新一代天气雷达价格比较昂贵,中国气象局决定通过"外引内联",即引进美国WSR-88D先进技术,中美合资组建北京敏视达雷达有限公司,专门生产新一代天气雷达。与此同时,鼓励国内雷达厂家自主研制新型号雷达,从而形成S波段和C波段两个系列的新一代天气雷达系列产品,并实现了年产40~50部新雷达的生产能力。新一代天气雷达自1998年起纳入国债资金项目,全面开始建设。1999年9月,我国第一部国产新一代多普勒天气雷达在安徽合肥投入业务使用。2004年,中国气象局组织修订了《我国天气雷达发展规划》,修订后的规划拟在全国布设158部新一代天气雷达,其后不断调整计划。到2012年,实际建成了178部新一代多普勒天气雷达,形成了覆盖全国的新一代天气雷达监测网。

——地面观测遥测化和自动化步伐加快。1996年开始研制地面"有线综合遥测气象仪",1998年通过设计定型,并投入使用,有线遥测气象站和长期自记气候站经过现场考核后也投入使用。与此同时,在全国开始发展包括开展短时临近预报在内的省级中尺度基地建设。1994年,福建省中尺度灾害性天气监测预警系统(简称二级基地)开始论证和建设,随后广东、上海、北京也开展了中尺度灾害性天气监测预警系统建设。当时由于中央财政对国家气象事业的投入有限,有些地方双重计划财务体制落实比较困难,对新一代天气雷达和二级基地建设进程有一定影响。但是,中国气象局坚持气象现代化建设不动摇,强调"搞现代化有困难、不搞现代化更困难"等发展理念,鼓起现代化建设的风帆,再加上1998年争取到国债项目的支持,这些项目得以快速实施。

在"大气监测自动化系统工程"项目带动下,在各级党委政府的支持下,全国区域自动气象站建设迅速展开。特别是2005年以后,中国气象局重新启动了中尺度灾害性天气监测网建设,大大加快了区域自动站网的建设速度。到2012年,建成了由2423个国家级地面自动气象站和45926个区域气象观测站组成的全国地面观测站网,地面气象观测业务改革调整完成了地面气象观测资料传输业务的切换,基本结束了人工观测与自动观测并存的状态,实现了地面气象观测由人工观测向自动观测的过渡。开展了大气成分、酸雨、沙尘暴、雷电等专业气象监测业务。2011年,开展了气象技术装备保障综合试点,积极探索分级分类保障模式、装备社会化保障机制。

——气象信息网络和高性能计算机快速发展。1992年10月,国家计委正式批准建设"气象卫星综合应用业务系统"(代号:9210工程),1993年开始建设,1998年全部建成。该工程是由1个国家级主站、6个区域级和25个省级次站、300个地市级小站、近3000个VSAT单收站组成的卫星广域网、卫星话音网、卫星数据广播网以及地面公用分组交换网络(CHI-NAPAC)和各级计算机局域网,形成了一个卫星通信和地面通信相结合,以卫星通信为主、地面通信为辅,专网和公网相结合,以专网为主、公网为辅的集中控制、分级管理的现代化气象综合信息网络系统。该工程统一了全国的气象数据格式、通信规程和数据库,极大地提高了气象信息网络的整体水平和处理、传输及交换信息能力。该工程是"八五"国家重点建设项目,也是气象现代化建设中规模最大、覆盖全国的大型气象通信网络工程,突破了气象信息网络的发展瓶颈。

1993年8月,国产银河Ⅱ巨型计算机(4个CPU,每秒4亿浮点运算)在中国气象局安装成功,从此结束了我国气象部门没有亿次巨型机的历史,标志着我国气象现代化迈上了一个新台阶。1994年10月,经各方努力,中国气象局首次引进了美国CRAY公司的CRAYC92巨型计算机。从20世纪90年代初到2005年,先后建成了银河Ⅱ、CRAY J90、CRAY EL98、CRAY C92、IBM SP2、IBM SP、曙光1000A、银河Ⅲ、神威Ⅰ、神威新世纪-32I、神威新世纪-32P、IBM Cluster 1600、IBM Flex System P460等高性能计算机系统,极大地提升了计算能力,在开展数值预报业务和科学研究等工作中发挥了重大作用,为数值天气预报和气候预测提供了基础支撑。

进入21世纪,2001年11月,在中国气象局正式建成骨干网络系统,形成光纤千兆以太网主干、百兆快速以太网到桌面全交换的国家一级信息"高速公路"。2005年12月,全国气象宽带网络主干SDH系统建设完成,SDH系统是气象部门建设的第一个连接国家级和省级的地面宽带网络系统。2008年5月,覆盖所有省级系统的全国气象宽带网络主干MPLS VPN(多协议标记交换虚拟专用网络)系统建设完成,国内气象通信传输能力得到进一步增强。至此,中国气象局完成了两套宽带网络系统的建设,实现了各省级系统与国家级系统的地面宽带通信,极大地提高了气象信息网络的整体水平。2011年,国家—省级高清会商系统升级项目启动,2012年投入业务运行。国家级高清会商系统覆盖国家和31个省级气象部门,实现了全国天气预报视频会商。2012年,气象数据卫星广播系统(CMACast)投入业务运行,注册接收站总计2538个,播发数据量每日接近300GB。国内气象通信系统于2012年实现业务化,建立起省际共享业务。

——数值预报取得重大进展。1991年6月,我国第一个中期数值预报业务系统(简称T42L9)建成并正式投入业务运行,使我国天气预报能力显著提升,预报时效从3天延长到7天,预报产品增加,准确率不断提高。1995年5月和1997年6月,第二代全球中期数值预报业务系统(T63L16和T106L19)也先后投入业务运行。1996年5月起,高分辨率的暴雨数值预报模式(HLAFS)和台风路径数值预报模式正式投入业务运行,使中期天气预报可用时效延长到7天,气象预报预测精细化程度和准确率大幅提升,其中热带气旋的路径预报平均误差、24小时晴雨预报准确率和暴雨预报准确率接近世界先进水平。1997年9月,新一代天气预报人机交互处理系统(MICAPS)在北京通过验收,而后在全国进行业务布点,统一了全国天气预报工作平台,使天气预报业务真正实现了从传统的手工作业方式向人机交互方式的转变。天气预报业务开始转到以数值天气分析预报产品为基础、预报员综合应用各种技术方法和经验的轨道上来。

自主开发的区域数值预报模式系统(GRAPES-Meso)于2006年投入业务运行。2006年T213全球集合预报模式投入运行。2008年完成全球业务数值预报模式T213到T639的升级,并投入业务试运行。除了数值预报产品的应用之外,气象部门十分重视预报经验总结,大多数省(自治区、直辖市)气象局编制了天气预报手册,天气预报质量有了一定的提高。

4.气候和气候变化业务建设积极推进

这一阶段,是我国气候和气候变化业务能力迅速提高的阶段,也是我国积极参与政府间气候变化专门委员会(IPCC)有关气候变化工作取得突出成就的阶段。

——气候和气候变化业务能力迅速增强。20世纪90年代,通过联合攻关,引进发展了全球海气耦合模式(BCC_CSM1.0)、区域气候模式(RegCM_NCC)等一系列模式。1996年起,实施了"九五"国家重中之重科技项目——"我国短期气候预测系统的研究",在国家和省(自治区、直辖市)建立起以计算机为平台,集气候诊断(监测)、预测、评价和应用服务为一体的气候业务系统,动力气候模式从无到有,大大增强了气候预测能力。

自2004年起,我国开始组织开发大气—陆面—海洋—海冰多圈层耦合的气候系统模式,2008年年底,已建立一个可应用于开展短期气候预测,同时开展IPCC第五次评估报告(AR5)所要求的气候变化研究的多圈层气候系统模式版本BCC_CSM1。2014年以来,气候预测模式系统逐渐实现更新换代,第二代月动力延伸预测模式(DERF2.0)和季节预测模式(BCC_CSM1.1m)分别投入业务运行,模式水平分辨率由280千米提升到110千米。全球45千米高分辨率气候系统模式(BCC_CSM2)已研发定版,30 千米分辨率的区域气候预测系统开展了业务实验。

进入 21 世纪,气候变化成为当今国际社会普遍关注的重大全球性热点问题,气候变化问题被提到国家政治的高度,各国在全球温室气体减排、气候变化适应等方面谈判斗争异常激烈。为了更好地发挥中国在世界气象组织和亚洲气候变化工作中的作用,2002 年,中国气象局在科技与气候变化司下增设了气候变化处,组织召开了中国气候大会,研究了气候变化对我国社会经济发展的影响及气候与可持续发展问题,通过了《中国国家气候计划纲要》《中国气候系统观测计划》,启动了气候观测系统台站建设。2003 年,中国气象局成立了北京气候中心。2006 年,科技部、国家发展改革委、外交部、中国气象局、国家环保总局和中国科学院联合发布了《气候变化国家评估报告》。承办了 2006 年地球系统科学联盟(ESSP)全球环境变化科学大会,吸引了来自世界各国的上千名专家学者与会。承办了第二届全球环境变化科学大会青年科学家会议。牵头并联合科技部等六部门制定并发布了《中国气候观测系统实施方案》。强化气候变化影响评估和决策服务,向中央提出加强应对气候变化能力建设的建议,并写入党的十七大报告。

2007 年,根据《中国应对气候变化国家方案》《国务院落实应对气候变化国家方案部门分工》,制定了《气象部门贯彻落实〈中国应对气候变化国家方案〉的行动计划》,中国气象局成立国家气候变化专家委员会和中国气象局气候变化工作领导小组。2008 年,中国气象局气候变化中心成立,设在国家气候中心。中国气象局组织编写了《气候变化国家评估报告》《中国西部环境演变评估》和《中国气候与环境演变》等。

——积极参与 IPCC 有关气候变化工作。时任世界气象组织主席的原中国气象局局长邹竞蒙推动了 IPCC 的创建。在 IPCC 历次评估报告的编写过程中,中国科学家做出了巨大贡献。1990 年,第一次参与报告编写的中国作者为 9 人,1995 年第二次至 2014 年第五次参与报告编写的中国作者分别为 11 人、19 人、28 人、43 人,参与人数显著增加。IPCC 第六次评估报告中,包括特别报告和方法学报告,入选中国作者达 60 名,居发展中国家首位。截至 2018 年,已经有 148 名中国科学家成为 IPCC 报告的主要作者。中国科学家已连续四届担任 IPCC 评估报告第一工作组联合主席,其中,中国工程院院士丁一汇担任第三次评估报告第一工作组联合主席,中国科学院院士秦大河担任第四次、第五次评估报告第一工作组联合主席,中国气象局翟盘茂研究员担任第六次评估报告第一工作组联合主席。在 IPCC 第五次评估报告就气候变化归因、危险水平等关键结论的表述中,以及在发展中国家、发达国家分类等重大问题上,维护 IPCC 报告客观性,并从科学的角度维护了中国和广大发展中国家的权益。广泛开展了应对气候变化专题科普宣传,提高社会各界应对气候变化意识。自 2007 年起连续 6 年制作的中、英、法、西多语种《应对气候变化——中国在行动》电视外宣片和画册,成为中国政府代表团主要外宣品牌之一。

(三)2012 年以来,气象业务体制深化改革阶段

党的十八大召开以后,中国特色社会主义进入新时代,《中共中国气象局党组关于全面深化气象改革的意见》及时印发,明确了全面深化气象改革的方向,提出了气象业务体制改革的主要任务,气象业务体制改革进入深化阶段。

1. 全面推进率先基本实现气象现代化

——加强气象现代化顶层设计。在党的十八大精神指导下,在广东、上海、北京、江苏四省(市)率先基本实现气象现代化试点工作基础上,2013 年中国气象局部署全面推进气象现代化,2014 年以后相继出台《省级气象现代化指标体系和评价实施办法(试行)》《国家级气象业务现代化目标任务和评价方案(2014—2020 年)》《全国气象现代化发展纲要(2015—2030 年)》等推进气象现代化的重要文件,并陆续下发了《全国人工影响天气发展规划(2014—2020 年)》《综合气象观测业务发展规划(2016—2020 年)》《GRAPES 数值预报系统发展规划(2016—2020 年)》《"十三五"环境领域科技创新专项规划》《气象雷达发展专项规划(2017—2020 年)》《气象信息化发展规划(2018—2022 年)》《"十三五"生态文明建设气象保障规划》《区域高分辨率数值预报业务发展计划(2018—2020 年)》等 14 项专项规划,先后印发了《国家气象科技创新工程(2014—2020 年)实施方案》《关于增强气象人才科技创新活力的若干意见》《卫星遥感综合应用体系建设指导意见》等一系列顶层设计方案,形成比较完备的全面推进气象现代化的规划设计。

根据全面推进气象现代化总体部署,中国气象局提出了先行试点省(市)力争到 2015 年年底率先基本实现气象现代化,东部地区力争到 2017 年年底基本实现气象现代化,到 2020 年,全国建成适应需求、结构完善、功能先进、保障有力的气象现代化体系,使气象整体实力接近同期世界先进水平,若干领域达到世界领先水平的发展目标。

——开展率先基本实现气象现代化试点。2011 年和 2012 年,中国气象局党组审时度势,提出在江苏、上海、北京、广东等地进行率先基本实现气象现代化试点。通过试点,充分体现试点省(市)自身特色,发挥各自优势,在气象现代化建设的进程中闯出一条改革创新、科学发展的新路子,以带动全国气象现代化建设不断走向深入。2012年5月,中国气象局出台《关于推进率先基本实现气象现代化试点的指导意见》,提出了率先基本实现气象现代化试点工作的原则、目标要求、主要任务和保障措施,以及气象现代化社会评价5项指标和部门能力20项指标;提出了到2015年,试点地区和单位要通过加快建设"四个一流",深化改革开放,创新体制机制,全面提高"四个能力",率先建成结构完善、功能先进的气象现代化体系,为确保全国到2020年建成气象现代化体系奠定基础;要求其他省(自治区、直辖市)气象局选择基础和条件较好的地区开展试点工作,国家级业务科研单位在不断提升自身现代化能力的同时,对试点工作给予业务指导和技术支持,各职能机构加强组织协调,出台各项支持政策措施。2013年,根据中国气象局提出的全面推进气象现代化的要求,各试点省(自治区、直辖市)气象局在气象服务体制、业务科技体制、管理体制、防雷管理体制等改革方面进行试点。中国气象局各职能司结合改革实际,在部分省(自治区、直辖市)气象局开展了国家气象科技创新工程、基层气象为农服务社会化、县级综合业务平台、县级气象局高级岗位聘用、省级和省级以下事业单位岗位设置等多项试点工作。全国各省(自治区、直辖市)气象局也在本地区进行试点,全国上下形成了率先基本实现气象现代化建设的态势。

——全面实施率先基本实现气象现代化评估。从2014年到2017年,中国气象局开展率先基本实现气象现代化评估工作。国家级气象业务科研单位按照气象现代化实施方案的部署,对标国际先进水平,大力推进气象科技创新,围绕卫星探测、资料再分析、数值模式、预报预测业务、精细化个性化服务等提升核心技术和核心业务能力,使国家级气象业务现代化水平保持稳步提升态势。国家级气象业务现代化综合评估得分4年提高了32.9%,基本接近2020年(90分)目标值,总体达到预期目标水平。全国省级气象现代化建设得到了各省(自治区、直辖市)党委政府的大力支持,气象现代化发展全面提速,到2015年,广东、上海、北京、江苏等省(市)气象现代化试点综合评分超过基本实现气象现代化预期目标。2015年,非试点省(自治区、直辖市)气象现代化得分较上年均有所提高。2016年,福建、天津、河南、湖北4个省(市)达到基本实现气象现代化阶段目标。2017年,东、中、西部地区整体均达到了基本实现气象现代化的阶段目标。2018年,中国气象局下发了《全面推进气象现代化行动计划(2018—2020年)》,对实现更高水平的气象现代化进行了安排和部署。

2. 全面深化气象业务体制改革

进入新时代,中国气象局把气象业务体制改革作为全面深化气象改革的关键,提出要通过深化气象业务科技体制改革,完善有利于提升气象核心竞争力和提高气象综合业务能力水平的体制机制,实现气象业务提质增效。2014年,中国气象局启动了国家级、省级天气气候及服务业务改革,地面观测业务改革取得实质进展,省、市、县三级集约化预报流程进一步优化。

——加快综合气象观测业务改革。2014年,全面推进观测自动化,完成了航危报业务改革。统一组织开发的综合气象观测系统运行监控平台(ASOM2.0)在国家级和7个省级气象技术装备保障部门开展业务试运行。2015年,中国气象局印发《观测业务标准化工作方案(2015—2017年)》,制定《气象观测专用技术装备标准专项工作方案》。完成县级综合观测业务平台开发并开展试点,实现了国家级地面气象观测站技术体制的统一。2016年,中国气象局印发了《综合气象观测改革方案》,科学设计气象观测站网布局,推进观测业务流程再造,实施保障业务体系改革。2017年,中国气象局发布《卫星遥感综合应用体系建设指导意见》,提出到2020年,全国气象部门将建成布局合理、分工明确、运转高效的卫星遥感综合应用体系,形成功能完善、技术先进、规范标准的卫星遥感应用业务,数据产品供给能力大幅增强,卫星遥感综合应用接近同期世界先进水平。2017年,成功发射了"风云三号"D星气象卫星,实现极轨气象卫星业务组网观测。同年,"风云四号"A星成功交付使用,我国静止气象卫星顺利升级换代。

2017年,《国家地面气象观测站无人值守工作管理暂行规定》印发,要求国家一般气象站加快推广无人值守观测,同时在北京等9省(市)国家基准气候站和国家基本气象站推进无人值守试点。搭建"云+端"的技术发展架构,支撑智能网格预报系统,建立起统一信息源的应用生态,推进基础设施资源池集约化建设和管理,发布气象信息化标准规范18项。

——推进智能网格气象预报业务建设。2014年,天气预报精细化水平进一步提升。在全国全面开展了精细到乡镇的天气预报业务,专业化天气预报技术体系进一步完善。GRAPES四维变分同化系统和全球、区域、台风、集合数值预报模式系统先后投入业务运行,实现了我国数值预报业务体系由"多核"(多个不同模式)向"单核"(GRAPES)的转变,有力提升了对智能网格预报的技术支撑。2015年,中国气象局印发《关于规范全国数值天气预报业务布局的意见》,推动了数值预报的集约化发展。2015年,中国气象局制定了《基本气象资料和产品共享目录》,分别与环境保护部、国家测绘地理信息局签署了共享合作协议。通过推进集约化,2015年初步建立了精细化气象格点预报产品业务体系。2017年,全国智能网格气象预报业务取得重大进展。基本实现了格点站点、预报实况、预报服务一体化制作,建成全国智能网格气象预报"一张网"。广东、北京、上海、天津、福建、陕西和海南等省(市)率先开展智能网格预报业务与原有城镇站点预报业务的并轨运行。2018 年,《区域高分辨率数值预报业务发展计划(2018—2020 年)》印发,进一步明确了区域模式集中研发的任务目标,华北、华东、华南区域高分辨率模式精细到 3 千米。加强多尺度数值模式可持续发展的总体设计,提出了我国下一代多尺度气象数值预报预测模式的发展目标和技术路线,梳理了核心科技攻关任务,进一步推进多尺度数值预报模式可持续发展。

——建立集约高效的业务运行机制。为优化业务布局与业务分工,完善业务流程,实现气象业务各系统之间的有效衔接和有机互动。2015 年,中国气象局提出推进气象信息化必须高度重视标准化、集约化,气象信息化建设应实现"五个转变":从局部规划设计、单一发展向全局规划和顶层设计转变;从信息技术驱动向业务服务应用需求转变;从信息资源分散使用向资源集约共享利用转变;从片面强调建设向建设与管理并重转变;从满足气象业务服务日常需求向提升气象综合决策能力转变。

2015 年,国家、省两级建立起预报预测和服务等各项业务应用系统与全国综合气象信息共享平台(CIMISS)"直连直通"的一体化业务流程,实现数据共享共用;组织推进了国家级和省级统一数据环境 CIMISS 业务化,完成数据资源补充,常规资料在线率达 90%,两级基础数据一致率达 100%。2015 年,中国气象局组织编制《气象信息化标准体系》《气象信息化基础设施资源池建设指南(技术规范)》《气象预报预测与资料业务标准化工作方案(2015—2017 年)》《气象资料业务标准规范一览表》等文件。2016 年,制定《气象信息流程再造方案》,从总体流程、气象数据布局和观测采集、加工处理、应用服务、管理信息等方面再造气象信息流程,建立观测端—信息端—应用端的高效集约信息流程,基础设施、应用系统、数据标准等集约化水平达到新高度。

2016 年,研究制定了《全国气象预报业务集约化发展指导意见》,加强全国气象预报业务集约化顶层设计,推进天气气候主要业务向国家级和省级集约,加快建设市、县级综合气象业务,明确各级的业务职责和任务清单。编制完成《现代气象预报业务质量检验评估体系建设方案》,重点推进预报检验对气象预报业务的全覆盖,完善国家和省级统一的气象预报质量检验平台,推进预报检验评估业务信息化建设。全国气象业务系统集约化、标准化水平持续提高,CIMISS 投入业务运行,打破"数据孤岛",提高了数据利用效率。

——推进发展智慧气象。2015 年,中国气象局把"智慧气象"作为现阶段全面推进气象现代化的重要内容和标志,并将气象"十三五"发展的目标确定为着力构建气象现代化"四大体系",即以信息化为基础的无缝隙、精准、智慧的现代气象监测预报预警体系,政府主导、部门主体、社会参与的现代公共气象服务体系、聚焦核心技术、开放高效的气象科技创新和人才体系,以科学标准为基础、高度法治化的现代气象管理体系,其核心和最终目标是实现"智慧气象"。2017年,全国智能网格气象预报业务取得新变革,全国气象部门推进智能网格预报业务,标志着我国天气预报开始从传统站点预报向格点预报转变。

三、科技人才

气象科技教育体制,是气象科学技术、气象教育的组织体系和管理制度的总称,包括组织结构、运行机制、管理原则等内容。改革开放40年来,气象部门通过改革气象科技教育体制机制,进一步激发了气象科技创新动力和发展活力,提升了科技创新驱动气象事业发展能力。气象科技教育体制改革主要经历了两个阶段。

(一)逐步加快气象科技教育体制改革阶段

1978年,党的十一届三中全会以后,按照国家科技和教育体制改革要求,气象部门结合气象发展实际,采取了一系列重要改革政策和措施,不断加快气象科技教育体制改革,气象科技和气象教育成为支撑气象事业发展的重要基础,是推进气象现代化建设的战略重点,是气象改革开放的重点领域。

1. 推进气象科技体制改革

——制定实施气象科技发展规划。1978年,中央气象局下发《1978—1985年气象科技发展规划》,确立了要加快气象科学技术的发展,逐步实现气象科学技术的现代化,气象科学研究一定要走在业务建设和服务工作的前面的指导思想,提出了预报方法、大气物理、气候资源调查、农业气象、观测及卫星气象等领域的明晰目标。1982年,中央气象局下发《1981—1985年气象科研发展规划和十年设想的纲要》,提出要紧密结合经济建设和气象业务工作现代化的需要,重点安排提高业务技术水平和台站装备水平的课题。1985年7月,国家气象局制定了《气象科学技术研究体制改革方案》。1986年8月,国家气象局审定下发了"七五"科研教育计划。1988年,国家气象局下发了《关于深化气象科学技术研究体制改革的意见》。1991年10月,国家气象局召开全国气象科技工作会议,首次提出依靠科技进步推动气象事业发展的战略思想。

1996年1月,中国气象局召开全国气象科学技术大会,会议期间,江泽民总书记视察中国气象局,亲切会见了与会代表,提出"气象预报是否准确,不仅是经济问题,也是政治问题,关系到经济建设,关系到社会稳定,人民群众关心,党中央、国务院关心"。总书记对气象工作的高度评价鼓舞了与会代表和全国气象工作者。这次会议的主题报告"实施科教兴气象战略,实现气象事业新飞跃",首次明确提出实施"科教兴气象"战略。此次大会审议通过并下发了《关于贯彻落实〈中共中央、国务院关于加速科学技术进步的决定〉的意见》,明确科教兴气象是贯彻落实科教兴国战略,把科技、教育作为加速气象现代化建设,提高气象事业科技含量的基础,依靠科技进步,坚持教育为本,全面提高气象队伍素质,促进气象事业持续、快速、健康发展,为我国国民经济和社会发展做出新贡献。

2000 年,中国气象局召开全国气象科学技术创新大会,并于 2001 年和 2002 年先后制定下发了《中国气象局科研机构改革实施方案》《关于省级气象科学研究所改革的若干意见》等文件。2006 年 5 月,中国气象局联合科技部、国防科工委、中国科学院、自然科学基金委员会召开气象科学技术大会,审议通过《气象科学和技术发展规划(2006—2020 年)》,是首部由五部委联合颁布的行业科技发展规划。2007 年 11 月,中国气象局、科技部、教育部、国防科工委、中国科学院、自然科学基金委员会等六部委联合发布了《国家气象科技创新体系建设意见》(气发〔2007〕385 号),提出以"需求牵引、着眼长远,职责明确、优化布局,开放联合、资源共享,抓住重点、突出特色"为指导原则,到 2020 年前后,形成符合创新型国家要求,布局合理、任务明确、开放合作、支撑有力的国家气象科技创新体系,为气象科技工作指明了方向。2011 年,《中国气象局关于加强国家级业务单位科技创新工作的意见》印发,进一步明确了国家级业务单位在气象科技创新体系中的定位和任务,重点发挥国家级业务单位科研和业务相结合的核心作用。

——拓展气象科研体系。1978 年 5 月,在中央气象科学研究所和气象科学技术情报研究所的基础上成立中央气象局气象科学研究院,1982 年更名为国家气象局气象科学研究院,1991 年更名为中国气象科学研究院。1985 年以后,国家气象局在不断加强中国气象科学研究院建设的同时,决定扩建区域性专业气象研究所,在建立上海台风研究所、广州热带海洋气象研究所以后,相继建立了武汉暴雨研究所、成都高原气象研究所、兰州干旱气象研究所、沈阳区域气象中心研究所。各省(自治区、直辖市)气象局的气象科学研究所也相继恢复和建立。中国气象科学研究院的强风暴实验室、大气化学实验室和云雾环境实验室相继建立,成为气象部门重点开放实验室。这期间,分布在中国科学院系统、高等院校系统和军队系统的气象科研机构也得到迅速发展,这些科研机构是我国气象科研体系的重要组成部分,在气象研究、技术开发和人才培养中发挥着不可替代的重要作用。

20 世纪 90 年代,按照"稳住一头,放开一片"的科技体制改革方针,气象部门初步形成了颇具特色的三级气象科研体系,即国家级气象科研机构、区域气中心研究所和省级气象科学研究所,科研人员队伍不断壮大,科研能力显著提高,推动了气象科技进步和气象业务发展。

进入 21 世纪,按照中共中央、国务院有关科技体制改革的精神,2001 年,中国气象局积极推动气象科研院所的改革与发展。气象部门成为国家首批启动公益类科研院所改革的四个部门之一,在全国率先启动公益类科研院所改革,并于 2004 年首个通过科技部、财政部、中央编办联合组织的总体验收。中国气象科学研究院和北京城市气象研究所、沈阳大气环境研究所、上海台风研究所、武汉暴雨研究所、广州热带海洋气象研究所、成都高原气象研究所、兰州干旱气象研究所、乌鲁木齐沙漠气象研究所等 8 个专业气象研究所(简称"一院八所")为国家级公益类研究机构。20 个省级气象科学研究所(后增至 25 个)转为气象事业单位,划归所在省(自治区、直辖市)气象局管理。至今,已初步建立"职责明确、评价科学、开放有序、管理规范"的气象科学研究院所体系。

——改革气象科研院所运行机制。国家气象局制定下发《气象科学技术进步奖励试行办法》(1987 年)、《气象科学技术研究成果鉴定实施细则》(1988 年)等重要文件,对气象科技发展起到了重要的指导作用。在全国气象科技大会以后,1997 年,《中国气象局气象科学奖励办法》《中国气象局科学技术进步奖励办法》等颁布实施,进一步激励了气象科学技术人员的创新活力。进入 21 世纪,中国气象局先后印发《关于"一院八所"深化改革的指导意见》《气象科技创新体系建设实施方案(2009—2012 年)》《关于改进专业气象研究所管理的意见》《关于加强省级气象科研所发展的实施方案》,指导和部署院所管理机制改革工作。气象科技体制改革重点有四个方面:一是落实所长负责制,实行所长任期目标管理,扩大法人在人才引进、岗位聘任、经费管理等方面的自主权;二是实行每四年一次的周期性评估,根据评估结果调整和确定研发方向和支持力度;三是完善治理结构,改革学术委员会构成,强化业务需求引领和成果转化应用;四是部署实施省级气象科研所特色领域改革,25 个省级所根据需求和特点,发展了 39 个特色研究领域。通过改革,气象科研院所进一步明确了科研定位、凝练了学科方向,突出了专业特色,完善了运行管理,科研水平和为气象业务现代化发展提供科技支撑的能力得到明显提升。

——构建气象部门重点实验室体系。1989 年,气象科学研究院的强风暴实验室、大气化学实验室和云雾物理环境实验室被认定为首批国家气象局重点实验室。此后又相继认定气候研究实验室、树木年轮理化研究实验室、台风预报技术实验室、遥感卫星辐射测量和定标实验室、热带季风实验室(2012 年更名为"区域数值天气预报实验室")、干旱气候变化与减灾实验室、农业气象保障与应用技术实验室、大气探测工程技术研究中心以及依托成都信息工程学院的大气探测实验室和依托南京信息工程大学的气溶胶与云降水重点开放实验室等10个实验室为中国气象局重点实验室。此外,已批准建设的中国气象局重点实验室有4个,分别是空间天气实验室、旱区特色农业气象实验室、交通气象实验室和上海城市气候变化实验室。强风暴实验室于2004年通过国家重点实验室评审,成为中国气象局首个国家级重点实验室(名称定为"灾害天气国家重点实验室")。到2012年,共建成1个国家重点实验室和16个部门重点实验室、26个联合共建重点实验室。为充分发挥气象部门重点实验室作用,先后印发了《中国气象局关于加强部门重点开放实验室建设的意见》《中国气象局重点开放实验室建设与运行管理办法》,并统筹资源予以支持。

——确定气象业务单位是气象科技创新体系的重要组成部分。2007年,《国家气象科技创新体系建设意见》印发,明确提出气象业务单位是气象科技创新体系的重要组成部分。2011年,《中国气象局关于加强国家级业务单位科技创新工作的意见》印发,进一步明确了国家级业务单位在气象科技创新体系中的定位和任务,强调业务单位是气象应用研究与技术开发和创新成果应用的主体,是气象科技成果试验、检验和业务转化的重要平台和基地。气象业务单位科技创新工作主要包括三个方面:一是建立业务需求引导科技研发机制,由国家级业务单位牵头凝练科技问题、梳理重点科研任务和目标、组织编制四项研究计划及项目指南;二是在国家级主要业务领域建设科研成果转化中试基地,积极做好科研成果的业务应用评估、试验和转化;三是建立健全与科研院所的定常交流和任务对接机制。

——构建气象科研开放合作新格局。2002—2012年,中国气象局与有大气科学及相关学科专业的高等院校开展全方位合作,先后与北京大学、北京师范大学、中国科学技术大学、中山大学、成都信息工程学院、兰州大学、南京大学、浙江大学、中国海洋大学、云南大学、香港城市大学、南京信息工程大学、国防科学技术大学、中国科学院研究生院、南开大学、中央财经大学、同济大学、中国农业大学等高校签署了合作协议。与教育部、江苏省政府三方共建南京信息工程大学,与四川省政府共同支持成都信息工程学院建设。

——改革科技成果转化机制。1981—2011年,全国气象部门共有9107项成果获奖,其中129项获得国家级科学技术奖,2325项获得省部级奖,一大批天气预报、农业气象、技术装备等科技成果在业务和服务中推广应用,部分科研成果在国民经济建设中发挥了明显效益。1991年3月,"七五"国家重点科技攻关课题"短时灾害性天气预报研究"和"中期数值天气预报研究"通过国家验收。1991年9月,"八五"国家科技攻关项目"台风暴雨灾害性天气监测预报方法研究"通过可行性论证。成功组织了青藏高原气象科学试验和南极考察建站工作。中国气象局同其他部委共同主持了"我国重大天气气候灾害形成机理和预测理论研究"和"首都北京及周边地区大气、水、土环境污染机理及调控原理"两项"973计划"项目,并参与多项"973计划"项目课题,主持承担了"中国气象数值预报创新技术研究""人工增雨技术及示范"等近十项国家科技攻关项目(课题)和近百项科技部社会公益研究专项和基础性工作专项项目。申报科技部"863计划"课题、农业科技成果转化项目等国家级项目、国家自然科学基金项目的能力和积极性也得到大幅度提高,获得资助的项目经费保持稳步上升的势头。

——推进气象科学数据开放共享。2001年12月,在科技部的支持下,第一个科学数据共享试点工作——气象资料共享系统建设试点正式启动,科学数据共享工程正式拉开帷幕。从2006年起,气象资料共享系统建设试点转入国家科学数据中心试点建设阶段,并作为科技部推动科学数据共享的一个示范典型,实现了气象科学数据实时免费共享,为社会提供了基础气象数据,成为我国科学数据共享工作的先行者。在推进气象科学数据共享试点的基础上,中国气象局积极开展国家EOS-MODIS卫星资源共享建设、北京高性能计算机资源共享,推进瓦里关山、龙凤山、上甸子、临安等大气本底观测站升级建设,进入国家野外科学观测台站特殊功能与特殊环境野外观测站网体系。

2. 推进气象教育体制改革

为适应气象现代化建设对人才的需求,大力加强气象院校建设。1978年,南京气象学院被列入全国重点院校、成都气象专科学校升格为以培养大学本科生为主的高等学院;1984年,北京气象专科学校升格为以培养大学本科生为主的高等学院;期间,绝大部分省(自治区、直辖市)气象局恢复或新建了气象中专学校,在兰州、南昌、湛江创办了3所全国重点气象中专学校,举办了各种高新技术培训班和在职提高班,初步形成了多层次、多规格、多形式的承担普通教育与成人教育双重任务的气象教育体系,为改善气象队伍的人才结构做出了重要贡献。从1980年到1991年年底,气象队伍大专学历以上人员的比例由15.8%上升到28.8%,中专学历人员比例由23%上升到41.6%。

1998年,随着国家教育体制改革的展开,经教育部和中央编办批准,原北京气象学院改为中国气象局培训中心,开始了转轨工作。根据国家教育体制改革的部署,2000年,原由中国气象局管理的南京气象学院、成都气象学院、湛江气象学校、南昌气象学校和兰州气象学校划归地方政府管理。

1999年1月,中国气象局党组作出决定,撤销北京气象学院,转建为中国气象局培训中心,确立了"国际先进、国内一流,办学条件优越,师资队伍精良,运行机制完善,能承担气象继续教育和较高层次岗位培训的国家级培训基地"的建设目标,大力开展了气象系统的继续教育和岗位培训,适应了气象现代化快速推进过程中对职工全员培训提高的需要,成为气象基本业务系统的重要组成部分。随后,省级培训中心相继转建或设立,河北等13省单独设立省级培训中心,吉林等11省加挂省级培训中心牌子,我国的气象教育培训体系逐步建立。

进入21世纪,气象教育与培训工作发展进入新阶段。中国气象局与教育部联合组建高等学校大气科学类专业教学指导委员会、气象职业教育教学指导委员会,加强对现代气象业务体系相关学科建设的指导,研究大气科学学科专业结构优化的政策举措。自2011年以来,各高校自主设置了约17个二级学科,在本科生和研究生培养上,整体呈现逐年上升趋势。此外,中国气象局携手各合作高校,积极推动研究生导师和气象局科技人才"双挂、双聘"工作;支持各相关高校教师围绕气象科学事业的关键科学问题,开展科学研究,加强能力建设;有针对性地与高校共建大气科学学科教学实习基地。通过局校合作,有效地支撑了现代气象业务体系建设。

在气象培训方面,20世纪80—90年代,按照全员培训和全程培训的要求,实施大规模在职培训,每5年轮训一次全国业务技术和业务管理人员。据不完全统计,在1979—2000年的20多年里,全国气象部门共有1.8万多人通过参加文化补课达到初中毕业水平,1.7万多人参加了技术补课,参加新业务、新技术培训的人数达到17.2万人次以上,另外,还举办了1.6万人次的外语培训。进入21世纪,继续开展了较大规模的气象培训工作,2012年年培训达到13.7万人天。干部培训管理进一步加强,2009年,《中国气象局关于加强气象人才体系建设的意见》印发,明确提出制订并实施"强基工程",加强教育培训制度建设,提升教育培训能力。2010年,《中国气象局关于加快气象培训体系建设的意见》出台,提出从构建开放式气象培训体系、加强气象部门培训机构建设、着力实施重点培训、加强师资队伍建设等7个方面加强气象培训体系建设。2011年,经中央编办批准,中国气象局培训中心更名为中国气象局气象干部培训学院,逐步形成了以司局级领导干部系列、处级干部系列、县局长系列、党校班,以及预报员岗位系列、气象新技术新方法等为代表的核心班型。

(二)全面深化气象科教体制改革阶段

党的十八大以来,党中央对党和国家各方面工作提出一系列新理念新思想新战略,中国特色社会主义进入新时代,我国气象科技教育体制改革进入全面深化阶段,气象科技创新以问题为导向,以核心科技为重点,以体制机制创新为突破,气象科技创新工程建设取得明显进展。

——围绕核心技术突破深化科技体制改革。2014年10月,中国气象局印发《国家气象科技创新工程实施方案(2014—2020年)》,围绕国家级气象业务现代化重大核心技术突破,明确了高分辨率资料同化与数值天气模式、气象资料质量控制及多源数据融合与再分析、次季节至季节气候预测和气候系统模式三大攻关任务,通过几年的持续推进,三大攻关任务取得明显进展。同年11月,中国气象局印发《气象科技创新体系指导意见(2014—2020年)》,明确了气象科技创新体系支撑气象现代化建设思路和气象科技改革发展重点任务。统筹制订科研基础条件2016—2018年建设规划,强化野外科学实践基地规范化管理,推进大型科学仪器设备开放共享,提出优化"一院八所"学科布局,建立科研和业务有机结合、以核心业务为导向的学科体系和创新团队,针对重大业务技术集中力量联合攻关。2016年,《加强灾害天气国家重点实验室建设的意见》出台,提出统筹优化部门重点实验室布局。

——全面深化气象科技体制机制改革。2013年,中国气象局对天气、气候、应用气象、综合观测四项研究计划进行了滚动修订,形成了《天气研究计划(2013—2020年)》《气候研究计划(2013—2020年)》《应用气象研究计划(2013—2020年)》和《综合观测研究计划(2013—2020年)》四项研究计划,加快解决制约气象业务发展的关键科技问题,切实提高现代气象业务能力和气象现代化水平。2015年,《"一院八所"优化学科布局方案》印发,北京、广东、新疆气象局分别启动城市气象、热带海洋气象、中亚天气专业气象研究院建设,探索在浙江、河南、深圳等地建设气象科学研究院分院。实施国家气象科技创新工程,联合部门内外力量组建攻关团队,与清华大学、南京大学等共建3个重点实验室,在南京和上海建立了联合研究中心。《深化专业气象研究所改革方案》和《中国气象局关于进一步深化省级气象科学研究所改革的意见》印发,推动省级所聚焦发展特色领域研究,强化对省级核心业务的科技支撑。

2016年,通过进一步深化气象科研机构改革,总结推广了中国气象科学研究院、乌鲁木齐沙漠气象研究所改革试点经验,组织制订专业所改革方案,推进北京、广州、乌鲁木齐3个专业研究院建设。中国气象局推进局校合作任务落实,强化南京、上海联合研究中心建设,批准成立了广州联合研究中心。

2017年,中国气象科学研究院完成"扩大高校科研院所自主权、赋予创新领军人才更大人财物支配权技术路线决策权"的国家科技改革试点目标,并推进分院建设。中国气象局加大开放合作力度,完善共建共享共赢机制和协同创新机制,引导和利用国内外高校、科研机构和企业的优势资源,参与重大核心任务协同攻关。

——改革科技成果转化奖励机制。2015年,《中国气象局科学技术成果认定办法(试行)》印发,深入推进气象科学研究院改革试点,改革评价考核和工资分配机制,加强团队考核比重,加大绩效津贴比例。2016年,《加强气象科技成果转化指导意见》出台,扩大中试基地(平台)试点,一批成果已通过中试投入业务应用。

2017年,中国气象局印发《关于增强气象人才科技创新活力的若干意见》以及《中国气象局职称评定管理办法(试行)》《气象正高级职称评审条件》等9个部门层面的配套措施,进一步向创新主体放权,建立健全以科技创新质量、贡献、绩效为导向的评价分配制度及风险防控机制,促进气象科技成果转化与应用推广。气象部门认真贯彻落实《关于进一步完善中央财政科研项目资金管理等政策的若干意见》及相关政策,对各领域科技成果业务准入实行统一的"入口"和"出口"管理,探索设立多渠道出资的气象科技成果转化引导基金的推进措施,促进气象科技成果转化工作,激励和支持绩效突出的气象科研开发和成果转移转化。

——推进"一院八所"与国家级业务单位建立定常交流合作机制。紧密围绕核心业务需求开展科技合作与交流,强化科技成果在业务单位的转化应用。国家级业务单位在天气、气候、大气探测等主要业务领域试点建设科技成果转化中试基地(平台),组建由业务、科研人员共同构成的成果中试团队,对成果进行系统化、配套化和工程化改进,发挥中试基地(平台)在引领研发任务、引导资源配置和成果评价中的作用。2014年,《气象科技成果转化奖励办法(试行)》印发,强化科技成果转化应用和开放共享。在此基础上,2015年,中国气象学会发挥行业组织优势,设立"大气科学基础研究成果奖"和"气象科技进步成果奖",进一步健全科技奖励机制,推进成果转化应用。气象部门搭建了科技成果管理、信息发布和推广交流平台,改进科技成果发布和推广制度。

——改革气象科技分类评价体系。2013年,《中国气象局关于加强气象科研机构评价工作的指导意见》印发,改革科技分类评价重点,强化以科技创新对业务发展实际贡献为核心的分类评价。2014年,《气象科技创新体系建设指导意见(2014—2020年)》印发,进一步健全气象科技评价机制,对科研机构的评价以解决核心技术的能力、科技成果实际使用情况和对业务发展实际贡献为重点,注重发挥业务用户单位、成果中试基地(平台)的评价作用;对业务单位的科技评价以建立核心任务协同攻关机制、实现成果转化和共性技术推广为重点;对科技成果进行分类评价,应用研究和技术开发转化类成果评价以成果的突破性和带动性、业务转化应用前景及效益等为重点;基础性研究类成果评价以成果的科学价值、国内外学术影响力以及对业务可持续发展的储备性为重点;评价结果将作为科技资源配置、绩效考核等的重要依据。

——实施国家气象科技创新工程。2014年,中国气象局以突破重大业务核心技术为主线,启动实施国家气象科技创新工程,印发了《国家气象科技创新工程(2014—2020年)实施方案》,提出国家气象科技创新工程以突破国家级气象业务现代化重大核心技术为主线,进一步深化气象科技体制机制改革,力争到2020年我国气象重大核心业务技术实现跨越式发展。工程实施的主要改革措施包括五个方面:一是建立相对持续稳定支持的资助模式,对攻关团队保证70%以上稳定经费支持;二是建立专项激励政策,实行绩效津贴鼓励和目标考核奖励;三是建立职责明确、分级管理、协调推进的工作机制,落实法人责任制;四是强化开放合作,充分发挥集中力量办大事的制度优势,积极引导本部门、全行业及海内外智力开展联合攻关;五是建立分级分期考核评估机制,成立第三方评估专家组,实行决策、执行和评价相对独立、相互制约、协调促进的工作机制。

——深化气象教育培训体制改革。2012年以来,相继挂牌成立河北、辽宁、安徽、湖北、湖南、四川、甘肃、新疆等8个国家级气象干部培训分院,中国气象局印发《中国气象局气象干部培训学院发展规划(2011—2020年)》及8个国家级气象培训分院的发展规划。2014年,中国气象局制定印发《2013—2017年气象部门干部教育培训规划》《中国气象局气象干部培训学院气象现代化实施方案(2014—2020年)》。

2015年,气象部门大力加强气象高等教育和学科建设,与教育部联合印发了《关于加强气象人才培养工作的指导意见》,联合组建了新一届气象职业教育教学指导委员会,启动了大气科学类本科专业优化调整工作,完成了气象高职专业目录修订,启动了大气科学专业人才培养评估。2015年气象培训体系建设继续加强,气象行业培训体系逐步健全,推进气象教育培训现代化,加强分层分类培训,逐步形成运转协调、界面清晰、灵活高效、协调发展,与气象事业改革与发展相适应的气象培训体制机制。

2016年,通过进一步推进培训体系建设,增强了气象培训能力,编制了《培训分院建设指南》《培训分院建设阶段评估指标(2016版)》,修订了《干部学院深化气象培训体制改革实施方案》,推进了气象干部培训学院自身改革。积极推进气象教育工作,举办了高校教师现代气象业务研修班,协调南京信息工程大学、成都信息工程大学继续调整优化大气科学类专业分省招生计划。协调教育部在南京信息工程大学为新疆气象部门招收大气科学专业少数民族学生。

2017年,全国气象部门扎实推进气象培训体系建设,中国气象局党组依托气象干部培训"一院八分院",批准成立了中共中国气象局党校和河北、辽宁、安徽、湖北、湖南、四川、甘肃、新疆等8个培训分校。分层分类开展业务和管理培训,不断提高气象教育培训质量,积极开展气象教育和人才培养工作。持续推进了教学内容和方式改革,教学活动更加规范化、系统化、科学化,培训质量和效益稳步提高。落实《关于党政机关和国有企事业单位培训疗养机构改革的指导意见》精神,对气象部门培训疗养机构情况进行深入摸底和调查研究,指导开展专项核查以及编制改革实施方案等工作。促进气象高等教育与现代气象业务相衔接,积极支持高校气象学科和专业建设,推进增设气象硕士专业学位申报工作,探索启动气象类专业评估认证工作,支持内蒙古大学等5所高校增设大气科学类专业,联合主要高校优化气象专业本科招生计划,委托南京信息工程大学、成都信息工程大学、云南大学等高校为基层台站招收气象专业定向生。

——成立中共中国气象局党校。2017年12月8日,中共中国气象局党校正式成立。这是气象部门深入学习贯彻党的十九大精神,进一步加强部门党的建设,加大气象系统党员干部教育培训工作力度的重要举措。党校事业是党的事业的重要组成部分,重视发挥党校作用是党的优良传统和政治优势,是提高党的执政能力、执政水平的重要保障。中国气象局党组贯彻落实《中共中央关于加强和改进新形势下党校工作的意见(试行)》等加强和改进新形势下的党校工作系列文件精神,决定成立中国气象局党校,使其成为开展气象部门党员干部培训的主渠道主阵地。中国气象局党校的主要任务是开展马克思列宁主义、毛泽东思想、邓小平理论、“三个代表”重要思想、科学发展观、习近平新时代中国特色社会主义思想的理论宣传,开展党的路线、方针、政策和中国气象局党组重大发展战略与改革方针的宣传。承办中央党校分校进修班、培训班;承担中国气象局机关和直属单位党员领导干部培训轮训以及各省(自治区、直辖市)气象局部分党员领导干部的培训轮训任务,重点加强对领导干部的理论武装、党性教育和专业化能力培训。围绕气象部门党的建设及重大战略部署和中心工作,举办中国气象局直属机关基层党组织书记培训班、全国气象部门党务干部培训班、专题研讨班和其他形式的干部培训。承担气象部门党的建设调研任务,推进理论创新。

四、开放合作

改革开放40年来,气象部门坚持“对外开放”,积极参与世界气象组织等国际组织的各项活动和科学计划,广泛开展双边和多边合作,引进了技术,培养了人才,提高了我国气象发展的国际地位,在促进我国气象现代化建设中发挥了重要作用。同时,气象部门坚持“对内合作”,着眼于优化气象事业发展环境,积极推进省部合作、部际合作、局校和地区合作与交流,拓展气象事业发展空间,促进了气象事业更好发展。

（一）大力推进开放合作阶段

1978年党的十一届三中全会以后,气象部门积极实行对外开放的方针,在开展国际交流与合作,引进国外先进科学技术方面走在全国的前面。在国际开放合作中,与一些先进国家气象部门开展技术合作与交流,吸取他们的经验与教训,加快了我国气象现代化建设的步伐,特别是引进的数字化雷达、卫星地面接收系统、高速数据传输技术、开发中期数值预报业务模式等,都为发展和建设现代化气象业务体系缩短了时间,这些先进技术的广泛应用与在气象服务中的成效被各级政府和社会公众广泛认可,气象对外开放成绩斐然,对内合作交流不断扩大。

1.气象率先对外开放

改革开放伊始,气象部门就以开放精神赢得了"国际合作的典范"的美誉,早在1979年5月,就与美国签署了气象科技合作协议,是气象部门与西方发达国家签署的第一个气象合作协议,开创了我国对外气象科技人员交流、培训和引进先进技术的先河。同年10月,中央气象局成立了进出口领导小组,专门负责气象部门的技术引进和出口换汇工作。1983年5月,国家气象局局长邹竞蒙在第九届世界气象大会上当选为世界气象组织第二副主席,从此,我国在世界气象组织的地位和作用开始逐步提升。

在率先对外开放基础上,气象部门积极开展气象科技交流。1986年4月,国家气象局制定下发了《"七五"期间派出进修和引进人才规划》(国气科字〔1986〕第26号)。从1984年开始,我国承办的国际气象科技学术会议以及派出去学习、访问、考察的人员和接待来访人员逐年增加。仅1991年,在我国就召开了4个国际气象会议,组团参加8个世界气象组织在国外举办的气象学术会议,组织人员到6个国家出访。这些广泛的国际交流,为推进我国气象现代化建设培养了许多人才。

1987年5月19日,邹竞蒙在世界气象组织第10次大会上当选为世界气象组织主席,这是中国在联合国专门机构中首次担任主席职务。1991年5月14日,邹竞蒙在世界气象组织第11次大会上连任世界气象组织主席。在此期间,我国曾多批次邀请发展中国家的气象局长来华参观访问,为发展中国家举办过多期气象科技培训班。我国在世界气象组织中发挥的作用越来越大,地位越来越高。

2.气象双边多边合作不断扩大

从1979年至21世纪初,中国与美国(1979年)、澳大利亚(1985年)、加拿大和朝鲜(1986年)、蒙古、苏联和芬兰(1988年)、英国(1991年)、越南、俄罗斯和德国(1993年)、韩国(1994年)、马来西亚和哈萨克斯坦(1995年)、吉尔吉斯斯坦、瑞典和丹麦(1996年)、印度(1997年)、法国(1998年)、以色列(1998年)、伊朗(1999年)、古巴(2005年)、巴基斯坦(2006年)等国家签订了气象科技合作协议。

中美大气合作是双边合作的典范,1978—1991年,中美大气合作组一共召开了9次会议,双方对气象卫星与卫星气象、季风与气候研究、青藏高原与山地气象、热带海洋与全球大气、暴雨预报、中尺度气象、大气化学、人员培训的项目进行了广泛而卓有成效的合作。1986年2月,中断23年的中苏气象科技合作恢复。同年4月,中澳气象科技合作工作组第1次会议在北京召开,签署了合作协议。同年6月,国家气象局与加拿大签署了气象科技合作备忘录。1987年11月,与欧洲中期天气预报中心签署了大气科技合作会谈纪要。这些双边合作对我国引进先进气象科学技术、学习科学管理方法、培养高层次人才发挥了重要作用,特别是在建立我国卫星气象资料处理系统和中期数值预报业务系统等方面成效显著。

1978年以后,我国在大气探测领域中积极参与国际上各项大气探测实验,加强国际合作,参与国际探测对比。1977—1979年,参与全球大气实验;1979年,建立中美联合高空探测站,进行业务性探空系统对比和科技合作,推动我国高空探测应用计算机处理资料业务的发展;1981年,与芬兰进行了业务性探测系统与导航测风系统的海上探测实验;1987年,参加了在德国进行的通风干湿表国际对比;1987年,参加了在日本东京举行的辐射国际对比。1992—1993年,与美国合作,采用多普勒雷达、风廓线仪、自动探空系统等开展对太平洋地区的大气实验。

通过广泛开展双边和多边合作,与我国签署双边科技合作协议的国家数量进一步增加,到2012年,中国气象局与22个国家签署了双边科技合作协议,与160多个国家开展了科技合作交流。通过双边合作,中国与相关国家在数值天气预报、预警系统及应用、临近预报及气象卫星资料应用、热带气象、全球大气监测网、气候与气候变化、农业气象、奥运气象服务、教育与培训等多个领域开展了广泛的合作与交流。双边气象科技合作有力地促进了我国气象事业现代化建设,提高了气象监测预测能力,培养造就了一批具有国际视野的科技和管理人才。

3. 参与双向气象国际援助

根据1979年国务院对我国参加世界气象组织技术合作活动采取"有给有

取"的方针,我国既开展气象对外援助,向亚洲、非洲、欧洲、南美洲等多国提供气象仪器设备,也从世界气象组织的自愿合作计划和联合国开发计划署中获得资助,促进了中国气象事业现代化建设。1980 年开始,我国通过自愿合作计划,接受有关气象仪器设备的援助和奖学金,先后获得世界气象组织、全球环境基金和其他多个国家的援助。

4. 积极参与世界气象组织等国际组织活动

中国气象局承担了世界气象组织世界气象中心、全球信息系统中心、区域气候中心、区域培训中心等国际职责;中国在世界气象组织(WMO)、政府间气候变化专门委员会(IPCC)、台风委员会、地球观测组织(GEO)等主要国际组织中的影响力不断扩大。

1998 年,中国气象局组织开展了以"气候和中尺度气象"为主题的四个大型科学试验,气象部门相关科研业务单位也在不断拓展国际科技合作的领域与深度,中国气象科学研究院入选科技部"海外高层次人才创新创业基地",北京城市气象研究所被认定为"国际科技合作基地"。

随着中国气象事业的不断发展和壮大,我国在国际气象和气候合作事务中的话语权不断扩大,参与气象国际合作事务的深度和广度不断增加,国际影响力不断增强。中国气象局历任局长一直是 WMO 执行理事会成员;中国气象局原局长秦大河院士自 2002 年起连续两届担任 IPCC 第一工作组联合主席;原局长郑国光自 2005 年起,连续两届担任 GEO 联合主席;原副局长颜宏 2001 年和 2004 年分别担任 WMO 助理秘书长和副秘书长;原副局长张文建自 2016 年 9 月起担任 WMO 助理秘书长。100 多位中国专家在 WMO 技术委员会或区域协会兼任技术职务。

5. 广泛开展局校合作

自 2002 年开始,中国气象局与有大气科学及相关学科专业的高等院校开展全方位合作,签署了各类合作协议 98 个,全面开展的局校合作机制在联合建立研究机构、科技项目合作、培养高层次人才和资源共享、优势互补等方面取得显著成绩,开创了新形势下政府主管部门和高等学校紧密合作、共同发展的新模式,为巩固、扩大高教管理体制改革成果,促进教育与科技、经济和社会发展的紧密结合提供了范例,局校合作形成的开放、互补、互利的合作模式,对于建立开放式的国家科技创新体系具有重要的启示作用。

6. 扩大部际合作领域

2002 年,中国气象局与国家环保总局合作开展 46 个城市空气质量预报,联合国家发展改革委、财政部启动了全国风能资源详查和评价工作;2003 年,与国土资源部门联合开展地质灾害预报;2007 年,与中国科学院共同签署《科技合作备忘录》,与中国科学院 20 余个研究所在科研开发、人才培养和科研平台建设方面开展了合作。截至 2012 年,中国气象局先后与交通运输部、卫生部(现国家卫生和计划生育委员会)、农业部、国土资源部、水利部、住房和城乡建设部、环境保护部等部门(单位)签署合作协议或备忘录,开展了大量科技合作,不断探索跨行业合作机制,提高合作攻关能力和成果应用水平。

7. 开展地区合作与交流

中国气象局与香港天文台在大气科学领域一直保持着友好合作关系。中央气象台和香港天文台于 1975 年在北京签署了《关于建立北京—香港气象电路会谈纪要》,双方同意建立一条北京—香港的气象电报电路,该电路成为世界气象组织世界天气监测网全球通信系统二区域的一条区域电路。1996 年 12 月,中国气象局和香港天文台在香港签署了《中国气象局和香港天文台气象科技长期合作谅解备忘录》,双方将在气象通信、天气预报业务、人员互访及技术合作、科学研究和试验、教育与培训等 5 个方面开展合作。2001 年 2 月,中国气象局与香港天文台签订《气象科技长期合作安排》,双方在气象探测、气象通信、天气预报警报技术、气象服务、气候变化、人员互访及技术合作、科学研究和科学试验、教育与培训等 8 个领域的合作将进一步加强。此后,双方的交流与合作在《气象科技长期合作安排》的框架下顺利进行。2003 年、2006 年、2008 年、2010 年、2012 年,中国气象局与香港天文台高层管理人员会议在北京和香港两地交替举行。中国气象局和香港天文台在区域数值预报模式开发与应用方面进行了广泛的交流与合作,香港天文台"小涡旋"数值预报系统先后参加了 2008 年北京奥运会和 2010 年上海世博会临近天气预报服务示范项目;在一些重大活动的气象保障方面双方有着较为成功的合作,如奥运气象服务保障、亚运气象服务保障、深圳大运会气象服务保障等。

澳门回归前,两地就已开展了一些气象业务和科技合作活动。1990 年,建立了广州—澳门气象通信电路。1996 年,在珠江三角洲合建自动气象站。1998 年,澳门参加由中国气象局主办的南海季风试验合作项目。这些业务往来对珠江三角洲地区的气象业务发展,提高该地区天气预报的质量,减少自然灾害造成的经济损失起了重要作用。澳门回归后,中国气象局、澳门地球物理暨气象局和葡萄牙气象局共同开展气象科技交流与合作,于 2000 年 3 月在澳门特别行政区,就气象科技和业务合作问题进行讨论。2002 年在葡萄牙、2005 年在中国上海分别举办了第二次和第三次三方气象技术会议。2007 年 6 月,在澳门召开第四次气象技术会议。澳门方面除按照惯例邀请中国气象局、澳门地球物理暨气象局和葡萄牙气象局派人参加会议外,还邀请到其他葡语国家的代表参加会议。2009年5月,三方第五次气象技术会议在葡萄牙首都里斯本举行,会议主要议题包括天气预报、早期预警、雷达和卫星遥感技术等。2011年6月,三方第六次气象技术会议在陕西西安举行,分享世园会气象服务、预报技术、气象防灾等方面的经验和做法。同年3月,"中国天气网·澳门特区站"上线仪式在澳门特别行政区举行,实现了内地与澳门的天气"接轨"。

两岸"未'三通',先通'气'"。两岸气象同仁开始的"破冰之旅"始于1983年11月,原国家气象局领导人以专家身份率中国气象代表团赴马尼拉参加"南海和西太平洋热带气旋学术讨论会",主动与隶属台湾"交通部"的气象局负责人等首次接触,商谈了气象科技交流等事宜,积极开拓了海峡两岸气象科技合作与交流。1993年1月,台湾气象学会理事长一行来大陆访问。1994年3月,中国气象学会代表团参加了海峡两岸天气气候学术研讨会,这是大陆气象学者首次到台湾参加两岸天气气候研讨会。自此,两岸以"气象学会"名义每年都分别在大陆和台湾举办以气象防灾减灾为主题的研讨会及交流活动,气象科技交流不断深入。2012年9月,中国气象局局长郑国光以中国气象学会名誉理事的身份率团一行15人赴台参加2012年海峡两岸灾害性天气分析与预报研讨会,与台方商议共同庆祝同根同源的中国气象学会成立90周年,积极推动两岸开展气象业务合作。

(二)全面深化开放合作阶段

2012年党的十八大以后,气象开放合作全面深化,对外开放合作内容更加务实,气象融入国际合作科研程度更深,双边气象合作在服务领域更有作为,对内部际合作、局校合作、省部合作、地区合作更加广泛,形成了全面开放合作的新格局。

1.深化国际开放合作

2012年以来,气象部门对外开放合作主要围绕核心业务和重点服务领域,推进多边气象科技合作,组织召开中美等多国双边气象科技合作会议,重点推进数值天气预报、高影响天气预报服务、气候业务与服务、卫星气象、环境气象等方面的合作;继续推动中国气象局与欧洲中期天气预报中心和欧洲气象卫星开发组织的务实合作,数值预报合作不断深化,卫星资料直收工作进展良好。

在"一带一路"、南南合作框架等背景下,我国通过气象设备和技术援助等手段帮助其他发展中国家气象部门提升应对气候变化和气象防灾减灾能力。自2011年起,中国向蒙古、尼泊尔、泰国、巴基斯坦等19个亚太国家赠送了集成化的中国气象局卫星广播系统(CMACast)接收站、气象信息综合分析处理系统(MICAPS)、卫星气象应用平台、自动站、GPS/MET 水汽站等,帮助亚太国家实时获取"风云"气象卫星资料、GRAPES 数值预报产品等全球气象资料和产品。从 2013 年起,中国开始向非洲国家援建气象设施,确定在科摩罗、津巴布韦、肯尼亚、纳米比亚、刚果(金)、喀麦隆和苏丹等 7 个国家建设气象设施,包括自动气象站、人工气象观测系统、气象信息综合分析处理系统(MICAPS)、预警信息发布系统等。

2013 年,完成了中俄双边气象合作会谈、中芬气象科技合作联合工作组第十一次会议和中蒙气象科技合作联合工作组第十三次会议、中韩气象科技合作联合工作组第十二次会议、中美大气科技合作研讨会、中美大气科技合作联合工作组第十八次会议的相关工作。在双边合作中,注重加强对口部门、项目牵头人之间的沟通协调机制建设,注重合作效益的发挥。

2014 年,中国气象局与欧洲中期天气预报中心(ECMWF)签署实施《中国气象局与欧洲中期天气预报中心合作协议》;中国气象局和欧洲气象卫星开发组(EUMETSAT)更新签署《中国气象局与欧洲气象卫星开发组织关于气象卫星资料应用、交换和分发合作协议》及在澳大利亚建设及运行"风云四号"卫星测距副站的协议。

2015 年,根据国际治理要求和气象事业发展需求,积极参与世界气象组织、政府间气候变化专门委员会、联合国气候变化框架公约、台风委员会等国际组织的活动,中国气象局局长郑国光出席第十七次世界气象大会,并连任 WMO 执行理事会成员,我国专家当选 IPCC 第一工作组联合主席及台风委员会秘书长;组织举办第一届中朝气象科技研讨会,就强对流异常降水预报、数值预报产品、气候服务、气象观测仪器等开展交流活动。

2016 年,继续推动中国气象局与欧洲中期天气预报中心和欧洲气象卫星开发组织的务实合作。围绕国际治理要求和气象事业发展需求,积极参与世界气象组织、政府间气候变化专门委员会、联合国气候变化框架公约、台风委员会等国际组织的活动。

2017 年,更新签署《中国气象局与欧洲气象卫星开发组织关于气象卫星资料应用、交换和分发合作协议》中关于资料和产品交换清单的附件;组织召开了第三届中国气象局和欧洲气象卫星开发组织联合研讨会,双方就碳卫星资料的共享达成初步共识。

2018 年 1 月,世界气象中心(北京)正式授牌,我国成为全球 9 个世界气象中心之一,作为深化国际合作的新平台将成为对外交流和技术辐射的重要基地和窗口；为提升核心气象科技能力，组织承办多个国际会议及世界银行多灾种早期预警系统培训班。

这一阶段，我国加强了与"一带一路"沿线国家、"金砖"国家的气象合作，提高了气象防灾减灾、气候安全风险应对等科技合作的深度和广度。"中巴经济走廊"建设的气象服务合作取得进展，在共建中巴经济走廊沿线气候服务预警系统、巴中气候研究中心、热带飓风预警系统、洪灾预报与预警系统建设方面开展合作；《中亚气象防灾减灾及应对气候变化乌鲁木齐倡议》签署，启动中亚地区气象防灾减灾和气候变化合作研究；组织召开中国—东盟气象合作论坛和中亚气象科技研讨会；积极配合中美战略与经济对话，我国报送的相关建议被纳入第八轮中美战略与经济对话成果清单；对非洲七国的气象设施援建项目进入实施阶段；继续推动国际教育培训工作。

2. 全面深化国内合作

2012 年以来，深化了部际和省部合作。创新部际沟通机制，部际之间建立了"一协议、三制度、三平台"的合作机制，与多部委在自然灾害防御、环境保护、为农服务、专业化气象服务及对外战略等领域开展了深度合作，与国务院办公厅等 14 个部委或单位开展了信息数据共享；气象发展省部合作形成了畅通机制，中国气象局与 31 个省（自治区、直辖市）政府签订了合作协议，主要围绕气象"十三五"规划和地方经济发展实际，以气象现代化为抓手，重点在气象现代化体制机制改革创新、国家突发公共事件预警信息发布系统建设、气象信息化建设、生态文明建设气象保障及深化省部合作机制等方面达成合作共识。

——全面深化局校合作。截至 2017 年，中国气象局与国内 22 所大学签订了合作协议，并不断完善局校合作机制，推进协同攻关。其中，与华东师范大学和中国地质大学（武汉）签署战略合作协议，与清华大学签署合作备忘录，建立了南京、上海大气科学联合研究中心，推进与清华大学、南京大学、成都信息工程大学等共建联合重点实验室，为创新工程搭建务实合作平台。与中国科学院、中国社会科学院、中国农业科学院等高端研究机构的合作不断深化。

——开辟局企合作新领域。与中国移动公司联合发文规范气象增值服务业务，推动与三大运营商预警信息快速和免费发布机制的建立，成立气象服务云平台建设专项工作组，加强与阿里云的合作共赢，与百度、腾讯、新浪、阿里巴巴等公司合作拓展预警发布渠道与手段。2017 年 9 月，中国气象局与中国长江三峡集团达成专业气象服务合作意向。同年 12 月，中国气象局公共气象服务中心与北京摩拜科技有限公司签署战略合作协议，在气象数据信息增值服务、物联网、大数据研发等领域开展全方位合作。

——加强两岸及港澳气象合作。2013年,在国务院台湾事务办公室、海峡两岸关系协会的支持,以及两岸气象同仁的共同努力下,两岸两会(海峡两岸关系协会、财团法人海峡交流基金会)就气象合作协议文本进行两次正式磋商,并达成一致。2014年2月,两岸两会在台北正式签署了《海峡两岸气象合作协议》,标志着两岸气象界的科学技术交流转为两岸气象业务部门之间的业务技术合作。《海峡两岸气象合作协议》于2015年6月24日正式生效。2015年8月在厦门召开了协议生效后的第一次工作组会议,举办了2015年海峡两岸气象科学技术研讨会,落实了协议关于预报员交流和灾害性天气业务合作事宜,支持举办了第七届海峡论坛民生气象论坛。2016年在台北举办了"2016年海峡两岸灾害性天气分析与预报研讨会"。2017年6月,第九届海峡论坛·第六届海峡两岸民生气象论坛在厦门开幕,海峡两岸160多位气象业者共享气象研究最新成果,共商气象服务民生大计,共促两岸气象发展。海峡两岸气象专家在2017年汛期期间就台风命名、天气预报、灾害性天气预警等技术问题进行了沟通交流。

2016年10月,中国气象局、中国民用航空局、香港天文台在北京召开了亚洲航空气象中心建设工作研讨会,签署了《中国民用航空局中国气象局中国香港特别行政区政府香港天文台关于联合建设亚洲航空气象中心的协议》。2017年,中国气象局局长刘雅鸣会见香港天文台台长和澳门地球物理暨气象局局长一行,共商深化内地与港澳地区气象交流合作、推动"一带一路"建设和区域气象防灾减灾、亚洲航空气象中心建设等事宜。在中国气象局与香港天文台《气象科技长期合作安排》的框架下,推动海南省气象局与香港天文台签署了未来合作计划,合作领域涉及短临预报技术、台风观测及警报技术、气象数据共享等方面。

五、管理体制

气象管理体制,是气象管理机构的设置、管理机构职权的分配以及各机构间的相互协调的保障性制度,主要包括气象领导管理体制、气象行政制度、气象财务体制、气象事业结构和气象人事组织制度等。气象管理体制改革,则是通过调整、理顺、克服和消除气象管理体制中的问题,为气象事业发展提供重要体制机制保障。气象管理体制改革主要经历了三个阶段。

(一)气象管理体制改革起步阶段

1978年党的十一届三中全会以后,气象部门率先启动了领导管理体制改革,并不断推进完善与之配套的双重计划财务体制,加快干部队伍和专业人才队伍建设,奠定了气象事业稳步快速发展的基础。

1. 分两步走改革气象领导管理体制

改革开放之前,气象部门领导管理体制虽有过几次调整变动,但总不够理想。1980 年,全国气象局长会议认真总结了前几次领导管理体制变动的经验教训,认为气象工作领导管理体制完全由地方管理,不符合"气象台站高度分散、气象业务高度集中"的特点,不利于统一规划、统一布局、统一建设、统一管理,直接影响到气象事业发展;而完全收归中央管理,又不利于为地方经济社会发展服务。经过充分调查、反复研究和广泛征求意见,确认气象部门应实行统一领导,分级管理,气象部门与地方政府双重领导,以气象部门为主的管理体制。

1980 年 3 月,中央气象局向国务院呈报了《关于改革气象部门管理体制的请示报告》,提出将气象工作的领导管理体制改为"气象部门与地方政府双重领导,以气象部门领导为主的管理体制",并明确这一改革分两步走:第一步,1981 年以前,省级以下气象部门逐步改为以省(自治区、直辖市)气象部门为主的双重领导管理体制;第二步,全国气象部门自上而下地改为以气象部门为主的双重领导管理体制。国务院于 1980 年 5 月下发《国务院批转中央气象局关于改革气象部门管理体制的请示报告的通知》(国发〔1980〕130 号)。在完成第一步体制改革之后,1982 年 11 月,经国务院批准,《国务院办公厅转发国家气象局关于气象部门管理体制第二步调整改革的报告的通知》(国发〔1982〕76 号)下发。全国气象部门的领导管理体制改革于 1983 年年底基本完成,为气象事业大发展提供了强有力的体制保障。同时,鉴于经济特区气象事业的特殊性和探索性,1983 年和 1988 年,确定深圳市、珠海市以及海南省气象部门仍维持当地政府领导为主的双重领导体制。

2. 推动建立气象双重计划财务体制

气象双重计划财务体制,是改革完善双重领导管理体制的重要组成部分。在稳定实行了以气象部门为主的双重领导管理体制后,随着时间的推移,部分省(自治区、直辖市)陆续出现地方对气象事业投入不足,气象人员经费保障有缺口等问题。1988 年 8 月,经国家气象局报请,国务院向全国各省(自治区、直辖市)政府转发《国务院批准国家计委、财政部、国家气象局关于请地方财政合理分担部分气象经费的请示》(国气发〔1988〕24 号),要求"各级地方政府要继续加强对气象工作的领导,并把为当地服务的气象事业发展建设列入本地社会经济发展规划和计划,在国家计委和中央财政继续分别承担全国气象事业主要基建投资和事业费的同时,请地方计划部门解决主要为地方城乡建设服务需要而新增项目的基建投资;请地方财政尽量酌情解决主要为地方城乡经济建设需要而新增项目的事业经费和其他开支"。1990 年 8 月,全国气象局长工作研讨会提出,气象事业要由国家和地方共同来办;根据财权和事权相一致的原则,国家气象事业由国家财政支持,纳入国家计划;地方气象事业就应由地方财政支持,纳入地方计划,并提出了"建立双重计划财务体制"的设想。

3.积极推进国家气象机构改革

在抓紧进行领导管理体制改革的同时,气象部门也按照要求进行国家级气象机构改革。1980年1月,国务院以国发〔1980〕19号文批复了中央气象局机构编制报告,确定中央气象局行政编制288人。中央气象局党组根据国务院的批复精神,决定将局职能机构名称由处室改为部室,允许在部室下再设处室,并明确了干部配备原则:直属事业单位的领导参照国务院部委司局的级别配备,机关部室领导按低半级的原则配备。

1982年,国务院进行机构改革,以国发〔1982〕163号文批复了中央气象局的机构改革方案,明确将中央气象局更名为国家气象局,列为国务院直属机构,并将机关职能机构的名称由部室改为司室;确定国家气象局下设8个司室;机关行政编制260人。省级以下气象部门也进行了相应的机构改革。通过这一系列自上而下的机构改革,加强了对气象工作的管理。1988年10月,经国务院批准,国家编委以国机编〔1988〕31号文批复了国家气象局的"三定"方案,首次明确国家气象局是国务院主管气象行业的职能部门;强调了宏观管理和气候资源管理,要求由部门管理转向全行业管理;规定了国家气象局的10项职责,并确定机关行政编制260人,职能机构设9个司室,增设了气候资源管理、天气预报警报管理和法规行业管理等机构。

4.加强干部"四化"建设

这一阶段前期,气象部门认真贯彻党的干部"四化"(革命化、年轻化、知识化、专业化)方针,在人事干部制度改革方面迈出了重大步伐。1982年前后,气象部门一批新中国成立前参加革命工作的老干部发扬高风亮节,愉快地从领导岗位退出,为实现新老干部顺利交替、推进领导班子"四化"建设腾出了位置。气象部门通过认真贯彻落实知识分子政策,解放思想,破除论资排辈的传统陋习,大胆启用专业技术人才,按照干部"四化"方针,提拔了一大批气象业务技术骨干到各级领导岗位,使气象部门各级领导班子的结构发生了很大变化。截至1983年年底,国家气象局对29个省(自治区、直辖市)气象局和3所直属院校的领导班子进行了重大调整。新组建的领导班子的"四化"程度有了显著提高和改善。领导班子平均人数由5.9人减少到3.6人,平均年龄由58.5岁下降到49.5岁,大学专科以上文化程度由13.6%上升到54.7%。领导班子的这一跨越式变化,为此后全面推进气象部门的改革和发展奠定了良好的组织基础。

为实现干部队伍"四化"目标,各级气象院校纷纷举办领导干部轮训班,提高了领导干部的综合素质和管理水平。1981—1991年,南京气象学院和北京气象学院共培训处级和司局级领导干部400多人次;与此同时,各省(自治区、直辖市)气象部门也依托省气象学校广泛地轮训了气象台站长和处科级领导干部。此间,国家气象局还有计划地逐年选派一些业务骨干出国留学、培训和考察访问,使气象队伍中的业务技术骨干比例不断增加,素质显著提高。

20世纪80年代,为了保证干部考察的准确性,逐步完善了领导干部考察选拔办法,在干部考察工作中增加了书面民主推荐程序,改变了以往干部考察只进行个别谈话的做法,从而更加准确地了解群众意见。1991年年底,国家气象局党组在调整局机关司局级领导班子时,探索了笔试、面试和常规干部考察相结合的方法,取得了良好效果。同时加强了气象部门"第三梯队"建设,1989年4月,国家气象局党组下发《关于加强后备干部队伍建设有关问题的通知》(国气党发〔1989〕19号),要求结合气象部门的实际情况,抓紧后备干部的建设,为年轻干部的培养选拔奠定了基础。

5.恢复气象科技干部技术职务评定制度

这一阶段建立了气象专业技术职称评定制度,恢复了气象技术职称评审工作。1980年3月,国务院科技干部管理局和中央气象局联合颁发了《关于气象科技干部技术职称实施办法》,确定了天气预报分析、气象观测、农业气象、气候资料、气象雷达、气象通信工程、气象计量、气象科技管理8类技术干部技术职称的考评标准,并成立了中央气象局技术职称评定委员会,使大多数专业技术人员获得了相应的技术职称,推进了气象科技队伍的建设。从恢复职称评定到1983年年底,气象部门共评定高级职称144人,中级职称7000余人,初级职称22000多人。高、中、初级职称人员比例为1:49:153。当时全国气象部门共有4.2万名专业技术人员,约70%以上的人员取得了相应的技术职称。同时,改革毕业生分配制度,给予了用人单位挑选毕业生的自主权,为气象部门面向社会公开招聘气象专业优秀人才疏通了供需渠道。

(二)气象管理体制改革加快阶段

1992年邓小平视察南方谈话以后,气象部门进一步解放思想,加快改革开放步伐,大力推进气象事业结构调整,积极拓展气象业务服务领域;进一步建立完善双重计划财务体制,促进了国家和地方气象事业快速发展;进一步推进气象业务科技体制改革,不断促进由现代气象业务体系、国家气象科技创新体系、气象人才体系共同构成的气象现代化体系建设,全面推进气象开放合作,有效推进了气象事业全面协调快速发展。

1. 大力推进气象事业结构调整

调整气象事业结构是这一阶段前期的改革重点。党的十三届五中全会提出了"治理整顿,深化改革"的方针。根据这次会议精神,1990 年 1 月,在上海召开的全国气象局长会议,审议通过了《国家气象局关于气象部门进一步治理整顿和深化改革的意见》,首次明确提出了"四个结构调整"改革的任务,即:调整专业结构,促进业务技术体制改革;调整人才结构,协调人才供需关系;调整队伍结构,逐步实现人员合理分流;调整投资结构,提高资金使用效益。并先后确定在部分省开展气象事业结构调整试点。1991 年,气象部门在江西九江召开四个结构调整经验交流会,并明确了下一阶段省级以下气象通信由计算机终端向计算机网络通信方向发展。当时的四个结构调整是气象部门 20 世纪 90 年代加快改革的前奏。

——从"四个结构调整"到"气象事业结构调整"。1992 年 8 月,在全国加快改革开放大形势下,全国气象局长研讨会作出决定,将"四个结构调整"进一步深化为"气象事业结构调整",提出逐步建立起由基本气象系统、科技服务、综合经营三部分构成的新型事业结构,并要求全国各级气象部门将调整气象事业结构以及建立和完善相应的运行机制作为气象部门深化改革的重点。通过几年的结构调整,气象部门各级台站、各个单位均形成了基本业务、科技服务、经营实体"大三块"的框架。

——推进建立新型气象事业结构。随着科技服务和综合经营的发展,逐渐出现了一些新的问题,主要是部门内实体小、低、散;部门内单位之间的无序竞争;一个单位内各部分间的相互关系等很难协调;各单位领导精力放在创收上太多,基本业务内在质量受到一定影响,同时出现各省(自治区、直辖市)气象局直属单位之间信息资源不能共享等问题。为了解决气象科技服务和综合经营效益不高的问题,根据当时国家改革的形势,1998 年,在青岛召开的全国气象局长会议提出对事业结构进行战略性调整,要求用 3 年左右时间,通过整合资源,基本实现同一层次上由单位"小三块"向部门的"大三块"转变。1999 年,全国气象局长工作研讨会上又提出气象事业结构由"三部分"组成的构想,并于 2000 年 2 月下发《关于深化气象部门改革的若干意见》(中气办发〔2000〕8 号),提出改革的目标是,通过加快气象事业结构战略性调整,用 3～5 年或更长一点时间,在部门内初步形成由"气象行政管理、基本气象系统、气象科技服务与产业"3 部分组成的,结构合理、界面清晰、协调发展的气象事业基本框架,并相应建立起不同的管理体制和运行机制,实现气象管理依法行政、办事高效、运转协调、行为规范;基本气象系统具有较高现代化水平,人员精干、管理科学、服务优质高效;气象科技服务与产业面向市场,形成规模,经济效益显著。

气象事业"三部分"结构调整,明晰了气象事业发展的方向,促进了全面拓展业务服务领域,推动了气象事业统筹协调发展。到 20 世纪末,省级和省级以下气象部门从事科技服务的专兼职人员已超过总人数的一半。到 21 世纪初,全国省级和地级以上气象部门基本形成了"三部分"气象事业结构。气象事业结构的调整大大增强了气象部门的创收能力,到 2005 年,全国气象科技服务创收占气象预算事业费 41%,为加快推进气象现代化建设、稳定气象队伍、增加职工收入做出了重要贡献。

2.实施气象机构改革

在 1993 年的国务院机构改革中,国家气象局更名为"中国气象局",由国务院直属机构改为国务院直属事业单位,设立 9 个职能司,事业编制 252 人。这次国务院机构改革明确:中国气象局继续履行原国家气象局的职能,全国气象部门仍实行气象部门与地方政府双重领导,以气象部门领导为主的管理体制,原承担的工作任务不变,原财务供给渠道不变;批准各地气象部门人员编制总数为 61132 人(不含海南省气象部门)。其中,中国气象局机关和全国各省(自治区、直辖市)气象局机关分别于 1994 年 8 月和 1996 年 11 月依照国家公务员制度管理。1998 年 3 月,在国务院机构改革中,中国气象局仍是经国务院授权、承担全国气象工作政府行政管理职能的国务院直属事业单位,保持原有的工作职能和领导管理体制,局机关事业编制为 200 人,内设 8 个职能司室。保障了气象事业和气象现代化建设的稳定、持续发展。

2001 年,气象部门实行地市级气象管理机构过渡为依照公务员管理的重大改革,形成了国家、省、地三级气象管理体制,根据《中华人民共和国气象法》及国务院授权,承担着全国气象工作的政府行政管理职能。各级气象直属事业单位按照国家改革的要求,对事业单位分类改革进行了初步探索。2009 年,中央编办下发《关于中国气象局机构编制调整的批复》(中央编办复字〔2009〕45 号),内设机构 9 个,编制 228 个。2010 年,海南省气象工作管理体制调整方案获得中央编办批准,实行双重领导、以中国气象局领导为主的管理体制。截至 2012 年,中国气象局机关有内设机构 10 个,直属事业单位 16 个,省级气象局 31 个,地级气象局 329 个,县级气象局 2134 个。

3.建立完善双重计划体制和相应财务渠道

1992 年 5 月,国务院印发了《国务院关于进一步加强气象工作的通知》(国发〔1992〕25 号),进一步明确要求"建立健全与气象部门现行领导管理体制相适应的双重气象计划体制和相应的财务渠道,合理划定中央和地方财力分别承担基建投资和事业经费的气象事业项目",并明确了地方气象事业项目范围。国务院 25 号文件对推动地方气象事业发展发挥了重要作用,在文件下发后一年内,全国 30 个省(自治区、直辖市)和 4 个计划单列市人民政府就全部下发了文件,绝大部分明确提出了建立双重计划财务体制的意见,2/3 的省(自治区、直辖市)和计划单列市气象局在当地财政部门建立了计划、财务户头,双重计划财务体制得到具体落实,有力促进了地方气象事业发展,进一步形成中央与地方对气象事业多元投入、国家气象事业与地方气象事业协调发展的局面。截至 1992 年年底,全国地方政府财政经费达到 1.05 亿元,较上年增长 50%,占当年中央财政经费的 24.66%。

为了推动 1992 年国务院 25 号文件的贯彻落实,1993 年 10 月,中国气象局组织召开了贯彻国务院 25 号文件经验交流会,国务院办公厅、国家计委、财政部和各省计划、财务及气象部门负责同志参加会议,有力地推动了国务院 25 号文件的落实。1997 年,国务院办公厅下发了《关于加快发展地方气象事业的意见》(国办发〔1997〕43 号),主要内容是要发展地方气象事业,建立与国家财政体制相适应的地方气象投入体制,要求地方各级人民政府充分考虑气象部门的特殊性,切实采取措施改善气象职工的工作和生活条件。

经过全国上下持续推动,这一阶段双重计划体制和相应的财务渠道得到落实并不断完善。到 2000 年,地方财政气象经费达到 7.7 亿元,较 1992 年增长了6.3 倍,达到中央财政气象总经费的 49.1%,其中部分省市地方与国家财政气象经费比例达到 1∶1。到 2011 年,地方财政气象经费达到 37.44 亿元,占中央财政气象总经费的 41.9%,地方经费投入的增长有效支持了气象现代化发展。

——适应国家财政预算改革。从 2000 年开始,财政部推行预算制度改革,气象部门被财政部列为首批基本支出定员定额试点单位,中央财政对气象的投入和支持力度逐年加大。中国气象局积极推进预算编制方法的改革,建立了中国气象局、省级气象局、地市级气象局、县级气象局的基本支出定额标准体系,建立了三级项目库,实行了滚动管理。从 2002 年开始进行国库集中支付改革试点,到 2007 年所有二级和三级预算单位都实行了国库集中支付,同时结合部门情况深化政府采购改革,将气象部门重大仪器设备实行部门集中采购。完善财务机构,财务管理方式不断创新,从 2003 年开始,部分省级气象局成立了财务核算中心,随后在全国气象部门推广。至 2007 年,中国气象局和各省(自治区、直辖市)气象局全部成立了财务核算中心,负责单位本级及直属单位的财务核算和监督;绝大部分地市级气象局也成立了财务核算中心,负责单位本级及所属县级气象局的财务核算和监督。

——大力加强基层台站建设力度。基层气象台站是气象事业的基石,台站基础设施建设是气象现代化的重要组成部分。由于历史原因,在20世纪90年代,我国基层气象台站基础设施建设相对滞后于气象现代化的发展,在一定程度上制约了气象服务能力的快速提高和各项职能的发挥。因此,20世纪90年代以来,气象部门把基层台站建设列为建设重点,不断推进基层气象台站基础设施综合改善。进入21世纪,为进一步改善气象职工的工作和生活条件,2004年11月,中国气象局下发了《关于加强基层气象台站建设的若干意见》,随着国家对气象事业投入的不断增加,中国气象局逐年加大了对基层台站建设的经费支持力度。"十五"期间,用于基层气象台站建设的投资接近20亿元,34%的台站新建了业务用房,1000个左右的基层台站进行了供电、供水、供暖、排污、道路、围墙和护坡等配套设施改造,给100多个艰苦台站配备了交通工具,40%的台站完成了第二轮次综合改造。"十一五"期间,用于基层气象台站建设的投资超过24亿元,进一步改善了气象职工的工作和生活条件,基层气象台站的业务用房、观测场、通信、水电供暖、交通工具等基础设施状况得到明显改善,为加快我国气象现代化发展,建设"一流台站"奠定了坚实的基础。

4.依法推进气象行政制度改革

中国气象局对气象立法工作非常重视,1994年8月18日,国务院颁布实施了我国第一部气象行政法规——《中华人民共和国气象条例》(以下简称《气象条例》)。随着社会主义市场经济体制的逐步建立、完善,改革的不断深化,经济的快速发展,各行各业对气象服务的要求越来越高,气象服务的范围越来越广,气象部门的社会管理职能越来越多,但仅靠行政法规和规范性文件难以适应。为此,1996年,中国气象局成立了以温克刚局长为组长的《气象法》起草小组,在总结《气象条例》实施经验的基础上,组织起草《气象法》。1999年5月18日,国务院常务会议原则通过了《气象法(草案)》,提交全国人大常委会审定。1999年10月31日,经九届全国人大常委会第十二次会议以高票表决通过,并由江泽民主席签署的第23号主席令发布,于2000年1月1日正式实施。从此,诞生了我国第一部气象法律——《中华人民共和国气象法》。

——实施《中华人民共和国气象法》。21世纪伊始,《中华人民共和国气象法》正式实施。《气象法》提升了法律效力,增加了县级以上人民政府应当编制气象灾害防御规划和防御方案;各级气象主管机构应当提出气象灾害防御措施,并对重大气象灾害做出评估;各级气象主管机构应当加强对人工影响天气工作的管理和指导、应当加强对雷电防御工作的组织管理、应当组织气候可行性论证等具有社会管理职能等新内容。《气象法》的颁布实施,标志着中国气象事业进入依法发展的历史阶段。

在贯彻落实《气象法》的过程中,中国气象局先后出台了《中国气象局关于全面推进气象依法行政的指导意见》《中国气象局实施〈全面推进依法行政实施纲要〉细则》《全面推进气象依法行政规划(2011—2015 年)》,气象立法、气象执法、气象法制宣传教育等均取得了重要进展,为气象事业发展提供了坚强的法治保障。

——推进气象法规体系建设。《气象法》颁布之后,加快了制定配套法规的步伐,国务院相继制定出台了《人工影响天气管理条例》《气象灾害防御条例》《气象设施和气象探测环境保护条例》三部行政法规(简称"一法三条例")。各地积极推进地方气象法规建设,制定与《气象法》相适应的地方法规,逐渐形成气象法规体系。

2004 年 9 月,中国气象局在西安召开全国气象依法行政工作会议,会后下发了《中国气象局实施〈全面推进依法行政实施纲要〉细则》,提出了全面推进气象依法行政的指导思想和目标以及主要任务和保障措施。2006 年,中国气象局落实国务院的部署和要求,全面推进气象行政执法责任制工作。各级气象部门加大执法力度,依法查处违法案件。

2011 年,中国气象局制定了《气象立法规划(2011—2020 年)》,提出未来十年将制修订一批气象法规规章,进一步完善气象法规体系建设。到 2012 年年底,中国气象局先后制定、修订《气候可行性论证管理办法》《气象行政处罚办法》《气象规范性文件管理办法》等有效规章 13 部。以气象法律为依据,由若干气象行政法规、部门规章、地方性气象法规、地方政府气象规章构成的相互联系、相互补充、协调一致的气象法律体系已初步形成。

——加快气象标准化体系建设。气象标准是气象法制建设的重要组成部分,是气象依法行政的重要技术支撑。我国气象标准化工作从无到有、从小到大、不断发展。1992 年,经原国家质量技术监督局批复,明确了气象行业标准归口管理的范围,明确了气象行业标准代号为 QX,基本理顺和确定了气象标准的地位和性质,标志着我国气象标准建设正式起步。

进入 21 世纪,气象标准的制修订步伐加快。中国气象局先后制定印发了《气象标准化管理办法》《气象标准化工作流程》《关于加强气象标准化工作的意见》《气象标准化"十二五"发展规划》《气象标准化管理规定》等文件。2008—2012 年,先后成立了 14 个气象领域的全国和行业标准化技术组织,14 个省(自治区、直辖市)成立了地方气象标准化技术委员会,形成了以管理机构、研究机构、技术组织以及标准编制和实施单位为主体的工作体系,建立了由气象国家标准、行业标准和地方标准组成的覆盖气象工作各个领域的、分层次的气象标准体系。

——推进干部制度改革。20世纪90年代,中国气象局党组继续按照中央要求深化干部制度改革,1995年印发实施了《中国气象局党组关于贯彻落实〈中共中央关于抓紧培养选拔优秀年轻干部的通知〉的意见》。进入21世纪,面对气象现代化建设的新要求,中国气象局党组从气象事业发展的战略高度,继续加强领导干部队伍建设,着力改善领导班子的年龄、专业知识结构,重视培养选拔"双肩挑"干部。2001年印发实施了《中国气象局党组关于进一步做好全国气象部门培养选拔优秀年轻干部工作的实施意见》,2009年印发实施了《气象部门领导班子后备干部工作规定》,为促进后备干部工作的规范化开展、优秀年轻干部的脱颖而出创造了环境和条件。《事业单位公开招聘人员暂行规定》自2006年开始实施以来,气象部门改革新进人员制度,均实行了面向社会公开招聘。

(三)气象管理体制改革深化阶段

2012年党的十八大以来,是气象管理体制改革全面深化阶段。气象管理体制改革着力于转变职能、理顺关系、优化结构、提高效能,形成权责一致、分工合理、决策科学、执行顺畅、监督有力的气象行政管理体制,以推动县级气象机构综合改革、加快行政审批制度改革和防雷管理体制改革为重要抓手,通过深化改革,逐步形成新型气象事业结构。

1. 加快行政审批制度改革

这一阶段,气象部门进一步简政放权,对保留的行政审批事项,规范程序、优化流程、减少环节,提高行政管理效能。2015—2017年,中国气象局先后分4批取消了8项行政审批事项,取消比例达到50%,行政审批中介服务事项全部清理规范完毕,75%的行政许可事项精简了申报材料。实体大厅建设与网上办公平台同步推进,权力运行公开透明;严格落实行政审批时限"零超时"要求。推动气象行政许可标准化建设。2015年,制定了《雷电防护装置检测资质管理办法》,2016年制定了《气象台站迁建行政许可管理办法》《新建扩建改建建设工程避免危害气象探测环境行政许可管理办法》,确保了审批流程、审批程序法定化。2017年组织编写的《气象行政审批服务标准规范汇编(试行)》,在国务院审改办开展的行政许可标准化工作测评中排名第4,得到国务院审改办充分肯定。31个省(自治区、直辖市)气象局均已对外公布权责清单,并建立了清单更新备案工作机制。

2.全力推进防雷减灾体制改革

2013年,整治了防雷行政审批及相关领域存在的突出问题,推进了防雷管理信息系统建设,联合安监总局印发《关于加强烟花爆竹企业防雷工作的通知》(安监总管三〔2013〕98号),联合住建部发布《农村民居雷电防护工程技术规范》(GB 50952—2013),联合国家文物局发布《文物建筑防雷技术规范》(QX 189—2013),与工信部、国管局、电监会和认监委等部门合作强化防雷社会管理职能。2015年,中国气象局全面推进防雷减灾体制改革工作,印发《中共中国气象局党组关于防雷减灾体制改革的意见》,明确了防雷减灾体制改革的总体要求,围绕防雷行政管理、基础业务和市场监管等方面提出了构建防雷减灾安全责任体系、强化防雷减灾行政审批管理、开放防雷减灾服务市场、强化防雷减灾服务市场监管、提升防雷减灾业务能力和公共服务水平、完善防雷减灾工作机制等6大改革任务。2015年,在浙江、广东、重庆三个省(市)开展防雷减灾体制改革试点,在强化防雷减灾职能、优化业务布局和机构设置、完善配套政策、健全标准制度等方面先行先试。在试点经验总结的基础上,2016年全面推进全国防雷体制改革。2016年,中国气象局印发《中国气象局关于贯彻落实〈国务院关于优化建设工程防雷许可的决定〉的通知》,与住房和城乡建设部等11部委联合印发《关于贯彻落实〈国务院关于优化建设工程防雷许可的决定〉的通知》,建立了建设工程防雷管理协调会议制度,取消了气象部门对防雷工程设计、施工单位资质许可,整合了防雷装置设计审核、竣工验收许可,全面开放防雷装置检测市场。各省级人民政府均相继出台贯彻落实的具体实施意见,划分建设工程防雷许可具体范围,厘清与住建部等专业部门的防雷监管职责,避免工程项目的重复许可,大幅缩短了办理时间,切实减轻了企业负担。

2016年,《防雷机构编制和人员调整指导意见》印发,进一步优化防雷工作机构设置和职能配置,组建气象灾害防御监管技术支撑机构,调整人员编制和岗位设置,妥善做好人员安置。原有22个省级国编防雷机构全部通过更名、加挂牌子或撤一建一的方式成立了气象灾害防御中心。2016年,规范了下属企、事业单位的防雷技术服务经营活动,调整了防雷装置设计技术评价和新改扩建筑物防灾装置检测的服务方式,不再作为行政审批的前置条件,也不再向行政相对人收取费用,基本实现了防雷减灾工作的"事企分开、管办分离",并就完善防雷安全监管体系作了积极探索。优化防雷业务布局,合理调整防雷减灾业务分工,推进雷电监测、预报及省市县一体化短临预警基础业务体系建设,强化雷电观测业务考核,雷电预警信息发布的覆盖面进一步扩大。加强雷电监测技术、雷电致灾机理、雷电灾害调查鉴定和防护技术研究,防雷减灾的科技支撑能力得到进一步提升。

2016 年,《雷电防护装置检测资质管理办法》印发,全面开放防雷装置检测市场,鼓励社会企事业单位参与防雷技术服务。2017 年,基本建成雷电防护装置检测资质管理信息系统,各地完成甲级检测资质认定自查,核定与认定雷电防护装置检测甲级资质 459 家,乙级资质 544 家,基本形成了主体多元、共同竞争的防雷检测市场格局。

3.深入推进气象法治建设

进入新时代,气象部门坚持立法进程与改革决策相衔接,围绕深入推进简政放权,充分发挥立法引导和规范的作用。不断完善行政执法监督体系,切实加强事中事后监管,进一步推进依法行政。加大气象法治宣传力度,不断强化标准化宏观管理和制修订工作,气象法治建设取得了新进展。仅 2017 年,中国气象局就组织了 5 部规章的修订,全国制修订出台 11 部地方性法规和 5 部地方政府规章;气象领域共制定发布了 112 项国家标准、46 项行业标准、2 项团体标准和 35 项地方标准。

4.深化气象管理体制机制改革

中国气象局针对气象管理体制改革涉及面广、情况复杂,并且与国家改革进程密切相关的实际情况,将气象管理体制改革任务分解为气象事权与支出责任划分、预算管理体制改革、事业单位分类改革、国家气象系统机构优化调整、省级和省级以下事业单位岗位设置、防雷管理体制改革、气象行政审批制度改革和气象行政执法体制改革等 8 个方面,按照分类处理,成熟一个出台一个的原则,就有关内容分别制订专项改革方案,有序推进。主动适应国家相关改革政策,推进气象预算管理体制改革,实施三年滚动预算编制,将地方编制单位预算纳入气象部门综合预算编制,强化部门预算公开透明。联合财政部开展中央和地方的气象事权和支出责任划分研究,2016 年起草制定《气象领域中央与地方财政事权和支出责任划分改革方案》,进一步理顺了综合预算保障渠道,中央财政资金保障全国统一布局的业务建设和运行,地方财政资金解决为地方服务的业务建设及运维,中央和地方共有的气象业务,由中央财政安排合理补助,引导地方财政资金加大支持力度。

5.深化干部人事制度改革

根据国家干部人事制度改革的要求,实施气象人员分类管理改革,岗位设置制度改革、全员聘任制改革,极大地调动气象队伍的积极性和创造性。推进企业负责人薪酬制度改革,稳步推进事业单位分类改革,初步完成中国气象局所属直属事业单位分类,并开展了省级事业单位分类改革试点工作。2017 年 3 月,中国气象局党组印发《气象部门干部选拔任用工作规定》,旨在贯彻落实中央对干部工作的新精神新要求,着力构建科学规范、有效管用、简便易行的干部选拔任用制度体系,不断提高干部选拔任用工作科学化、规范化水平,成为今后一段时期全国气象部门干部选拔任用工作的重要遵循。

6.实施县级气象机构综合改革

2013 年 2 月,国家公务员局批复县级气象管理机构参照公务员法管理。以此为契机,中国气象局作出实施县级气象机构综合改革的部署,结合推进基层气象现代化工作,以强化基层气象公共服务和社会管理职能为主线、以提高气象综合业务服务能力和增强发展活力为重点的县级气象机构综合改革工作。中国气象局制定了《县级气象管理机构参照公务员法管理实施方案》,并配套印发了参公人员工资制度实施办法和机构设置指导意见。当年,审核同意了 31 个省(自治区、直辖市)气象局的县级气象管理机构参照管理的具体实施细则,组织完成了县级 7601 人的参公登记备案工作。县级气象机构综合改革,对推动县级气象防灾减灾机构、人工影响天气机构、雷电灾害防御机构和气象为农服务机构等地方气象机构规范化取得明显成效。到 2014 年,全国 62% 以上的县级气象工作纳入政府安全管理考核、绩效考核或应急考核,县级气象机构将公共服务纳入了政府公共服务体系;各地把基层台站改造、平台建设、装备升级等气象现代化建设项目纳入地方政府或上级部门支持项目,县级气象机构综合业务建设逐步推进,综合业务平台建设进展顺利,为推动基层气象现代化建设提供了保障。

六、党的建设

气象部门加强党的领导和党的建设,是气象事业发展和气象改革开放的根本政治保证。40 年来,气象事业改革发展取得的每一项重大成就、每一次重大进步,都是在党的坚强领导下取得的,都是在党的基本理论、基本路线、基本方略指引下的结果。根据气象部门加强党的领导和党的建设实际,主要可分为两个阶段。

(一)不断加强党的思想政治建设阶段

从 1978 年党的十一届三中全会到 2012 年,是气象部门不断加强党的思想政治建设和精神文明建设的阶段,全国气象部门通过不断加强党的建设,不断加强精神文明建设和气象文化建设,为气象事业发展提供了强大政治保证和精神动力。

1.开展拨乱反正工作

党的十一届三中全会以后,按照党中央统一部署,气象部门进行了指导思想上的拨乱反正。在中央气象局党组和地方党委的领导下,各级气象部门认真组织学习《关于建国以来党的若干历史问题的决议》,回顾和总结新中国成立以来气象工作正反两方面的经验和教训,把广大气象工作者思想统一到党的十一届三中全会制定的党的基本路线上来,摆脱各种精神枷锁的束缚,出现了勇于探索、努力研究新情况新问题的生动局面。同时,按照实事求是、有错必纠的原则,对新中国成立以来气象部门的冤假错案进行了甄别平反,使蒙受冤屈的同志心情舒畅地重新走上工作岗位。通过拨乱反正,统一了气象部门的业务指导思想,增强了团结,明确了奋斗目标,调动了广大气象工作者的积极性和创造性,坚定了开创气象事业新局面的信心,为实现气象事业现代化的战略目标奠定了思想基础。

在拨乱反正以后,气象部门按照中央要求进行了党的作风整顿。1983年10月,党的十二届二中全会讨论通过了《中共中央关于整党的决定》,全国气象部门按照"统一思想、整顿作风、加强纪律、纯洁队伍"的要求,开展彻底否定"文化大革命",增强党性,克服派性和坚持合格党员标准的教育,进行了清理"三种人"的工作。通过边整边改,认真查处了群众揭露出来的官僚主义和以权谋私等方面的问题,吸收一批优秀知识分子入党,同时,结合贯彻《建国以来气象工作基本经验总结》和《气象事业现代化发展纲要》精神,进一步清除"左"的影响,端正了业务工作的指导思想,一些省(自治区、直辖市)气象局领导班子在对待气象事业现代化建设的态度上有了明显变化,由被动变为主动,由疑虑变为毅然起步。

2.加强党的组织思想政治建设

实行"双重领导、部门为主"的领导体制之后,各级气象部门都积极配合地方党委抓基层台站党的建设,在思想建设方面,重视抓党员领导干部,特别是处级以上干部的马克思列宁主义、毛泽东思想以及邓小平理论的学习,使之经常化、制度化,各级气象部门分批选派人员进中央或省、地、县党校培训,将其纳入干部考核和任用的重要内容。1987年开始,国家气象局和各省(自治区、直辖市)气象局分别举办政工干部培训班,全面轮训政工干部。1990年,在上海召开全国气象部门思想政治工作会议,讨论制定了《关于加强气象部门思想政治工作的决定》,对气象部门思想政治工作和职工队伍情况作了基本估计,明确了气象部门思想政治工作的指导思想、基本任务、主要方法以及完善现行管理体制,发挥部门优势,加强思想政治工作的组织、措施落实等,提出站站建立独立党支部的要求,各级从组织上采取了一系列切实措施,成立了思想政治工作指导小组,下设办公室;各省(自治区、直辖市)气象局设立政工处,地市气象局设政工科,县气象局设立兼职政工人员,在气象部门形成了思想政治工作的组织管理机构。1991

年,在延安召开全国气象部门政工处长会议,交流了气象部门思想政治工作情况和深化改革、结构调整中的思想政治工作经验。

1994年11月,全国气象部门政治工作经验交流会召开,对做好新时期思想政治工作进行探讨,提出在2～3年内实现"站站有支部,科室有党员"的目标。2006年11月,中国气象局党组下发了《关于加强对党建工作指导的意见》,明确机关党委是"指导基层气象部门党建工作的工作部门"。2008年,《全国气象部门2008年党建和气象文化建设工作要点》印发,强调加强党的先进性建设,提高基层党组织建设水平,坚持"三会一课",建立党员党性定期分析制度和支部工作考核制度,推动基层党组织活动内容和方式创新。到2012年,全国气象部门共有4361个基层党组织(党委93个,党总支261个,党支部4007个),基本实现了党组织全覆盖。在2341个基层台站中,单独建立党支部的有2266个,占基层台站总数的96.8%;与外部门联合建立党支部的有73个,占基层台站总数的3.1%。在历次改革和重大气象服务中,共产党员很好地发挥了先锋模范作用。

3.加强党风廉政建设

1990年2月,国家气象局制定了《气象部门廉政建设的若干规定》。随后陆续制定了《气象部门各级纪检组(纪委)协助党组(党委)组织协调反腐败工作的暂行规定》《重大项目投资决策责任追究办法》《气象部门加强内部审计工作的意见》《中国气象局党风廉政建设责任制实施办法》等规章制度。强化了《领导干部重大事项报告实施细则》《领导干部收入申报制度实施细则》等具体规定,加强对领导干部的监督。自2002年起,中国气象局每年召集各省(自治区、直辖市)气象局和直属单位主要领导述职述廉述学,每两年召集一次全国省(自治区、直辖市)气象局纪检组长集中(进京)述职述廉,各省(自治区、直辖市)气象局党组对所辖市(地)气象局纪检组长也采取此举措,并形成了工作机制。2006年,将述职范围扩大到中国气象局各直属单位纪委书记。2005年7月制定了《关于落实〈建立健全教育、制度、监督并重的惩治和预防腐败体系实施纲要〉的具体意见》,2008年9月制定了《中国气象局贯彻落实建立健全惩治和预防腐败体系2008—2012年工作规划实施办法》,全面推进气象部门反腐倡廉建设。

自2004年开始,中国气象局大力开展廉政文化建设,开展廉政文化宣传月活动,先后开展了廉政对联、廉政书画、廉政摄影作品、优秀廉政网站等评选活动,开展唱廉政歌曲,赠送廉政台历、廉政贺卡,发送廉政短信等活动。先后出版了《清风细雨气象新——全国气象部门廉政文化优秀作品集》《阳光辉映事业路》《气象廉政对联汇编》等书籍和电子刊物,2008年起开展廉政文化示范点创建评选工作。各单位普遍制作了廉政文化专题网页。

4. 积极开展思想教育和文明创建活动

按照中央部署,1981年开展"五讲四美三热爱"活动,针对"四人帮"在"文化大革命"中对党风、民风和社会风气的破坏,开始治理"脏、乱、差"现象,改变不良风气,教育广大气象职工树立社会主义道德,推动气象部门的精神文明建设。1985年,普遍开展"有理想、有道德、有文化、有纪律"教育,请老一辈气象工作者、先进工作者讲艰苦创业史、介绍先进事迹。开展"三爱"(爱气象、爱台站、爱岗位)、"三讲"(讲纪律、讲团结、讲奉献)活动,举办"理想与追求""怎样塑造自我""当好一名气象员"等演讲活动。许多台站的气象职工自己动手,改善工作和生活条件、绿化美化环境,改变站容站貌,一批省、地、县级气象局被当地政府评为综合治理先进单位。

树立先进典型是20世纪80年代精神文明建设的重要活动。1981年,开展向不顾身残、顽强工作、无私无畏的延边自治州干部金龙浩学习的活动。1983年,开展向身患癌症,以顽强意志与病魔搏斗,将毕生心血、才华倾注于气象科研事业的国家气象局气象科学研究院优秀共产党员雷雨顺学习的活动。1986年,开展向把生死置之度外,以惊人毅力坚持工作,做出突出贡献的归国华侨,湖南省汨罗县气象局覃国振学习的活动。1991年,开展向干一行爱一行钻一行,身患绝症,无私奉献的全国气象系统模范工作者陈素华学习的活动。1996年,开展向为西藏气象事业发展奋斗33个春秋的全国优秀共产党员陈金水同志学习的活动。

1978年10月,全国气象部门先进集体、先进工作者学大寨、学大庆代表会议召开,表彰了17个红旗单位、13名个人标兵。这次会议是新中国成立以来气象战线上空前的群英盛会,国家主席华国锋、副主席叶剑英为会议题词,国家副主席李先念、国务院副总理陈永贵到会讲话。1985年,71名优秀气象工作者参加了"祖国为边陲儿女挂奖章大会"。1989年,在北京召开全国气象部门双文明建设先进典型表彰大会,共表彰先进集体标兵15个,劳动模范50名,先进集体35个,先进个人252名。

20世纪90年代,开展职业道德建设活动,1997年,全国气象部门精神文明建设工作会议提出"要切实加强职业道德建设,大力倡导爱岗敬业、诚实守信、办事公道、服务群众、奉献社会的职业道德"。1997年1月,《中国气象局党组关于加强精神文明建设的若干意见》印发,要求完善岗位职业道德规范,使之更加健全、科学、准确,量化考核,便于操作。

1998年,经过中央宣传部批准,中国气象局公布了20个文明服务示范单位。1999 年,制定了《关于文明服务的规定》《关于电视天气预报规范化服务的标准》《关于气象信息电话规范化服务的标准》,在电视天气预报和气象信息电话两项工作中实行文明服务,并在《人民日报》等全国媒体公布服务监督电话,实行公开承诺。2000 年,把规范化服务纳入目标管理内容进行考核,2001 年,将规范化服务延伸到县级台站。各省(自治区、直辖市)气象局制订实施细则或办法,完善岗位职责、工作流程、质量检查考核办法,完善规章制度。

进入 21 世纪,紧紧围绕培育"有理想、有道德、有文化、有纪律"的气象职工这一根本目标,重视并加强职业道德建设,2007 年,中国气象局与中国农林水利工会等开始联合举办全国气象行业地面气象测报技能竞赛,2008 年,开始举办全国气象行业天气预报技术竞赛,全国气象部门掀起了学业务、学技术的岗位练兵热潮。

党的十四届六中全会召开后,中国气象局成立了精神文明建设指导委员会,1997 年 1 月,全国气象部门精神文明建设工作会议召开。会后,中国气象局党组发布《关于加强精神文明建设的若干意见》,要求广泛开展精神文明创建活动,每个台站都要争创当地文明单位,每个省气象局都要争创文明系统,用 10 年左右的时间把全国气象部门建成文明行业。这一规划为气象部门的精神文明建设制定了长远目标,也设计了长期有效的载体。当年,全国气象部门有 1000 多个单位被当地政府授予"文明单位"称号。

1998 年,中国气象局首次将精神文明创建工作列入全国气象部门年度工作目标管理项目,对各省(自治区、直辖市)气象局精神文明建设工作进行督促检查。1999 年 5 月,中国气象局在合肥召开了创建文明行业研讨会,以此推动精神文明创建工作全面开展。新中国成立 50 周年前夕,北京市气象台等 20 个单位被中央文明委表彰为全国创建文明行业工作先进单位,湖北省气象局和宁夏回族自治区气象局经地方推荐被表彰为全国精神文明建设先进单位。2000 年,在总结创建活动经验的基础上,中国气象局制定了《关于创建省级文明系统的若干规定》,对创建工作的基本要求、命名形式、表彰奖励及管理作了明确规定,使创建活动逐步规范化、制度化。到 2003 年 1 月,全国气象部门 31 个省(自治区、直辖市)和 4 个计划单列市气象部门全部建成了文明系统。中国气象局机关被评为中央国家机关文明单位标兵。2004—2005 年,各级气象部门加强工作创新,抓"上档升级"活动,进一步巩固和发展创建成果。中央电视台在大型系列专题片《伟大的创造——创建文明行业巡礼》中,对气象部门的创建活动进行了宣传报道。

2006 年以来,气象部门先后开展了文明单位创建、文明机关、文明台站标兵和文明社区"四大创建"活动。气象部门成为中央文明委为数不多的给予文明单位推荐权的行业部门。一是坚持开展创建学习型、服务型、效能型、开放型、节约型、廉洁型"六型"机关,中国气象局机关被评为第三批全国文明单位;二是创建文明单位,截至 2012 年,全国 31 个省(自治区、直辖市)气象局机关均建成了省级以上文明单位,共有 63 个全国文明单位,99.2%的基层单位被命名为各级文明单位;三是创建文明台站标兵,从 2006 年开始,中国气象局在已经建成的省级以上文明单位的基层台站中评选文明台站标兵,到 2012 年已评选 3 批 197 个;四是创建文明社区,绿化美化环境,改造体育场所,建设群众休闲场所。截至 2012 年,中国气象局园区连续 17 年获得"中央国家机关文明标兵单位"称号,连续 9 年获得"首都文明标兵单位"称号。

5. 大力开展气象文化建设

气象部门大力弘扬优良传统和气象精神,不断丰富和发展具有中国特色的气象文化。20 世纪 80 年代,组织举办了"萌芽"奖气象文艺征文和有奖征联征谜活动,将气象职工创作的小说、散文等作品结集。1995 年,在北京举办了首届气象部门文艺汇演。进入 21 世纪,气象部门大力实施《中国气象文化建设纲要》,坚持定期开展行业大型文化活动,截至 2012 年,举办了 3 届气象人精神演讲比赛、2 届行业文艺汇演、2 届行业运动会。2004 年,在全国范围内举办了气象歌曲有奖征集活动,共征集到气象歌曲 44 首。2008 年,组织了撰写气象台站赋活动,并在《中国气象报》开设专栏宣传。2009 年,隆重开展了中国气象局成立 60 周年庆祝活动,组织了文艺汇演。经常组织各种球类、棋类、牌类和歌咏比赛、书画展览等小型文化体育活动,营造和谐氛围。

1997 年 1 月,《中国气象局党组关于加强精神文明建设的若干意见》印发,提出"在全国气象部门中开展铸造气象精神、树立气象人形象活动"的要求,全国气象部门精神文明建设工作会议将气象人精神概括为:"继承和发扬老一代气象工作者艰苦奋斗、敬业爱岗、严谨求实、团结共事、无私奉献的气象人精神。"2002 年,根据各省(自治区、直辖市)气象部门大部分已建成文明系统的情况,中国气象局党组提出了加强气象文化建设的要求,召开了气象文化研讨会,对气象文化建设的内涵、气象文化建设与创建文明行业的关系等进行初步探讨。2003 年 4 月,中国气象局下发《中国气象文化建设纲要》,提出气象文化建设的任务是:凝练气象人精神,树立气象人形象,营造团结和谐、开拓进取的良好氛围,加强气象文化基础设施建设。这标志着气象文化进入全面建设阶段。自 2005 年开始,中国气象局划拨专项资金,为艰苦台站配备图书,并逐渐扩展到所有气象台站。各省(自治区、直辖市)先后出台气象文化建设措施,建设科普教育基地和宣传教育阵地,部分台站建有科技画廊或具有现代气息的形象标识、展示气象人精神的宣传栏。2012年,全国气象部门认真实施《中共中国气象局党组关于推进气象文化发展的意见》,充分发挥了气象文化在推进气象事业发展中的保障作用。

(二)全面从严治党向纵深发展阶段

党的十八大以来,是气象部门落实全面从严治党向纵深发展阶段。按照党中央统一部署,气象部门通过开展党的群众路线教育实践活动、"三严三实"专题教育、"两学一做"学习教育等,树立"四个意识",坚定"四个自信",做到"两个维护",落实全面从严治党政治责任,党的建设明显加强。特别是党的十九大以来,按照新时代党的建设总要求,把政治建设摆在首位,深入学习贯彻习近平新时代中国特色社会主义思想和党的十九大精神,夯实基层组织建设,加强高素质专业化干部队伍建设,持之以恒正风肃纪和反腐败,强化监督执纪问责和制度建设,落实"两个责任",党对气象事业的全面领导不断强化,全面从严治党迈上了新台阶。

1.以政治建设为统领全面加强党的建设

2013年,中国气象局党组印发《关于贯彻落实党的十八大精神全面提高党的建设科学化水平的意见》。2014年12月,中国气象局党组以"严格党内生活,严守党的纪律,深化作风建设"为主题召开了党组专题民主生活会,会议以严明党的政治纪律和政治规矩、认真贯彻落实中央"八项规定"精神、坚决反对"四风"、持续抓好整改落实为重点。2016年,《气象部门进一步加强党的建设指导意见》《中国气象局党组落实〈中央国家机关贯彻落实全面从严治党要求实施方案〉实施细则》等文件印发。2017年,中国气象局制定《气象部门党组(党委)班子成员落实全面从严治党责任清单管理方案》,加强对贯彻执行情况的督促检查,层层传导压力责任。党的十八大以来,气象部门通过贯彻落实中国气象局党组一系列加强党的建设文件,党的建设得到显著加强。

2.认真组织开展集中教育活动和主题教育活动

2013年,全国气象部门组织开展了党的群众路线教育实践活动。2014年,继续开展教育实践活动,严格执行中央"八项规定"精神和国务院"约法三章",努力改进工作作风,改进调查研究,改进文风会风,印发了《中国气象局直属机关2014—2018年党员教育培训规划》。2015年,制定《气象部门"三严三实"专题教育实施方案》,在全国气象部门部署开展"三严三实"专题教育。2016年,制定实施了《气象部门开展"两学一做"学习教育实施方案》《中国气象局党组学习宣传贯彻党的十八届六中全会精神深入推进"两学一做"学习教育方案》,扎实推进"两学一做"学习教育。2017—2018年,全国气象部门把学习贯彻习近平新时代中国特色社会主义思想作为干部教育培训的重中之重,分类分级抓好干部理论武装,大力加强各类各级干部教育培训,坚持抓好"关键少数",充分发挥领导干部的示范引领作用。

3. 坚决贯彻落实中央"八项规定"精神

中央出台"八项规定"以后,中国气象局党组高度重视,全面推进贯彻落实中央"八项规定"精神。2012年以来,中国气象局先后印发《贯彻落实中央关于改进工作作风、密切联系群众八项规定的实施意见》《〈中共中国气象局党组贯彻落实中央关于改进工作作风、密切联系群众八项规定的实施意见〉实施细则》《气象部门纪检监察机构对贯彻落实中央"八项规定"情况进行监督检查的工作方案》等文件,各地气象部门积极贯彻落实中央和中国气象局要求,纷纷结合当地实际制定贯彻落实中央"八项规定"实施意见、办法或细则,从改进调查研究、精减会议、精减文件简报、厉行勤俭节俭、公务出差、公务接待、公车管理、加强监督检查等各个方面进行严格规定和执行,推动了中央"八项规定"精神全面贯彻落实。

4. 严格落实党风廉政建设"两个责任"

2014年制定《中共中国气象局党组落实党风廉政建设主体责任实施意见》,明确了各级党组(党委)的主体责任。2015年,制定印发《中共中国气象局党组落实党风廉政建设监督责任的实施意见》和《中共中国气象局党组关于规范省(自治区、直辖市)气象局党组纪检组组长分管工作的通知》,传导压力、分解责任、层层落实。在全国气象部门开展了以"守纪律、讲规矩,落实两个责任"为主题的党风廉政宣传教育月活动。党的十八大以来,气象部门纪检机构坚持聚焦监督执纪问责,在问题线索处置上做到早处理、早堵漏,完善和落实了执纪问责制度,深化运用监督执纪"四种形态",出台了谈话函询工作的暂行办法,严格执行诚勉谈话等组织处理有关规定。2018年,中国气象局党组出台《中共中国气象局党组贯彻落实〈中国共产党问责条例〉实施办法(试行)》,进一步规范和强化气象部门党的问责工作。

5. 大力推进党的基层组织建设

2013年,中国气象局党组印发《关于加强气象部门基层党的建设工作的意见》。2015年,制定《中国气象局直属机关基层党组织书记抓党建工作述职评议考核实施方案》,对基层党组织书记抓党建工作提出具体要求,建立联述、联评、联考机制,形成一级抓一级、层层抓落实的基层党建工作格局。2017年,建立了《党员干部双重组织生活提醒报告制度》和完善"党支部学习教育工作台账"等基层组织工作制度。认真执行各级党组织负责人党建工作述职评议考核制度,严格党内组织生活,完善"三会一课"制度,强化党员干部责任意识和大局意识。

6.充分发挥巡视利剑作用

中国气象局党组始终把中央巡视整改作为一项重大政治任务,作为加强部门全面从严治党的重要抓手,制订印发了整改方案,将2016年中央第九巡视组反馈的4个方面问题具体分析、分类管理、分解细化为22项整改任务、76条具体整改措施和182项具体工作,明确了整改清单、任务清单和责任清单,并制订详细的整改任务时间表,将长期任务列出具体的计划和安排。2018年,气象部门实现巡视巡察两个"全覆盖",即中国气象局党组完成对所属44个司局级单位党组(党委)的巡视全覆盖,各省(自治区、直辖市)气象局党组完成对所辖市、县级气象局党组的巡察全覆盖。中国气象局党组通过向全国气象部门通报在巡视中发现的问题,强化问题导向,充分发挥巡视利剑作用。此外,中国气象局还加强审计监督和信访处置,强化了审计整改和结果运用。

7.深入开展党风廉政教育和经常性纪律教育

2013年,制定下发了《气象部门2013年党风廉政建设和反腐败意见》《中国气象局机关作风建设月活动有关内容检查工作方案》《气象部门纪检监察机构对贯彻落实中央"八项规定"情况进行监督检查的工作方案》《气象部门2013年廉政风险防控工作方案》,中国气象局和省、市、县级气象局,中国气象局直属单位,省级气象局直属单位全部开展了风险防控工作。2014年,《中共中国气象局党组关于2014年气象部门党风廉政建设和反腐败工作的意见》印发,提出了2014年气象部门党风廉政建设和反腐败工作的总体要求,《气象部门2014年廉政风险防控体系建设工作方案》印发,《中共中国气象局党组关于贯彻落实〈建立健全惩治和预防腐败体系2013—2017年工作规划〉的实施办法》印发,明确提出了2013—2017年气象部门党风廉政建设和反腐败工作的目标。党的十八大以来,气象部门始终坚持作风建设永远在路上,锲而不舍落实中央"八项规定"精神,在元旦、春节、五一、端午、国庆、中秋等重要节点进行廉政提醒和监督。

8.抓好气象文化建设

2013年,"准确、及时、创新、奉献"被正式确定为气象精神表述语。广大气象职工深入践行气象精神,为气象事业发展提供了强大的精神动力和支撑。紧密围绕气象服务效益和气象现代化建设成效,各级气象部门充分利用各种媒介渠道讲好"气象故事",有力凝聚传播合力,营造宣传声势,提升了气象部门的社会影响力。2013年,拐子湖气象站被中宣部确定为"五一"重大宣传典型,该站职工参加了"庆祝'五一'国际劳动节文艺晚会",中央各大媒体在"时代先锋"栏目、五一晚会以"风沙中的呼号"情景剧形式集中宣传了他们的先进事迹。2014年,积极组织开展了社会主义核心价值观先进典型宣传活动。2015年,全国气象部门新增34个单位荣获"全国文明单位"称号,共有95个单位荣获"全国文明单位"称号,2017年,气象部门全国文明单位增加到147家。

第三章　重要成就

　　改革开放 40 年来,全国气象工作在党的坚强领导下,坚持以经济社会发展需求为引领,以气象现代化发展为目标,不断提高气象监测预报的准确性、灾害预警的时效性、气象服务的主动性,在防灾减灾、经济建设、社会发展以及国防建设中发挥了重大作用,气象事业发展取得了辉煌成就,气象工作为经济社会发展做出了巨大贡献。

一、建成了世界一流的中国特色气象服务体系

改革开放 40 年来,气象部门始终坚持公共气象发展方向,紧密围绕国家和民生需求,不断提升气象防灾减灾能力,深化气象服务科技内涵,丰富气象服务产品,形成了包含决策气象服务、公众气象服务、专业气象服务、专项气象服务、气象科技服务在内的中国特色气象服务体系,气象服务领域从改革开放初的以农业气象服务为重点拓展至涵盖经济社会发展的各行各业,为国家重大战略实施、经济社会发展、人民群众生产生活提供了强有力的气象服务保障。我国已经成为气象服务体系最全、保障领域最广、服务效益最为突出的国家之一。

(一)建立了比较完善的"党委领导、政府主导、部门联动、社会参与"的气象综合防灾减灾体系

40 年来,我国逐步发展形成了由气象灾害防御监测预报预警、气象灾害预警信息发布、气象灾害风险防范、气象灾害防御管理和气象灾害防御法律法规等构成的气象防灾减灾体系。气象灾害防御从注重灾后救助向注重灾前预防转变,从应对单一灾种向综合减灾转变,从减少灾害损失向减轻灾害风险转变,气象防灾减灾取得了显著的经济和社会效益。

1.气象灾害监测预报预警能力显著增强

改革开放以来,我国一直致力于气象灾害监测预报预警能力建设,经过 40 年的努力,已建成了"海—陆—空—天"四位一体的气象灾害监测基础站网,以及沙尘暴、环境气象灾害、雷电灾害、强风、酸雨等一批专业气象灾害监测站网,发展了卫星监测、探空观测、地面探空、海岛气象站、船舶自动站、海洋气象浮标站、海洋探测基地、港口监测、GNSS/MET 站、海上气象灾害应急艇等多种气象灾害观测手段,形成了包括 35 项监测指标的多尺度极端事件监测指标体系,气象灾害监测"盲区"基本消除,全球气象灾害监测覆盖面更加完善。

我国气象灾害预报从 1982 年提出"重点发展数值预报,尽快实现客观定量"

的天气预报现代化技术路线至今,已经建立了完整的数值天气预报业务体系,发展了精细到乡镇的气象预报系统和灾害性天气短时临近预报系统,台风24小时和48小时路径预报、暴雨预报、沙尘暴数值预报达到世界先进水平,灾害性天气落区短期预报时效达到72小时。21世纪以来,气象灾害预警发布不断规范,针对台风、暴雨、干旱、高温、寒潮、沙尘暴、暴雪、雷电、雾、霾等14类重大灾害性天气,建立了完善的预警发布制度。气象部门与相关部门联合发布地质灾害气象风险预警、重污染天气预报和空气质量预报、山洪灾害气象预警、森林火险气象等级预报等预报预警信息。气象灾害预报预警在防灾减灾中发挥了巨大作用。

2.气象灾害预警信息发布渠道不断拓展

预警信息发布是防灾减灾的重要抓手,是气象灾害应急管理的重要基础。改革开放初期,我国气象预警信息发布,主要利用传统电话、传真、广播和人工传递的手段,传播时效慢、传播范围小。经过40年的发展,我国已经建成国家、省、市、县四级相互衔接、规范统一的突发事件预警信息发布系统,实现面向各级政府领导、应急联动部门、应急责任人和社会媒体的全覆盖,突发事件预警信息发布系统成为我国多灾种预警信息汇集与发布的权威平台。

到2017年,依托国家突发事件预警信息发布系统,我国建成了1个国家级、31个省级、343个地市级、2015个县级预警信息发布机构(表1),汇集了16个部门76类预警信息,实现了自然灾害、事故灾难、公共卫生事件、社会安全事件四类突发事件预警信息分级、分类、分区域、分受众的精准发布,预警信息1分钟内发布到受影响地区应急责任人、3分钟内覆盖到应急联动部门、10分钟内有效覆盖公众和社会媒体。

表1   2017年全国省、市、县三级突发事件预警信息发布中心机构和编制情况

级别	气象局数量	发布中心机构数量	发布中心机构数占总数百分比
省级	31	31	100%
地市级	343	343	100%
县级	2174	2015	92.69%
合计	2548	2389	93.76%

目前,我国气象灾害预警信息发布已集成了广播、电视、网站、手机短信、微博、微信、电子显示屏等多种手段,对接了70.4万人注册的全国智慧信息员平台,建成41.6万套农村高音喇叭、15.1万块乡村电子电视屏;广泛开通电视频道、广播电台气象灾害预警信息绿色通道;建成了覆盖31个省(自治区、直辖市)、270多个市(区)和1300多个县(市)的农村经济信息网;建立了覆盖我国近

海海域的 8 个海洋气象广播电台;与新华社等 10 余家中央媒体及客户端建立预警信息推送及共享机制。气象灾害预警信息发布有效解决了"最后一公里"问题,公众预警信息覆盖率达到 85.8%,为政府防灾减灾救灾赢得了时间,最大程度减轻了人员伤亡和经济损失。

3. 气象灾害防御机制不断健全

在 1998 年长江特大洪水、2003 年"非典"事件后,党和国家高度重视突发公共事件应急机制和应急管理能力建设,大力促进气象灾害防御机制建设。进入 21 世纪,我国十分重视气象灾害防御法规建设,不断推进气象灾害防御机制建设。2007 年召开了全国气象防灾减灾大会,2010 年建立了气象灾害预警服务部际联络员会议制度,2015 年国家突发事件预警信息发布系统正式上线运行,2016 年国家推进防灾减灾体制机制改革,形成了"党委领导、政府主导、部门联动、社会参与"机制。气象灾害防御机制建设取得历史性突破。

——党委领导、政府主导不断强化。21 世纪以来,我国先后出台了 1 部气象法、1 部气象灾害防御法规、1 部国家气象灾害应急预案、1 部国家气象防灾减灾专项规划,以及一系列国务院气象防灾减灾重要文件(表 2)。气象防灾减灾救灾组织和应急体系更加完备,到 2017 年全国有 2090 个县(市)制定了气象灾害防御规划,2.8 万个乡镇将气象灾害防御纳入政府综合防灾减灾体系,15.47 万个村(屯)制定了气象灾害应急行动计划,5.73 万个重点单位或村(屯)通过了气象灾害应急准备评估,气象灾害防御基本实现防御规划到县、组织机构到乡、应急预案到村、预警信息到户、灾害防御责任到人。

表 2 气象防灾减灾规范性法律文件

时间	气象法律、法规、规章文件
1999 年	《中华人民共和国气象法》
2010 年	《气象灾害防御条例》
2002 年	《人工影响天气管理条例》
2005 年	《国务院办公厅关于加强人工影响天气工作的通知》(国办发〔2005〕22 号)
2007 年	《关于进一步加强气象灾害防御工作的意见》(国办发〔2007〕49 号)
2009 年	《国家气象灾害应急预案》(国办函〔2009〕120 号)
2010 年	《国家气象灾害防御规划(2009—2020 年)》(气发〔2010〕7 号)
2011 年	《国务院办公厅关于加强气象灾害监测预警及信息发布工作的意见》(国办发〔2011〕33 号)
2012 年	《国务院办公厅关于进一步加强人工影响天气工作的意见》(国办发〔2012〕44 号)
2016 年	《中共中央国务院关于推进防灾减灾救灾体制机制改革的意见》(中发〔2016〕35 号)

——部门联动机制已经建立。长期以来,气象部门一直注重气象灾害防御相关部门之间的联系,尤其是 21 世纪以来部门联动机制不断完善。到 2017 年,建立了由 30 个部门组成的国家气象灾害预警服务部际联络员制度,全国 31 个省级气象部门与政府各部门建立了有效的气象灾害信息共享机制,气象灾害信息双向共享部门达到 508 个;气象与应急、旅游、交通、卫生、国土、水利、环境等部门形成了联合预警、信息共享与交换、共同发布的机制。以气象灾害预警为先导的全社会应急联动机制不断完善,气象部门参与国家综合防灾减灾决策的地位和作用显著提升。

——社会参与格局基本建立。社会参与气象灾害防御,一直受到各级党委政府的高度重视,尤其是 21 世纪以来,以党委领导、政府组织管理为主导,以社区为载体,由公众、企业、社会组织、志愿者、气象信息员构成的气象防灾减灾参与机制不断完善。目前,全国有 7.8 万个气象信息服务站,78.1 万名气象信息员覆盖了 99.7% 的村屯,123 个标准化现代农业气象服务县、1009 个标准化气象灾害防御乡镇,以及 1422 个防灾减灾标准化社区。气象防灾减灾的社会力量日益壮大。

4.气象灾害风险防范取得积极进展

21 世纪以来,我国开始注重气象灾害的风险防范,促进了传统的灾害性天气预报逐步向基于影响的气象风险预警延伸,气象灾害管理工作的重点由以应急防御、灾后救助和恢复为主向灾前风险防范转变。近十年来,全国气象部门以气象灾害风险普查为抓手,建立了气象灾害风险防范业务,提升了气象灾害风险管理能力。完成了全国所有区县气象灾害风险普查,编制了 2/3 以上中小河流、山洪风险区划;建立完善了基于大数据的气象灾害风险管理系统,开展了基于精细化预报和致灾临界阈值的气象风险预警服务业务,244 个地级以上城市气象部门会同建设、市政等部门联合编制暴雨强度公式,1594 个县和 1618 个县分别开展了中小河流洪水和山洪灾害气象风险预警业务,17 个省(自治区、直辖市)实现了基于致灾阈值的自动报警和预警信息的一键式发布,地质灾害气象风险预警时效延长至 72 小时以上,实现了对基层重点中小河流、山洪和地质灾害基础信息收集全覆盖,重点隐患点监测预警全覆盖,预警信息防灾减灾责任人全覆盖,预警信息防灾减灾责任全覆盖,促进了基层气象防灾减灾救灾关口前移。

(二)气象服务能力显著提升

我国气象工作始终坚持把做好气象服务作为根本宗旨,把提高气象服务的社会效益、经济效益和生态效益放在十分重要的地位。改革开放 40 年来,通过大力加强气象服务业务能力建设,不断完善气象服务体制机制,加强气象服务队伍建设,气象服务能力显著提升。

1.气象服务业务能力显著提高

改革开放以来,我国通过不断加强气象服务业务建设,逐步形成了由决策气象服务、公众气象服务、专业专项气象服务和气象科技服务构成的气象服务业务体系,极大地提高了气象服务业务能力。

——决策气象服务产品丰富多样。做好决策气象服务是我国气象服务的最大特点。从 20 世纪 80 年代提出决策气象服务以来,决策气象服务在气象工作中的地位不断提高,社会关注度越来越高,产生的经济社会效益越来越显著。从 1996 年中国气象局成立决策气象服务中心,1997 年中国气象局决策气象服务系统投入业务运行,2002 年各省(自治区、直辖市)决策气象服务系统基本建成,再到 2017 年决策气象服务业务系统和气象信息决策支撑平台在国务院应急办部署运行,我国决策气象服务能力显著提升,全国决策气象服务信息实现实时交流、上下协同。

40 年来,决策气象服务手段从最初的电话、传真逐步发展为传真、短信、网络、视频等多种发送渠道,以及专人专送制度和文件交换渠道。中国气象局与20 余个部门签订了合作协议,与近 10 个部门建立了同城数据专线,研发了面向部委决策用户的气象信息服务手机客户端,及时向包括部际联络员在内的决策服务对象提供气象信息。

全国气象部门及时主动向各级党委、政府提供决策服务产品,为国家防灾减灾救灾、制定国民经济和社会发展计划、组织重大社会活动等提供了重要决策支撑。从 2002 年有统计数据以来,2002—2017 年共发布全国决策气象服务产品784.8 万期(次)。2013—2017 年全国决策气象服务产品年均 85.3 万期(次),其中向党中央、国务院及有关部门提供的决策气象服务产品年均 598 期(次)(图 1),向省级提供产品年均 3.0 万期(次),向地(市)级提供产品年均 13.1 万期(次),向县级提供产品年均 69.1 万期(次)(图 2),基层决策气象服务产品增加趋势明显。

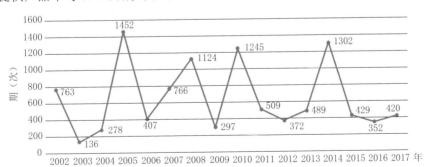

图 1 2002—2017 年国家级气象部门向中央政府提供的决策气象服务产品数量

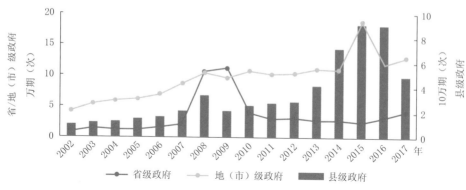

图 2　2002—2017 年全国气象部门向省级、地(市)级、
县级政府提供的决策气象服务产品数量

——公众气象服务发展迅速。我国公众气象服务始于 20 世纪 50 年代,改革开放 40 年来,公众气象服务发展非常迅速。电视气象预报业务,从 1980 年中央电视台《新闻联播》开始播发中央气象台发布的天气预报视频节目,2006 年中国气象频道正式开播,到 2017 年全国共有 4527 个电视频道、3046 个广播频率提供天气预报服务(图 3),分别较 2002 年增长 81.9% 和 1.2 倍。气象部门通过 27 个国家级广播电视媒体平台制作广播影视节目 52939 档;中国气象频道制作播出各类节目共计 10894 档,服务 4.4 亿人口,在数字付费频道中排名第一。到 2017 年,全国气象部门共有 1922 种报刊提供公众气象服务,较 2002 年增长 1 倍;全国共发布 11.2 万期天气公报,较 2002 年增长 1.4 倍;全国共有 15 万个气象电子显示屏发布公众气象服务,较 2009 年增长 3.4 倍(图 3)。

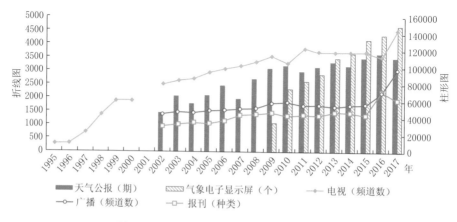

图 3　1995—2017 年媒体公众气象服务情况

　　20 世纪 90 年代气象声讯电话蓬勃发展,2002—2006 年年均电话气象服务达到 11.9 亿次,在 2008 年达到峰值 25 亿次。之后由于网络和手机传播信息的发展,电话气象服务数量呈逐年下降趋势,2013—2017 年全国平均电话气象服务数量仍保持有 8.2 亿次左右(图 4),较 2002—2006 年年均减少 31.3%。1997 年中国气象局官方网站上线,2008 年公众气象服务门户网站中国天气网上线运行,全国各级气象部门共有 128 家气象服务网站。2017 年,全国提供气象服务的网站共计 823 个(图 5)、点击量 129 亿次,网站数量较 2003 年增加 65.9%,点击量较 2003 年减少 95.9%。

图 4　2002—2017 年电话气象服务情况(单位:万次)

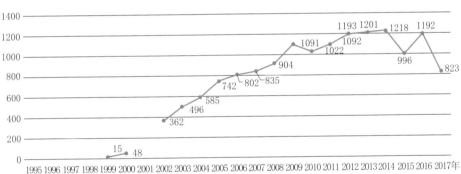

图 5　1995—2017 年网站气象服务情况(单位:个)

　　进入 21 世纪,手机气象服务迅速兴起,电话和网站气象服务逐渐转向手机短信、微信、微博、手机客户端等新媒体手段的气象服务。扩大了中国气象局官微、中央气象台、停课铃、知天气、e 天气等品牌影响力,省级及以下气象部门微博、微信粉丝数达 6260.9 万。到 2017 年,手机气象短信定制用户达到 1.1 亿,较 2002 年增长 8.9 倍(图 6)。2011 年,智能客户端"中国天气通"上线,到 2017 年装机用户达 1.5 亿。社会利用手机客户端传播的用户达到 5 亿人以上。

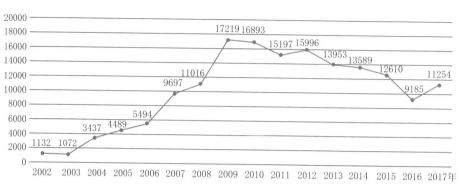

图 6 2002—2017 年短信气象服务情况(单位:万户)

公众气象服务产品不断丰富。随着公众对气象服务需求的增长,气象部门积极致力于向社会提供更加及时、更加准确、更加贴心的公众气象服务信息。目前,各级气象部门制作发布的公众气象服务产品包含 7 大类百余种(表 3),涉及公众衣、食、住、行、娱、购各方面的气象服务需求,发布了涉及人民群众生产、生活的各种"指数"预报等多项服务项目,增强了人民群众气象服务获得感。

表 3 公众气象服务产品简表

种类	内容
实况类产品	➤天气实况监测产品、卫星云图监测产品、雷达监测产品、酸雨监测产品、雷电监测产品 ➤对暴雨、雷暴、冰雹、大风、大雪等灾害性天气的发生地域及强度进行的监测和跟踪服务 ➤灾害性天气引发的次生灾害监测预报服务(如泥石流、山体滑坡、洪涝和积涝、森林草原火险、电线结冰、道路覆冰等)
预报类产品	包括临近(0~2 小时)、短时(0~12 小时)、短期(1~3 天)、中期(4~10 天)、长期(10 天以上)天气预报
气候类产品	➤年度气候公报、重要气候公报 ➤气候系统监测公报 ➤月(季、年)气候评价 ➤气象灾害年鉴

续表

种类	内容
气象灾害预警类产品	➤台风、暴雨、暴雪、寒潮、大风、高温、干旱、雷电、冰雹、霜冻、大雾、霾、道路结冰等气象灾害预报警报和预警信号 ➤公路、铁路、水运、航空、旅游、卫生、通信等领域的气象预警产品
生产生活环境气象服务类产品	包括农业气象、城市保障、交通、环境、能源、旅游、生活、健康等各类气象服务产品
气象资讯类服务产品	围绕当前天气重点、社会热点以及气象灾害防御需求,制作发布天气新闻、文章等,分析天气对公众生活、出行等方面的影响,提出防御对策和建议,供公众选择和参考
专题类产品	遇到突发重大事件和高影响天气事件时,围绕一个主题制作气象科普专题节目、网站专题、事件影响报道等

2013—2017 年,全国公众服务覆盖面超过 90%,全国气象服务满意度平均超过 88 分,其中 2017 年达到 89.1 分,较 2010 年提高 6.7%,达历史最高分(图7),广受公众好评。

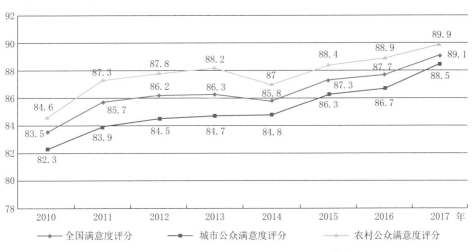

图 7　2010—2017 年公众气象服务满意度评估结果

——智慧气象服务起步发展。随着大数据、人工智能、云计算、物联网、移动互联网等信息技术的发展,近些年来,智慧气象成为全国气象系统强化气象与经济社会融合发展、转变气象发展方式、打造气象现代化"升级版"的重要方向和途径。目前,我国基本建立了全国 3 千米智能网格气象预报"一张网"和全球气象要素预报 10 千米网格,雷达分钟降水预报信息更新频率提高至 10 分钟,实现气象服务由区域站点向任意时段、任意地点延伸,公众可随时随地获取基于位置的精细化气象服务,气象服务由大众性普惠式向分众化、定制式转变。各地气象部门积极探索智慧气象服务,上海建立气象社区互动共创工作机制,积极融入政府主导的"智慧屋"、城市网格化管理体系建设,将智慧、贴心、可定制的气象服务送入千家万户;重庆建立农业气象精细化智能服务平台,基于精细化到田块的基础数据,为种养大户、农业企业提供双向、精细化、个性化的农业气象服务;安徽"惠农气象"手机客户端(APP)打造"互联网+气象+农业"的网络社区众包模式,提供分时、分区、分众的精细化气象服务产品和农业综合信息智能推送。同时,社会企业成为推动气象预报服务与人工智能深度融合的重要力量,"彩云天气"利用人工智能算法,使用户能随时得知自己所在街道的分钟级天气趋势,墨迹天气公司推出的创新产品"观云识天",结合人工智能等技术帮助用户进一步了解天气情况。

——专业专项气象服务领域不断拓展。我国专业专项气象服务起步很早,20 世纪 80 年代取得了一些新的发展。进入 21 世纪以来,面对国民经济和社会快速发展对气象服务日益增长的需求,专业专项服务和各种技术服务不断拓展,气象服务的领域由早期的农业气象服务、海洋气象服务、航空气象服务等领域,已经拓展到工业、农业、林业、商业、能源、水利、交通、环保、海洋、旅游等上百个行业,气象工作与经济社会发展和人民群众生产生活的联系越来越紧密,气象深度融入经济社会发展成效卓著。

一是气象为农服务向精细化迈进。我国农业气象服务始于 20 世纪 50 年代,是我国专业气象服务中发展最早、规模最大、技术最成熟的领域。改革开放 40 年来,我国农业气象服务内涵日益丰富,气象为农服务功能空前凸显,气象为农服务发展思路发生深刻转变,农业气象服务更适应现代农业发展需求。

农业气象业务能力增强。到 2017 年,气象部门已经建成了由 70 个农业气象试验站、653 个农业气象观测站、2075 个自动土壤水分观测站组成的现代农业气象主干观测站网,有 1618 套农田小气候观测仪、1028 套农田实景观测仪服务于各类作物监测;累计编制修订 61 项全国性农业气象技术标准和 14 项业务服务规范、技术指南,制定 5548 个农业气象指标,研发推广 60 多项农业气象适用新技术;累计建成农业气象示范田 1858 块、示范面积达 8.4 万公顷。智慧农业气象服务起步,初步构建了智慧农业气象大数据、开放式全国农业气象业务系统和智慧农业气象服务手机客户端,发展面向精准农业的定位、定时、定量气象服务,逐步实现农业生产和经营全过程的跟踪式服务,智慧农业气象服务惠及

31.8万注册用户。与农业农村部联合开展的"直通式"服务和气象信息进村入户覆盖全国近100万个新型农业经营主体。

现代农业气象服务组织完善。到2017年,基本形成了国家、省、市、县四级业务和延伸到乡的五级农业气象服务格局,农业气象业务服务职责和业务流程进一步明晰;中国气象局与农业农村部联合创建10个特色农业气象中心,全国建成6个独立运行的省级农业气象中心,12个省份成立44个省级农业气象分中心;形成了由全国首席服务专家、百余位正研、千余位高工为主组成的农业气象专业队伍,每年培训基层气象为农服务人员达两万余人次。

农业气象服务内容不断丰富。农业情报由单一的旬月报发展为旬、月、季、年报系列产品,逐步开展了农用天气预报、农业病虫害发生发展气象等级预报、国内外粮食产量预报、农业气候区划、农业气象灾害监测预警评估、设施/特色农业等领域的气象服务,并开展了村域经济发展、农业保险、农产品气候论证等领域的气象服务。到2017年,气象部门共完成省、市、县三级地区精细化农业气候区划3564个,气象灾害风险区划5297个,完成76项农业保险天气指数研发,开展了涵盖粮、油、水产、畜牧、花卉、中药材等的60种农产品气候品质评估。国内、国外粮食产量预报分别始于1987年、2005年,到2017年,国内外作物长势监测及产量预报产品分别达到18种和14种,覆盖15个主要国家,全球重点产粮区长势监测和产量动态预报由季尺度提升到月尺度,国内粮食总产预报准确率达99.4%。

气象为农服务"两个体系"建设富有成效。在原有农业气象服务的基础上,2009年正式提出了气象为农服务"两个体系"建设,推动了农业气象服务的新发展。到2017年,全国共2167个县成立气象防灾减灾或气象为农服务机构,县、乡、村三级气象防灾减灾组织管理体系基本形成。2011—2017年,中央财政"三农"服务专项资金达17.589亿元,带动地方配套投入8.445亿元,惠及31个省(自治区、直辖市)的1738个县,建成143个标准化现代农业气象服务县、1159个标准化气象灾害防御乡镇。

二是城市气象服务能力提升。改革开放以来,我国城市化进程加快,城市规模不断扩大,对城市气象服务提出了新的需求。基于城市安全,气象部门从关注天气本身转向关注灾害性天气对城市运行造成的影响,不断加强了城市安全运行气象保障体系建设,极大地提高了城市气象服务能力。

精细化预报服务在城市广泛推广。到2016年,各城市广泛应用高分辨率格点实况产品和精细化格点预报产品,在主要城市建立空间分辨率达1~5千米、逐小时更新的精细化气象预报网格。北京等18个城市将精细化实况和预报产品纳入城市网格化管理体系,制作发布城市环境、交通出行、旅游景区、健康气象、城市运行、海洋及生活指数等7大类40余种气象服务产品,6个天气保险产品涉及全国300多个城市,有效提升了气象服务供给能力。各城市均实现了灾害性天气分区县预警,北京等11个城市实现气象灾害预警产品精细化到街道,深圳率先实现气象灾害预警产品精细化到社区。

城市气象灾害风险防范能力进一步提高。基于影响的天气预报在城市起步发展,到2017年,全国已有29个城市开展了城市内涝风险普查,共普查城市内涝隐患点3290个;建立了城市气象灾害风险数据库,计算不同降水历时的四级临界阈值共1807个;完善了城市内涝影响预报模型,积极制作发布城市内涝气象灾害风险预警服务产品;加强了对城市暴雨的评估,244个地市级以上城市部门会同建设、市政等部门联合编制了暴雨强度公式。在全国36个重点城市研发气候细网格资料,开展热岛效应、暴雨强度、风玫瑰图气候因素对水资源、交通等的影响评估。城市气象服务逐步纳入地方公共服务体系,纳入智慧城市建设、网格化管理和综合防灾减灾示范社区建设,目前已建成城市气象防灾减灾示范社区232个,气象部门与相关部门共建防灾减灾社区3500多个。

城市气象防灾制度基本完备。随着我国城镇化进程的迅速推进,城市气象防灾减灾成为人民群众共同关注的重点领域,城市气象防灾减灾制度建设也积极推进。到2017年,主要城市建立了"城市—区县—街道—社区"四级气象灾害和服务机构,建立完善了与民政、水利、国土、交通等涉灾部门的联动机制,深圳、广州、宁波、上海、北京等城市建立重大气象灾害停课(停工)等气象灾害预警联动和应急响应制度,构建城市灾害防御第一道屏障。

三是水文气象服务不断加强。20世纪90年代后期,我国开始发展水文气象服务业务系统,逐步建立了水文气象体系和流域气象服务机构,水文气象服务技术不断改进和扩展,各级气象与水文部门积极合作开展防洪防汛气象服务、水库安全生产气象服务,形成了多种服务方式和产品,取得了显著的服务效益。

水文气象服务业务能力不断提升。我国逐步应用并发展了基于数值预报模式和流域水文模型的现代水文气象服务技术,2016年正式对外发布中小河流洪水气象灾害风险预警产品,目前可提供降水、温度等水文实时监测信息、多年水文气象统计信息、流域雨水情监测和预报信息、流域旱涝趋势预测、流域洪涝风险预警与分析评估等服务。进入21世纪后,我国流域气象服务业务能力建设取得新进展,各流域智能网格气象预报服务、定量化气候预测服务能力水平不断提升,为流域防汛抗旱保驾护航。

水文气象合作机制逐步建立完善。气象部门始终重视与水利部门的合作,水文气象服务不断深化。自 2015 年起,水利部与中国气象局联合发布山洪气象灾害预警信息,并加强各级尤其是流域和地方层面水文气象业务信息共享、联合会商、应急联动和技术交流等合作,推动了气象与水文观测数据的共享。2018年中国气象局与水利部长江委员会签署战略合作协议,积极推动长江流域气象、水文观测资料以及雨夜预报产品的共享与融合,增强了水文气象信息资源互补和天气预报预测准确性。如湖北省气象局与水利部门合作,实现了雨量数据和水文数据共享融合;与长江流域中心、长江海事、航道等航务部门建立了常态化的气象灾害预警服务合作机制,实现了对长江航道局的短信、传真、邮件多渠道一键式预警发布,并逐步建设长江黄金水道气象保障服务系统和航运安全智能气象服务系统,逐步形成了航运"一张网"。

水文气象服务经济效益显著。随着社会经济的发展,水旱灾害损失越来越大,水资源紧缺和水资源污染日趋严重,各级政府管理部门及社会公众对定时、定点、定量的水文气象服务提出了更高要求,水文气象服务在防灾减灾、趋利避害及促进国民经济建设和保护人民生命财产等方面取得了重大的社会效益、经济效益和生态效益。如长江三峡水利枢纽工程施工期间,准确及时的水文气象服务明显减少了雷击、暴雨、洪水等对工程造成的损失,保障了工程良好的施工进展。2007 年,淮河发生了 1954 年以来的最大洪水,由于流域水文气象预报服务准确及时,政府部门决策科学,水利工程运用合理,大大减少了灾害损失,无一人因洪水死亡,充分体现了水文气象服务的重大效益。

四是地质灾害气象服务成效明显。我国地质灾害气象服务自 20 世纪 80 年代开始发展,经过近 40 年的发展,地质灾害气象监测预报预警业务和服务能力不断提高。近年来,国家支持开展了山洪地质灾害监测预警等技术、暴雨洪涝风险评估技术及定量降水和灾害性天气落区预报技术等流域水文和地质灾害气象服务应用技术研究,推动了山洪地质灾害防治气象服务关键技术取得进展,地质灾害预报服务产品时空精度逐步提高,江河流域和山洪地质灾害气象预警服务实现业务化,连续 15 年每年汛期与国土资源部联合开展全国地质灾害预报预警服务工作,每天提供全国地质灾害发生概率、危险度和风险预报预警产品,覆盖江河流域和山洪地质灾害多发重发区域的综合气象观测能力和预警信息发布能力明显提升。地质灾害风险预警合作不断强化,到 2016 年,全国 30 个省(自治区、直辖市)、323 个市(地、州)、1880 个县(市、区)国土资源、气象部门联合开展了地质灾害气象服务工作。我国成功避让的地质灾害事件的次数总体呈上升趋势,地质灾害造成的死亡失踪人数总体呈下降趋势。

五是交通气象服务不断完善。20 世纪以来,我国交通气象服务得到快速发展,我国公路交通恶劣天气预报预警服务、重要节假日、重大活动以及突发事件交通气象服务能力显著增强。

到2017年,建立了国家、省两级布局合理、分工明确的交通气象服务业务,公路交通气象服务覆盖全国主要高速公路和国道,累计达到30万千米,31个省份建立了交通气象服务业务,27个省份建立了交通气象监测预报预警系统。基于智能网格预报产品研发的"全国公路交通气象精细化预报指导产品"实现全国业务化运行,发布72小时时效、逐3小时、空间分辨率5千米的全国主要公路路网精细化气象要素预报服务产品,研发了低能见度、大风、降雨、冰冻雨雪等高影响天气的全国主要公路交通气象灾害风险预报预警服务产品。

公路交通气象服务手段进一步完善。2015年中国天气网交通气象频道上线运行,推出了"公路天气通"交通GIS服务产品,与交通运输部等部门相关业务单位联合开展精细化气象预报服务,高速公路交通广播《交通气象服务站》正式开播。

与交通部门合作不断强化。建立完善了气象、交通部门国家级与省级协作互通、上下联动的天气影响公路路网运行联合会商机制,2017年首次向交通管理部门提供交通气象灾害风险预警服务,推进了交通气象灾害风险预警试点建设。推进高速公路、高速铁路、内河航运、通用航空及交通安全应急保障等重要领域的智慧交通气象服务建设,如江苏上线交通气象智能客户端,湖北开展基于天气通航等级的航运安全保障智能化气象服务,江西基于列车行驶位置,动态向列车和巡线员"靶向"发送分钟级交通预警产品。

六是海洋气象服务进展明显。我国海洋气象服务工作开展较早,1954年中央气象台和沿海省(自治区、直辖市)气象台开始发布海上大风天气预报,并与渔业生产部门开展气象服务合作。改革开放以来,气象部门努力提高海洋气象灾害监测预警水平,积极开展海洋气象专业服务。

海洋气象服务业务体系初步建立。到2017年,已经形成了开展风、浪、天气状况、能见度、阵风等要素的空间分辨率10千米、时间分辨率12小时、预报时效120小时的海洋气象格点化预报服务业务,气象部门海洋气象预报范围已经覆盖中国18个近海海域预报责任区和全球海上遇险安全系统公海责任区的印度洋区。

海洋预警信息发布能力增强。建成了石岛、舟山、茂名、三沙等四个国家级海洋气象信息发布站,组成我国海洋气象广播网,部分地区依托我国北斗导航系统实验性开展了北斗终端预警信息发布,基本形成了全国统一的面向海洋发布预警信息的能力。河北成立了3个海洋预警中心,为近海渔业、海上应急救援等提供气象服务。宁波研发了港口全息化气象预警与决策系统,实现气象与海洋水文、船舶、港口调度、港口管制信息深度融合。

海洋气象服务领域逐步拓宽。40 年来,我国海洋气象服务从最初单一为渔业捕捞作业提供海上大风、台风预报预警服务,逐步发展到中尺度海洋天气预报服务,海雾、海上对流风暴等海洋气象灾害预报预警服务,服务领域从我国海域渔业捕捞不断向海洋航运、远洋捕捞、海洋石油、天然气资源开发、滩涂养殖、旅游、海上事故救援等领域发展,多次为我国海上搜救、军事演习、中国海监维权巡航等提供保障服务。近年来气象部门逐步开展了钓鱼岛及周边海域、西沙永兴岛、中沙黄岩岛和南沙永暑礁等重点岛礁、海域的气象基本建设和天气预报服务,既维护了国家主权,也为中国海监巡航提供保障服务。

七是旅游气象服务逐步深入。进入 21 世纪,我国旅游业的快速发展对气象服务提出了许多需求,特别是近些年来,在国家旅游局与中国气象局联合提升旅游气象服务能力合作框架协议推动下,我国旅游气象服务进入快速发展阶段,为保障游客安全、合理安排旅游计划、促进我国旅游业的发展起到了积极作用。

旅游气象服务业务能力明显提升。到 2015 年,全国有 14 个省份 90 多个景点建立了 589 个旅游气象灾害监测点和 100 余个雷电监测点,开展景区灾害性天气监测预警工作。建立了国家级旅游交通气象服务业务系统,研发了"景区公路沿线要素实况""景区灾害性天气预警"等 5 类共 10 项旅游气象服务产品,24 个省级气象部门针对 211 个山岳型景区开展了旅游气象服务业务,试点开展了旅游气象灾害风险预警服务。全国 31 个省(自治区、直辖市)将旅游气象服务纳入基本公共服务,全国景区气象服务从 4A 级扩大至 3A 级及以上景区,全国 22 个重点景区开展了旅游气象服务标准化试点建设。

旅游气象服务内涵不断丰富。基于气象信息向公众提供旅游线路、出行安全、衣物穿戴等个性化提示,开发了日出、日落、云海、雪景、雾凇、植物花期和菜叶观赏期等特色景观气象服务,发布了蓝天预报及滑雪场、高尔夫球场、钓鱼等运动休闲旅游服务产品,强化了季节性以及中秋、国庆等重要节假日专题性旅游气象服务。开展生态旅游气候品质认证和国家气象公园试点建设,发布了避暑旅游发展报告和负氧离子高含量健康旅游示范景区,进一步丰富了旅游气象服务内涵。

旅游气象灾害预警能力明显提高。已经建立了由 16 部委参与的重大节假日天气会商机制。与旅游部门建立了应急联动机制,利用电视、网站、广播、手机短信、景区电子显示屏在内的气象信息综合发布网络系统,实现对社会公众、旅游管理、景点运行等部门和重点景区相关负责人预警服务信息的及时发布,其中旅游和气象部门共建的中国旅游天气网,逐步成为旅游出行参考的重要信息网站。开展了景区气象灾害风险普查,开发了雷电、暴雨、山洪等重点气象灾害监测预警指标和业务平台,为旅游景区气象灾害风险评估奠定了基础。

八是能源气象服务助力资源开发利用。近些年来,气象为能源行业提供的服务逐步发展,服务范围不断扩大,涉及电力、风能、海上油气开采、油气管道规划设计运行气象预报服务等。电力气象服务方面,与电力部门签署了电网气象防灾减灾能力合作框架协议,建成了中国气象局与国家电网间专线网络,开展联合检测和资料共享,灾害性天气预警联动机制逐步建立,试点研发了气象和电力专业领域高度融合的高分辨率电力气象专业预报服务业务,开展了输电线路舞动、风偏、污闪等电网时间预报预警服务。开展了全国风能太阳能资源监测,发布《中国风能太阳能资源年景公报》。建立了全国1千米分辨率的风能资源精细化评估数据和10千米分辨率的太阳能资源精细化评估数据库。保障国家光伏"领跑者"基地发展计划,评估申报基地太阳能可利用条件。仅在2017年,气象部门就开展了164个风电场和太阳能电站的选址评估,为887个风电场和太阳能电站提供预报服务。

2. 构建了人工影响天气作业体系

改革开放40年,恰逢人工影响天气事业发展60年。自1958年我国开展人工影响天气工作以来,在各级政府的大力支持下,人工影响天气业务体系日益完善,开发云水资源能力不断增强,在农业抗旱、防雹减灾、缓解水资源短缺、改善生态环境等方面发挥了显著效益。目前,我国建立了国家、省、市、县和作业点五级组织领导体系,以及"四级指挥纵向到底、五段流程横向到边"的现代业务体系。我国自主研发的3千米精细化云降水数值预报系统投入业务运行,国产新型高效催化剂的催化效率提高了100倍以上,雷达指挥、自动发射、立体播撒的火箭作业系统达到了世界先进水平并用于各地作业。

到2017年,全国已有30个省(自治区、直辖市)以及兵团和农垦等行业的357个市(含地级单位)、2259个县(含县级单位)开展人工影响天气作业,建立了卫星、雷达、自动站、人工增雨机载探测系统综合立体观测网络,全国形成了由50余架作业飞机、6183门高炮、8311部火箭构成的空地一体化协同作业体系,作业规模已跃居世界首位。仅2017年,飞机人工增雨作业1008架次、防雹作业面积达到47万平方千米,增雨作业保护面积达到493万平方千米(图8)。2013—2017年年均飞机人工增雨作业达到1025架次、防雹作业面积达到47.9万平方千米、增雨作业保护面积达到294.7万平方千米,较"十五"期间年均增长69.0％、17.3％、65.6％。

图 8　1996—2017 年气象部门人工影响天气作业情况

3. 气象服务市场逐步形成

从 20 世纪 80 年代初尝试开展有偿专业气象服务起,我国气象服务逐步从单一的公益性预报服务向满足社会多元需求的专业化服务转变,经历了 1992 年、1998 年气象事业机构调整,为加快气象科技服务与产业发展,我国地市级以上气象部门组建了国有气象服务实体(企业),有力推动了气象科技服务与产业发展。进入 21 世纪,我国不断深化气象服务体制改革,积极培育气象服务市场,气象服务供给能力显著提高。到 2017 年,全国各类气象服务企业达到 1500 家,主要集中在气象信息增值服务、雷电防护技术与咨询服务、专业气象服务、气象仪器装备制造、气象工程咨询、气象软件开发等领域。

随着大数据、人工智能等信息技术的发展,气象数据价值得到进一步挖掘,部门外社会企业得到较快发展,中国气象数据网企业实名注册用户数达 597 个,气象数据被广泛应用于交通运输、新能源、农业、移动互联软件开发和服务、公共管理,以及基于大数据技术的智慧城市、智慧交通、智慧农业等领域的开发建设,产生较好的经济效益和社会效益。随着公众气象服务传播主体多元化发展,中国天气类手机客户端从 2009 年起步发展至今已步入成熟期,用户数量稳步增长,市场格局基本稳定,"墨迹天气""天气通""最美天气""中国天气通"和"2345天气王"占据 92% 的市场份额,手机客户端成为公众用户最常用的获取气象咨询的渠道,社会企业成为传播气象服务的重要力量。同时,气象部门还积极推动建立了气象产业基金和产创平台,联合社会机构设立了公共安全预警产业基金、气象服务产业基金等,组建了中国气象保险专业委员会并共建保险气象实验室。

4. 气象服务机构和队伍建设不断加强

20 世纪 80 年代,我国气象服务队伍建设开始起步,经过近 40 年的发展,我国气象服务队伍不断扩大。目前,我国地市级以上气象服务机构均实现了实体化,国家级、省级和地市级组建了气象服务中心。成立了国家级和重点区域环境气象预报预警中心、流域气象中心、国家级和区域级人工影响天气中心等专业气象服务中心。省级以下建立了气象灾害防御、突发事件预警信息发布、人工影响天气等地方机构。到 2017 年已形成 12000 人的(不包括人工影响天气和防雷技术服务人员)具备多元知识结构的气象服务专业队伍。

(三)气象服务国家重大战略取得积极进展

党的十八大以来,国家先后提出了"一带一路"倡议和京津冀协同发展、长江经济带协同发展等一系列重大发展战略,党的十九大作出打好防范化解重大风险、精准脱贫、污染防治"三大攻坚战"的战略部署。气象部门认真落实,主动服务国家发展战略实施,取得明显成效。

1. "一带一路"气象保障服务取得初步成果

中国气象局制定发布了《气象"一带一路"发展规划(2017—2025 年)》,"一带一路"气象服务保障有力推进。"一带一路"沿线国家气象合作全面加强,中国气象局与美国国家海洋和大气管理局共同报送的三条成果建议纳入中美战略与经济对话成果清单。签署《中国气象局与世界气象组织关于推进区域气象合作和共建"一带一路"的意向书》《中国气象局—世界气象组织"一带一路"倡议信托基金协议》,"一带一路"国家中与我国签署双边科技合作协议的国家不断增加。中国自主研制的新一代全球数值预报模式(GRAPES-GFS)已开始提供全球范围内的气象预报服务,为"一带一路"沿线国家防灾减灾提供支持;风云气象卫星数据覆盖"一带一路"沿线 37 个国家和地区,被广泛应用于气象预报、防灾减灾、科学研究等领域;中国自主研发的远洋气象导航系统,成功为中国至巴基斯坦、南非等多条航线的船只提供精准、安全的导航服务,打破了远洋导航系统长期被国外垄断的局面;中国气象局与巴基斯坦气象部门合作,为"中巴经济走廊"建设提供气象保障服务。目前,我国围绕"一带一路"倡议开展的气象合作项目已初见成效,发挥了示范效应。

2. 气象助力精准脱贫成效明显

气象部门积极融入脱贫攻坚大局,气象重点工程和项目持续向贫困地区重点倾斜,"三农"服务专项和人工增雨防雹实现国家级贫困县全覆盖。到 2017 年,全国 832 个国家级贫困县建立自动气象观测站和信息服务站,分别覆盖 91% 和 90% 的乡镇,气象预警大喇叭覆盖 55% 的行政村,804 个贫困县建立了面向责任人发布气象预警信息的手机短信发送平台,气象信息员覆盖 99.5% 的行政村,为贫困地区近 14 万个新型农业经营主体提供"直通式"气象服务,累计登记"三农"相关领域气象科技成果 368 项,有力提高了气象助力精准脱贫的针对性和可持续性。开展全国贫困县 10 千米分辨率太阳能资源综合评估和 1 千米分辨率精细化太阳能资源评估,完成全国建档立卡 13 万个贫困村精细化太阳能资源评估,为国务院扶贫办指导的"光伏扶贫"项目提供依据。探索形成了宁夏闽宁气象服务品牌,安徽气象助力农产品品牌打造和销售、乡村旅游扶贫,贵州大数据村域经济扶贫等先进经验,气象助力各地特色产业发展的模式更加多样、助力农民减贫增收的效益更加显著。22 个国家级贫困县所在省(自治区、直辖市)的农村公众气象服务平均满意度达到 90.2 分。

3. 生态文明建设气象保障积极推进

我国生态文明建设气象服务起步于 20 世纪 80 年代的生态气象监测,尤其是党的十八大以来,全国各级气象部门不断加强生态气象监测评估研究服务,积极履行维护国家生态安全的部门职责,生态气象监测评估在维护国家生态安全中的科技支撑作用不断强化。2017 年,中国气象局出台了关于加强生态文明建设气象保障服务工作的意见,对生态文明建设气象服务保障作出进一步部署。

1981 年我国开始酸雨观测,发展到现在基本建立由地面常规气象观测、大气成分观测、气象卫星遥感观测构成的全国生态气象观测网,形成了覆盖全国及全球的生态遥感动态监测产品评估业务,开展了植被、草地、森林和重点区域湿地、水体、荒漠等生态气象研究和业务服务,参与完成 15 个省(自治区、直辖市)生态保护红线审定工作。

生态环境服务能力不断提高。建立了气候和气候变化对生态环境质量影响评价指标体系,开展了气象灾害对生态安全的预警业务试点,研发了地方政府生态文明建设绩效考核评价气象条件贡献率指标。建立了集大气环境监测、预报、预警、服务、评估于一体的业务服务体系,环境预报模式延长至 5 天(京津冀区域延长至 16 天),精细化能见度和 $PM_{2.5}$ 预报实现 2100 站逐 3 小时 10 天客观预报,雾和霾预报精细化至逐 3 小时,京津冀、长三角和珠三角等重点地区实现了空间分辨率 3~9 千米。

环境气象预报业务体系基本形成。依托生态气象监测系统,环境气象预报服务业务从 2001 年开始向社会公众发布 47 个重点城市空气质量预报、2005 年探索大气污染预报服务,发展到 2017 年建成了国家、区域、省、地县四级环境气象预报业务体系,基本建立了雾、霾等重污染天气监测预警体系,和以雾、霾和沙尘、空气质量预报,以及大气污染气象条件、减排效果评估为核心的渐趋成熟的预报预警业务,成立了国家级和京津冀、长三角、珠三角区域环境气象预报预警服务中心,与环保部建立了区域重污染天气联合会商和应急联动机制及重大活动空气质量联合保障机制,23个省(自治区、直辖市)气象与环保部门联合发布重污染天气预警,262个地市级以上城市联合开展空气质量预报,大气污染防治气象服务全面推进,气象在打赢蓝天保卫战中发挥了先导联动作用。

生态气象服务产品影响力不断扩大。围绕经济社会发展需求,逐步建立了以农业与粮食安全、灾害风险管理、水资源安全、生态安全和人体健康为优先领域的气候服务系统,连续7年发布《中国气候变化监测公报》(现更名为《气候变化蓝皮书》),2017年首次发布《全国生态气象公报》。创建挖掘了"中国天然氧吧""国家气候标志""国家气象公园"等生态文明建设气象服务品牌,完成415项重大规划和重点工程项目气候可行性论证,服务37个城市的城市总体规划、城市通风走廊、海绵城市、气候适应性城市和重大行业规划设计。

4.气象服务保障其他重大国家战略初显成效

随着我国2015年开始实施长江经济带协调发展战略,长江经济带协同发展气象保障服务及时跟进,中国气象局出台了《长江经济带气象保障协调发展规划》,与水利部长江水利委员会签署合作协议,推进长江流域气象、水文观测资料及预测预报产品的共享与融合。目前,依托大数据、云计算,形成了覆盖长江流域的监测预报,打造了资源共享、部门协作的安全防护网,长江流域气象服务综合业务平台已共享长江流域内74部多普勒雷达、242个水文站、20000多个自动气象站等设备,构筑起了气象灾害综合立体观测网络,实现了自动气象站实况资料、雷达拼图、卫星云图以及多种预报服务产品共享,可实时提供长江流域主要控制站的水位、流量等水文资料,涵盖短时中时、延伸期、长期时效"无缝衔接"的8类46种流域气象服务产品,为长江流域的防洪调度和防汛抗旱提供了科学支撑;与水利、交通等部门在保障长江水道安全方面基本形成了共同合作的服务机制,建立了长江航道通行天气指标,开发了长江航运安全智能气象服务系统和移动客户端,为航运管理决策、运营船舶安全航行提供导航式气象服务,全力保障长江黄金水道航运安全。

为服务保障军民融合发展战略,中国气象局着力推动军民融合深度发展顶层设计,与公安部、中央军委国防动员部共同深化人工影响天气领域军民融合发展,气象服务信息成功接入中国人民武装警察部队并实时显示,积极开展空间天气专业服务,为军方航天器安全运行提供保障。

京津冀区域协同发展是我国区域协调发展的重要战略。中国气象局出台了《京津冀协同发展气象保障规划(2015—2020年)》,京津冀区域一体化气象基础保障能力和气象预报预测预警能力稳步提升,气象服务在防灾减灾和保障城市安全运行方面的作用日益彰显。气象服务效益明显提高,京津冀三省市气象部门围绕气候资源开发利用、生态环境保护等方面积极提供技术支持,在风能、太阳能利用等方面取得了较好的服务成效,组建了中国气象局京津冀环境气象预报预警中心,统筹京津冀环境气象业务发展。

自雄安新区规划推出后,气象部门高度重视,明确了雄安新区气象建设工作的 12 项任务,并积极推进。气象部门提出的重视保护、修复白洋淀的气候调解功能,在新区规划时考虑留出通风廊道的建议得到中央领导高度关注,并开展了雄安新区气候安全评估和通风廊道构建专题研究,形成了《雄安新区气候环境评价报告》《关于构建新区城市通风廊道的初步成果及进一步优化城市设计空气流通的建议报告》。河北气象部门积极对接需求、融入智慧之城打造,组织编制了《雄安新区气象预报预测与智慧气象服务保障工程可研报告》《雄安新区气候与生态观象台建设方案》《雄安新区气象灾害防御综合规划》,同时将新区和白洋淀流域气象综合观测、气象分析评估与服务、气象预报预警与灾害防御、人工影响天气等系统纳入白洋淀生态环境治理和保护规划,将气象灾害监测预警、防御技术标准、风险管理及应急措施等纳入雄安新区城市综合防灾专项规划。此外,针对新区规划需求,气象部门积极主动向规划、建设部门提供新区及周边气象观测资料、暴雨强度公式和暴雨雨型分析、新区气候评价等专题研究成果,编制了《雄安新区决策气象服务方案》《雄安新区气象监测预报预警服务方案》,积极为新区建设提供决策服务材料。

(四)气象服务经济社会效益显著

40 年来,气象服务在经济社会发展中发挥了重要作用,产生了重大社会经济效益,受到各级党政部门和广大人民群众的好评。

1. 重大气象灾害服务效益显著

40 年来,面对多发频发的重大气象灾害,气象部门上下通力协作,严密监视、科学分析,为各级领导科学决策、夺取防灾减灾救灾胜利,发挥了重要作用,气象灾害导致的死亡人数、灾害损失占 GDP 比重持续下降。全国因气象灾害造成的死亡人数由 20 世纪 80 年代的年均 5000 人左右,下降到 21 世纪 2013—2017 年的年均 1200 人左右。2017 年,全国气象灾害造成的死亡(失踪)人数为 2001 年以来死亡人口均值的 44.7%(图 9),较 2001 年减少 63.5%。全国气象灾害经济损失占 GDP 的比例从 20 世纪 80 年代的 3%～6%,下降到 2013—2017 年的 0.38%～1.02%。2017 年我国气象灾害造成的直接经济损失占 GDP 的比例为 1990 年以来的最小值,为 1990 年以来均值的 19.3%,较 1991 年降低 93.2%,较 2001 年降低 78.5%(图 10)。

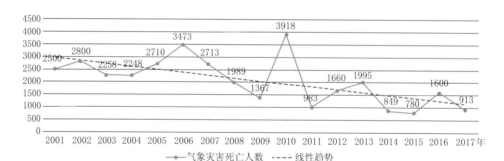

图 9　2001—2017 年全国气象灾害造成的死亡人口情况（单位：人）

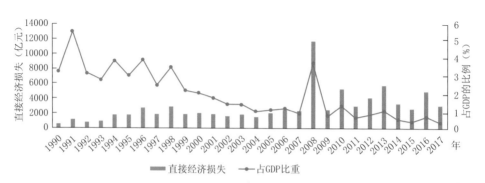

图 10　1990—2017 年全国气象灾害造成的直接经济损失及占 GDP 的比例

我国重大自然灾害的气象服务中，取得显著效益的典型事例非常突出。

1987 年 5 月在扑灭大兴安岭特大森林火灾中，气象部门利用气象卫星云图发现、监测火情变化，提供比较及时准确的中短期天气预报，实施有效的人工增雨，为最终扑灭大火做出重大贡献。时任国务院副总理李鹏指出，气象部门在扑灭大兴安岭特大森林火灾中发挥了不可替代的作用。

1991 年 6 月，江淮地区发生特大洪涝灾害。6 月 14 日中央决定午夜在蒙洼分洪的关键时刻，气象部门预报雨带将南压、淮河流域雨势将减弱，并向在防洪一线的总理李鹏作了汇报。根据预报，中央决定将分洪时间推迟到第二天 8 时，为蒙洼蓄洪区 1.9 万多人的安全撤离争取了 7 个小时的时间。

1998 年，长江流域发生 1954 年以来的特大洪水，嫩江和松花江也出现了有气象记录以来的大洪水。面对十分复杂的天气气候和极端严峻的防汛抗洪形势，全国气象部门上下动员、通力协作，严密监视、科学分析，短期气候预测和中短期重大灾害性、关键性、转折性天气预报基本准确，为各级党政领导科学决策，夺取抗洪抢险的胜利，发挥了重要作用，受到了党中央、国务院和各级党政领导及社会各界的好评。在全国抗洪抢险总结表彰大会上,江泽民总书记在讲话中多次提到气象工作,这是党中央、国务院对气象服务的充分肯定。

2008 年,我国南方部分地区遭遇了历史罕见的低温雨雪冰冻极端气象灾害。中国气象局迅速启动重大气象灾害应急响应,紧急部署抗冰救灾工作,全力为国务院煤电油运和抢险抗灾应急指挥中心做好服务,加强与国务院有关部委及地方各有关部门的协同联动。各级气象部门迅速行动,启动应急响应,先后向灾区派出了 53 个工作组指导预报服务。增加积雪深度和电线结冰观测,加强极端天气事件分析、气候趋势预测、主要公路干线天气预报等专项服务,及时发布预警,做好舆论引导,共发布寒潮、暴雪、道路结冰等预警信号 9412 次,发送手机短信 13.24 亿条次,累计向各级党委、政府报送 17000 多期服务材料,为各级党委、政府和社会公众战胜这场极端气象灾害提供了有力支持和有效保障。

2014 年,第 9 号超强台风"威马逊"登陆海南(瞬时风速达到 17 级)。这是 1973 年以来登陆华南的最强台风,先后给三沙、海南岛近海和陆地带来严重的风雨影响。为做好台风过程气象保障服务,海南省气象部门提前 7 天对"威马逊"的行踪做出了准确预报,第一时间为党政领导、有关部门报送决策气象服务材料,及时通过专门的预警决策信息平台向 2.6 万余政府决策人员和基层气象信息员发送预警信息,确保了各级党政领导的科学部署,同时借助各种渠道向社会公众和各类专业用户发布台风预警。在台风来临前,全省 26410 艘渔船全部回港避风,协助政府转移危险地带群众 21 万多人,将台风灾害造成的损失降到了最低程度。

近些年,对在我国沿海登陆的其他强度强、影响大的台风,如"森拉克""杜鹃""云娜""海棠""麦莎""泰利""卡努""达维""龙王""碧利斯""凤凰""莫兰蒂""纳沙""天鸽""山竹"等,气象部门都提前做出了准确的路径预报和及时的服务,大大减少了人民生命财产的损失,2017 年全国由台风造成的死亡人口仅为 2001 年均值的 22%。

2. 重大突发事件气象保障有力有效

改革开放 40 年来,我国气象部门建立了重大突发事件应急气象保障服务系统,中国气象局和各省(自治区、直辖市)气象局均制定了突发公共事件应急预案,成立了突发公共事件应急机构,建立了统一高效的气象应急信息平台和流动气象台,在突发事件应对中积极开展应急气象服务,为各级领导和政府决策部门处置突发事件的决策提供了科学依据,取得了良好的社会效益和经济效益。特别是近 10 年来为 2008 年汶川地震、2010 年玉树强烈地震和舟曲特大山洪泥石流、2011 年日本福岛核扩散、2013 年雅安地震、2015 年"东方之星"事件救援处置、2015 年天津港特别重大火灾爆炸事故救援处置等开展应急气象保障服务成效突出。

2008 年 5 月 12 日,四川省汶川发生里氏 8.0 级地震。围绕汶川地震抗震救灾的需求,各级气象部门组织开展了专项气象应急保障服务。中国气象局及时启动重大气象保障应急响应,成立抗震救灾专项工作组,并派遣 3 支抗震救灾现场工作组第一时间赶赴灾区指导应急气象保障服务,调用雷达、无人探测飞机、应急气象指挥车、迷你气象站、卫星电话等支援灾区,并启动卫星加密观测、高空加密观测。四川省气象部门组织了 3 部应急雷达车、1 部风廓线雷达、9 个军地联合气象应急小分队、14 个气象应急观测组开赴抗震救灾前线,开展白天每小时、夜间每 3 小时一次的应急气象观测。中国气象局共向国务院抗震救灾总指挥部及各工作组提供决策服务专项材料 400 余份,及时准确的决策气象服务为有关领导和各级政府部门快速有效地开展抗震救灾提供了气象保障。同时,中国气象局与四川省气象部门联合为有关部门提供了多项有针对性的专项气象服务,以及震区灾害重建气象保障服务。编印发放科普资料 40 余万份,为民众释疑解惑,消除了恐慌,维护了社会稳定。

2015 年 8 月 12 日,天津市滨海新区瑞海公司危险品仓库发生特别重大火灾爆炸,事故发生后,相关气象部门始终保持重大突发事件气象保障 I 级应急响应状态,为现场应急处置工作提供强有力的保障支撑。现场应急保障组在距离爆炸点仅 300 米的位置架起自动气象观测设备,并将第一份事故现场天气实况和预报信息呈送至滨海新区政府应急办和天津市经济技术开发区管委会应急办。由于降水会对现场应急处置工作造成较大影响,现场应急保障组每小时提供一次天气预报。14 日中午开始,中国气象局接连组织京、津、冀三地气象局以及滨海新区气象局开展加密会商。同时,国家卫星气象中心向天津市气象局提供了多张爆炸事故现场的高清卫星遥感图片,为更好地开展服务提供了重要参考。15 日下午 1 点左右,天津市气象台发现滨海新区海岸线以东渤海海面突然形成单体对流天气,有降雨出现,而降雨云团距离事故现场直线距离仅有 5 千米,气象台工作人员在第一时间联系驻守在现场的应急保障组,并分析此次降水将向偏东方向移动,不会对事故现场造成影响,但短时风力会明显加大。现场指挥部根据气象预报结论,果断选择继续开展现场应急救援与清理工作。随后,正如预报的那样,降雨云团继续向东移动到海上,并逐渐基本减弱消失。

3.重大活动气象保障服务的社会影响日益扩大

改革开放 40 年来,国家组织的重大活动都需要有效的气象服务保障,其中气象保障圆满完成了 2008 年北京奥运会、2009 年新中国成立 60 周年庆祝活动、2010 年上海世博会、2010 年广州亚运会、2011 年建党 90 周年系列庆祝活动、2011 年西藏和平解放 60 周年庆典、2014 年南京青奥会、2015 年"9·3"纪念日阅兵、2014 年北京亚太经济合作组织（APEC）会议、2016 年杭州 20 国集团（G20）峰会、2017 年"一带一路"高峰论坛及厦门金砖会晤等气象服务任务。

2008 年,我国举办了举世瞩目的第 29 届夏季奥林匹克运动会和第 13 届残奥会。北京奥运会和残奥会举行期间正值我国主汛期,中国气象局围绕"有特色、高水平"奥运气象服务目标,举全国之力,集各方之智,成功为奥运会和残奥会开闭幕式、体育赛事、公众出行观赛等提供定点、定时、定量的精细化预报服务,为奥运火炬在境内外 134 个城市的传递提供了参与人数最多、覆盖区域最广、持续时间最长的气象服务。中央气象台珠峰气象保障队在珠峰大本营建起了气象台,在海拔7000 米高处设立了气象观测站,连续工作 34 天,准确预报出最佳登顶时间,保证了奥运火炬珠峰传递一次冲击、一次登顶、一次成功和绝对安全。北京、河北联合组织实施了奥运史上首次大规模人工消(减)雨作业,为奥运会和残奥会开闭幕式顺利进行提供了重要保障。北京、青岛、天津、上海、沈阳、秦皇岛等奥运主协办城市气象部门准确精细预报奥运赛事天气,确保各项赛事顺利进行。奥运会和残奥会举办期间,共发送气象服务信息上亿条,气象服务网站点击率达 480 万人次,免费发送奥运史上首份《奥运天气资讯》,还增加了手语气象服务。奥运会和残奥会气象服务的公众满意度分别高达 93.1% 和 96.8%。

2016 年我国举办了 G20 杭州峰会。从 G20 杭州峰会期间的灾害性天气预报服务,到重要活动气象保障服务,从配合开展空气质量预报,到加强防雷安全及施放气球安全管理工作,气象部门全力以赴、协同用力,以现代化建设成果支撑了气象服务保障圆满完成。2016 年初,中国气象局就成立了峰会气象保障协调指导小组和国家、省、市气象局一体化的峰会气象保障服务工作组,编制了峰会气象服务保障工作 4 个方案,成立了省、市一体化的峰会气象台,在峰会总指挥中心搭建现场气象台。在 8 月气象服务进入关键阶段期间,中国气象局全力做好加密观测、滚动预报、及时预警、跟进服务等工作,利用风云卫星、高分卫星、多普勒雷达等进行精细化立体加密观测,提供区域中尺度模式快速同化更新与1 千米分辨率的精细化数值预报,并基于移动互联网手机 APP"智慧气象"进行精细定位服务,有效提升了气象监测预报的定量化、客观化、精准化水平。精准服务贯穿了 G20 杭州峰会及其系列活动,气象部门应用了"逐 10 分钟更新 0~6小时预报,逐小时更新 24 小时逐小时预报,逐日更新未来 15~30 天延伸期预报"的最新精细化监测预报产品体系,有针对性地开发了 200~1000 米分辨率的精细化产品,以及重点场所定点温度、降水、高度梯度风、体感温度和舒适度等气象要素服务产品。近 2 万名峰会服务人员安装了"智慧气象"APP,有效扩大了服务覆盖面。

二、建成了功能先进的现代气象业务体系

改革开放 40 年来,在党的理论和路线、方针、政策指引下,气象部门实施了一系列重大战略措施,加强了总体规划设计,全面推进现代气象业务体系建设,经国家批准先后启动实施了一大批气象重点工程建设,经过全国气象部门共同努力,建成了世界先进的现代气象综合观测系统,建立了完善的现代气象预报预测系统,形成了完备的现代气象信息系统,我国气象现代化整体水平迈入世界先进行列。

(一)建成了世界上规模最大、覆盖最全的综合气象观测系统

改革开放 40 年来,我国气象综合观测经历了从人工观测到基本实现地面自动观测,从单一的地面观测到实现地、空、天立体观测,从部门观测到统筹部门、行业、社会观测的发展历程。目前,已经形成地、空、天基观测手段互补、协同运行、交叉检验的一体化观测体系,基本形成了"部门为主、行业协作、社会参与"的综合观测新格局,气象卫星、雷达等监测能力位居世界前列。

1.地面气象观测站网布局不断优化

我国已经建成了由国家级地面气象观测站和区域自动气象观测站组成的地面气象观测站网。40 年来,为适应环境气象、生态气象、气候变化等业务需要,气象观测站的观测项目大大拓展,常规观测项目基本实现自动化,观测时效达到分钟级,基本实现了气象观测布局的优化。

新中国成立后,按照县县设站的原则,我国地面气象观测网很快建成。改革开放后,国家级地面气象观测站不断优化布局,截至 2017 年年底,全国气象部门国家级地面气象观测站达到 2425 个(图 11),温度、湿度、风速、风向、气压、降水等基本气象要素全部实现自动化。国家级地面气象观测站中包括国家基准气候

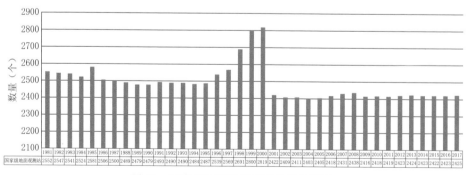

图 11　国家级地面气象观测站建设进程

站 212 个、国家基本气象站 633 个、国家气象观测站 1580 个。区域自动气象观测站从无到有,从有到优,从 2003 年开始规模化建设,截至 2017 年年底达到 57435 个(图 12),较 2003 年增长近 40 倍,乡镇覆盖率达到 96％,基本覆盖气象灾害多发区和山洪地质灾害易发区。民航、林业、农垦、建设兵团等汇交资料的行业地面气象观测站达到 510 个。

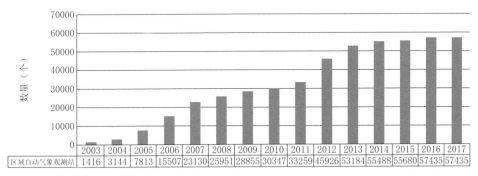

图 12　区域自动气象观测站建设进程

近年来,我国气象台站积极参加世界气象组织(WMO)的百年气象站评选活动。到 2017 年,全国有 5 个气象站获世界气象组织百年气象站认定,有 10 个气象站获中国百年气象站认定,21 个气象站获七十五年认定,402 个气象站获五十年认定。

2.新一代多普勒天气雷达监测网达到世界先进水平

从 20 世纪 80 年代初建成的多型号模拟天气雷达观测网,到 90 年代后期形成的数字天气雷达网,再到 1999 年开始建设新一代多普勒天气雷达监测网,我国天气雷达观测实现了多次升级换代,已具有世界先进水平,极大地提高了台风、暴雨、冰雹等灾害性天气的监测预警能力。

截至 2017 年年底,全国气象部门有各类气象雷达 822 部,较 1981 年增加 467 部,增长 1.3 倍;较 1991 年增加 406 部,增长 97.6％;较 2001 年增加 417 部,增长 1 倍。截至 2017 年年底,全国气象部门有天气雷达 457 部,较 1981 年增加 247 部,增长 1.2 倍;较 2001 年增加 202 部,增长 79.2％(图 13)。截至 2017 年年底,全国有 198 部新一代多普勒天气雷达业务运行,较 2001 年增加 182 部,增长 11.4 倍(图 13),近地面覆盖范围达到约 220 万平方千米,基本覆盖全国气象灾害易发区和服务重点区,实现了 6 分钟一次的数据实时传输和全国及区域联网拼图,为临近预报、开发利用空中云水资源、抗旱防雹和改善生态环境等提供了技术支撑。新一代天气雷达全年平均业务可用性达 99％以上,基本与国际先进水平相当。目前,天气雷达资料已初步应用于数值预报业务,使 0～6 小时中雨预报准确率提升近 10%。

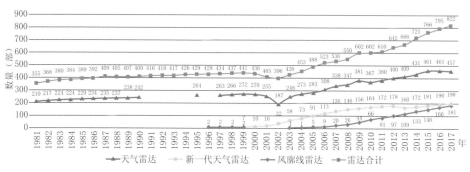

图 13　1981—2017 年气象雷达建设进展①

3. 高空气象观测技术实现升级换代

高空气象观测是获取大气温压湿风三维空间结构分布和演变的重要手段。40 年来,通过不断的技术创新,高空气象探测从单一的由气球携带无线电探空仪,发展为包括 L 波段雷达-电子探空仪、全球导航卫星系统气象观测(GNSS/MET)、风廓线雷达等多样化观测,高空风和水汽观测的时空密度大大增加。

我国共有 120 个高空气象观测站,1969 年全部使用国产 59 型探空仪和 701 测风雷达。改革开放以后,高空气象探测系统加快了升级改造的步伐,1993 年开始布设 P 波段电子探空仪和 C 波段雷达,到 2000 年开始布设 L 波段雷达-电子探空仪高空气象探测系统,2010 年全国 120 个高空气象观测站全部升级使用 L 波段雷达-电子探空仪高空气象探测系统,实现了从机械探空到电子探空的根本转变,观测准确度和自动化程度明显提高,改变了高空气象观测质量在国际上落后的形象。2017 年,全国高空气象观测站有 88 个站参加全球数据交换,平均站间距约 300 千米,基本满足世界气象组织的布局要求。

改革开放后,我国风廓线雷达技术从无到有,到 2017 年年底已建成 181 部风廓线雷达,较 2003 年增加 180 部(图 13)。其中有 69 部风廓线雷达业务运行,实现了大气风、温度等气象要素垂直廓线的连续探测。GNSS/MET 从 2007 年开始建站,经过 10 年的站网建设,到 2017 年年底建设并运行了 950 个站(含陆态网),地基导航卫星遥感水汽观测已投入业务试运行,反演产品已进入

---

① 新一代天气雷达中 2013 年之前为组装架设的雷达数量,自 2013 年开始为实现业务运行的雷达数量。

GRAPES 快速同化系统业务。

4.气象卫星观测位居世界前列

气象卫星是获取三维、全天候的高时空密度全球观测资料的主要手段。40年来,我国从接收利用国外气象卫星资料,到 1988 年成功发射我国第一颗气象卫星——"风云一号"A 极轨气象卫星,再到 1997 年成功发射"风云二号"静止气象卫星,成为世界上同时拥有两个系列气象卫星的三个国家(组织)之一,取得了举世瞩目的成就。

到 2018 年 6 月,我国已成功发射 17 颗风云系列气象卫星,目前有 8 颗气象卫星在轨运行(表 4),气象卫星的技术水平、运行稳定性和寿命、应用能力等均有重大突破,部分性能指标超过国际在轨卫星先进水平。其中"风云二号""风云三号"被世界气象组织纳入全球业务应用气象卫星序列之中。

表 4   2018 年在轨中国风云(FY)系列气象卫星基本情况

系列	型号	发射时间	技术属性	作用
风云二号	风云-2E	2008 年	地球静止轨道气象卫星(第一代)	获取白天可见光云图、昼夜红外云图和水汽分布图,进行天气图传真广播,收集气象、水文和海洋等数据收集平台的气象监测数据,供国内外气象资料利用站接收利用,监测太阳活动和卫星所处轨道的空间环境,为卫星工程和空间环境科学研究提供监测数据
	风云-2F	2012 年		
	风云-2G	2014 年		
	风云-2H	2018 年		
风云三号	风云-3B	2010 年	极地轨道气象卫星(第二代)	获取地球大气环境的三维、全球、全天候、定量、高精度资料,满足我国天气预报、气候预测和环境监测等方面的迫切需求
	风云-3C	2013 年		
	风云-3D	2017 年		
风云四号	风云-4A	2016 年	地球静止轨道气象卫星(第二代)	多通道扫描成像辐射计获取的图像、干涉式大气垂直探测仪获取的大气红外辐射光谱、闪电成像仪获取的闪电分布和强度信息、空间环境监测仪获取的空间效应及粒子探测信息

2016 年成功发射的"风云四号"A 星与我国第一代静止卫星观测系统相比,观测的时间分辨率提高了 1 倍,空间分辨率提高了 6 倍,大气温度和湿度观测能力提高了上千倍,整星观测数据量提高了 160 倍,观测产品数量提高了 3 倍,综合技术性能达到国际领先水平,实现了我国静止轨道气象卫星从"跟跑"向"领

跑"的跨越。

目前,中国气象卫星观测"天网"实现了极轨气象卫星"上、下午星业务组网观测",全球观测时间分辨率从 12 小时提高到 6 小时;静止卫星形成了"统筹运行、多星在轨、互为备份、适时加密"的业务运行模式,观测时间分辨率从每小时 1 次提高到非汛期半小时 1 次、汛期每 15 分钟 1 次,在应急情况下可加密到每 6 分钟 1 次,有效提高了对全球和区域范围内的台风、暴雨等极端天气、气候和环境事件的观测和预报能力。

气象卫星的数据产品广泛应用于气象、农业、水利、海洋、环境等领域,对数值天气预报模式性能的改进发挥着重要作用,为防灾减灾提供重要支撑,并在全球实现共享共用;国内接收和利用风云气象卫星资料的用户超过 2500 家,全球 90 多个国家和地区(包括"一带一路"沿线 37 个国家和地区)在使用风云卫星。气象卫星应用效益显著,投入产出效益比超过 1∶40。

5.气象观测领域不断拓展

改革开放以来,在基础气象观测项目之外,气候观测、雷电观测、大气成分观测、沙尘暴观测、酸雨观测、空间天气观测、辐射观测等实现了从无到有、从有到优的新发展。农业气象观测、海洋气象观测随着业务服务需求进一步拓展,获得了连续稳定的高质量专业气象观测数据,为国民经济部门提供了针对性服务。

气候观测方面,国家气候观象台从 2006 年开始设计和建设,到 2017 年年底,建设了 5 个国家气候观象台,为地球系统模式中改进中国区域气候背景和下垫面特征的物理过程及参数化方案提供了多圈层综合观测信息。

农业气象观测业务始于 20 世纪 50 年代,历史上曾一度中断,1979 年重新开始。到 2017 年年底,全国在粮食主产区和林牧草生产区设置了 653 个农业气象观测站和 2075 个自动土壤水分观测站,农业气象观测业务已基本满足气象服务需要。

大气成分观测业务始于 20 世纪 80 年代初,到 2017 年年底相继建立了 7 个大气本底站(包括 1 个全球大气本底站、6 个区域大气本底站)、29 个沙尘暴观测站、28 个大气成分观测站和 376 个酸雨观测站,实现了温室气体、大气环境等的在线连续观测。其中,1994 年在青海瓦里关建立的第一个大陆型全球大气本底站,是世界内陆地区唯一的海拔最高的全球大气本底站,也是世界气象组织认可的全球大气本底站。

海洋气象观测业务在新中国成立后开始初建,改革开放后为适应海洋经济发展需要,加快了海洋气象观测台站建设。到 2017 年年底,在渤海、黄海、东海和南海建设海岛自动气象站 373 个,沿海自动气象站 536 个,船舶自动气象站

52 个,沿海气象观测塔 46 个,石油平台自动气象站 35 个,天气雷达站 15 个,沿海风廓线雷达 30 个,GNSS/MET 站 103 个,声学测波仪 5 个,风暴潮站 3 个,中国气象局自建和与国家海洋局共享的海洋浮标观测站共 41 个。

雷电自动观测业务从 1996 年开始建设,到 2017 年年底全国已建成由 490 个雷电观测站组成的、基本覆盖全国的雷电观测网络,实现了雷电灾害的联网监测和定位。

空间天气观测业务自 2004 年开始建设,主要以风云系列卫星为核心,充分利用现有的风云卫星平台装载空间天气设备,并在关键地点建设太阳、电离层和高空大气观测台站,到 2017 年年底已形成"三带六区"地基空间天气专业观测网布局,共建成空间天气观测站 84 个。

辐射观测方面,我国共有 100 个辐射观测站,包括 19 个一级站、33 个二级站和 48 个三级站,辐射观测资料在卫星观测校准和验证、大气辐射传输的理论分析与评估、天气气候模式计算验证和地表辐射变化趋势分析评估,以及太阳能资源开发利用等方面得到越来越多应用。

6. 气象应急观测技术发展迅速

移动气象观测系统主要为重大气象灾害事件、重大安全事件、重大公共活动等现场提供气象要素定点定时和定量的监测、实时跟踪区域天气状况和天气预报服务,并对突发性事件如森林火灾的监测响应等。这是进入 21 世纪气象技术发展最快的领域之一,到 2017 年年底,我国已经建成的移动气象观测系统有 2 部 L 波段探空雷达、45 部天气雷达、31 部风廓线雷达,241 部便携自动气象站和708 部便携式自动土壤水分观测仪(图 14),除 L 波段探空雷达外,分别较 2011年增加 87.5%、106.7%、54.5%、64.3%。此外,基于移动互联网、大数据等现代信息技术的智能观测设备的研制已纳入《综合气象观测业务发展规划(2016—2020 年)》,并呈现蓬勃发展之势。

(二)建成了精细化、无缝隙的现代气象预报预测系统

40 年来,随着预报预测技术的不断发展,数值预报模式和资料同化能力的不断提高,原有的单一天气预报已经发展成为比较完整的气象预报预测业务,形成了包括全国 5 千米智能网格气象要素预报、临近、短时、短期、中期、延伸期预报以及月、季、年气候预测等预报预测产品。中国自主研发的全球和区域数值天气预报模式系统,北半球可用预报时效达到 7 天。基本建成了中国气候观测系统和多圈层耦合的新一代气候系统模式,气候系统模式性能跻身国际前列。我国 24 小时晴雨预报、暴雨预报、台风路径预报达到世界先进水平。气象预报预

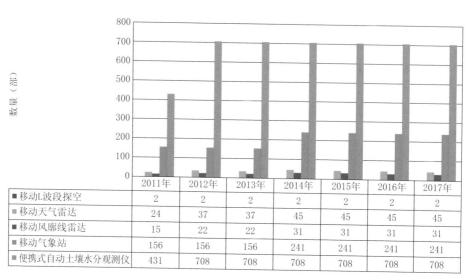

	2011年	2012年	2013年	2014年	2015年	2016年	2017年
■移动L波段探空	2	2	2	2	2	2	2
■移动天气雷达	24	37	37	45	45	45	45
■移动风廓线雷达	15	22	22	31	31	31	31
■移动气象站	156	156	156	241	241	241	241
■便携式自动土壤水分观测仪	431	708	708	708	708	708	708

图 14　2011—2017 年历年移动观测设备数

测已经成为广大人民群众日常生活的"必需品"和"公共品"。

1.天气预报方式实现了重大变革

40 年来,气象部门不断采用先进科学技术,加强数值预报模式的引进、开发、应用和自主创新,形成了以数值预报产品为基础、以人机交互处理系统为平台、综合应用多种技术方法的预报业务技术体制。数值预报产品和我国自行开发的天气预报人机交互处理系统(MICAPS)的广泛应用,使气象预报预测业务基本实现了由传统的人工经验为主的定性分析预报方式,向自动化、客观化和定量化分析预报方向的重大变革。MICAPS 系统从 1.0 到 4.0 版本的发展使气象预报制作方式和业务流程发生了重大变革,在行业内产生了重大影响。

2.形成了完整的数值天气预报业务

我国是开展数值天气预报研究较早的国家之一。在 20 世纪 70 年代末到 80 年代初开始了数值天气预报业务化的进程,A 模式、B 模式、T42L9 模式、T213L31 模式、T639L60、HLAFS(3.0)系统、中尺度数值预报系统、台风数值预报模式、环境气象模式以及自主研发的全球和区域数值天气预报系统(GRAPES)相继投入应用。

进入 21 世纪,我国数值天气预报模式走上了一条自主研究,不断发展、完善和应用的道路。目前,我国已建立了由全球四维变分同化系统、全球中期天气预报模式、中尺度数值天气预报模式、全球集合预报系统、台风数值预报模式、沙尘暴数值模式和污染物扩散传输模式等组成的数值天气预报业务体系。

GRAPES 全球预报模式水平分辨率达到 25 千米,模式顶约 3 百帕,垂直分层 60 层,北半球可用预报时效达到 7.5 天,产品数量达到 70 种,形成了有特色的产品体系。通过 GRAPES 的研发应用,我国首次拥有了具有自主知识产权的新一代数值天气预报模式,减少了对国外技术的依赖,缩小了我国数值天气预报基础研究和技术研发与国际的差距,提高了我国天气预报的技术支撑能力。

面向各级精细化预报服务日益增长的需求,华北、华东、华南等区域气象中心均建立了 3~9 千米的高分辨率区域数值天气预报业务系统。区域模式对飑线、局地暴雨等强对流天气的预报,明显优于欧洲中期天气预报中心和美国的全球模式。数值预报产品的广泛应用,为各级气象台站的天气预报和服务提供了有力的技术支撑。

3. 天气预报水平显著提高

40 年来,天气预报经历了从定性预报、描述性预报向数字化、格点化预报发展的过程。特别是近些年来,全国基本建立智能预报服务"一张网",发布全国 5 千米未来 10 天精细化智能网格预报和全球 10 千米网格气象要素预报。智能网格预报明显提高了预报的精准化水平,由智能网格预报生成的累计降雨量预报产品从强度、落区、极大值、持续时间等方面能更好地满足决策和专业用户需求,决策服务时效性大幅提高。

数值预报性能的提高和智能网格预报技术的应用,保障了天气预报准确率多年来保持稳定上升趋势。到 2017 年,全国 24 小时晴雨、最高温度和最低温度预报准确率分别为 87.2%、81.7% 和 85.1%,较 2005—2014 年十年平均值分别提高 1.7%、19.6% 和 17.3%(图 15 至图 17),其中 24 小时最高温度预报准确率为 2005 年以来最高水平,最低温度预报准确率为 2005 年以来第二高水平。

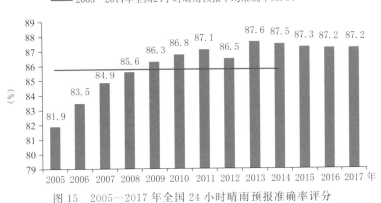

图 15 2005—2017 年全国 24 小时晴雨预报准确率评分

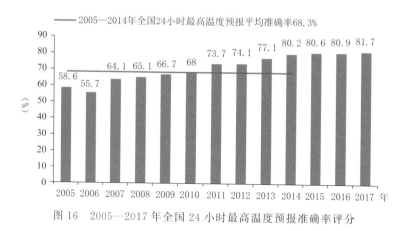

图 16　2005—2017 年全国 24 小时最高温度预报准确率评分

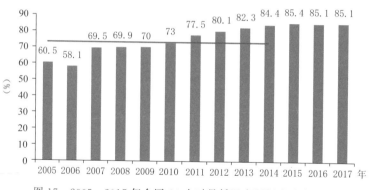

图 17　2005—2017 年全国 24 小时最低温度预报准确率评分

　　经过连续几个五年计划的集中攻关,我国降水预报水平取得长足进步。到 2017 年,小雨、中雨、大雨、暴雨 24 小时预报 TS 评分分别达到 0.592、0.408、0.304、0.201,其中中雨和大雨 24 小时预报准确率均为近 8 年最高水平,暴雨 24 小时预报准确率为近 8 年第二高水平(图 18)。

　　40 年来,随着数值预报模式的不断发展、同化技术的日益完善和卫星资料的应用,台风路径数值预报水平近十年来得到明显提高。到 2017 年,西北太平洋和南海台风预报 24 小时误差为 74 千米,较 1991 年预报误差下降 61.7%,较 2001 年预报误差下降 49.0%(图 19),各时效预报超过美国和日本(图 20),达到国际领先水平;西北太平洋和南海台风强度预报 24 小时误差为 3.9 米/秒,为历年最高水平。

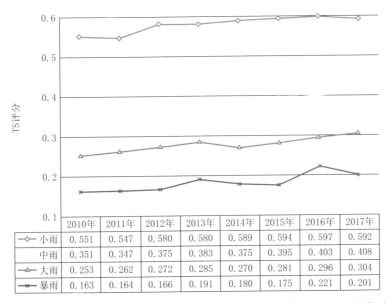

	2010年	2011年	2012年	2013年	2014年	2015年	2016年	2017年
◇ 小雨	0.551	0.547	0.580	0.580	0.589	0.594	0.597	0.592
中雨	0.351	0.347	0.375	0.383	0.375	0.395	0.403	0.408
△ 大雨	0.253	0.262	0.272	0.285	0.270	0.281	0.296	0.304
✕ 暴雨	0.163	0.164	0.166	0.191	0.180	0.175	0.221	0.201

图 18　2010—2017 年中央气象台预报员主观 24 小时定量降水预报 TS 评分对比

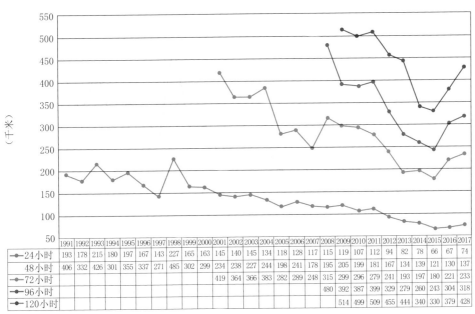

	1991	1992	1993	1994	1995	1996	1997	1998	1999	2000	2001	2002	2003	2004	2005	2006	2007	2008	2009	2010	2011	2012	2013	2014	2015	2016	2017
24小时	193	178	215	180	197	167	143	227	165	163	145	140	145	134	118	128	117	115	119	107	112	94	82	78	66	67	74
48小时	406	332	426	301	355	337	271	485	302	299	234	238	227	244	198	241	178	195	205	199	181	167	134	139	121	130	137
72小时											419	364	366	383	282	289	248	315	299	296	279	241	193	197	180	221	233
96小时																		480	392	387	399	329	279	260	243	304	318
120小时																			514	499	509	455	444	340	330	379	428

图 19　1991—2017 年中央气象台西北太平洋和南海台风路径
各预报时段预报误差(单位:千米)

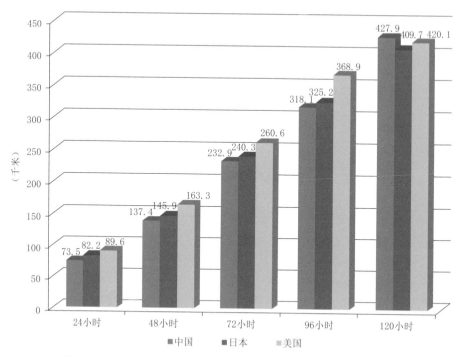

图20 2017年中国、日本、美国台风路径预报误差对比(单位:千米)

4.气候预测部分领域达到国际同类先进水平

我国是世界上开展气候预测研究和业务最早的国家之一。改革开放以后,气候业务经历了从20世纪80年代的物理统计分析,到90年代后期动力-统计相结合的转变。随着"九五"国家重中之重科技项目的实施,我国建立了夏季降水物理统计综合预测模型和第一代气候模式预测系统。"十二五"期间,气候预测首次由趋势预测向天气气候事件的过程预测转变。

近些年来,气候模式关键技术研发取得新的进展。2014年业务化运行第二代月动力延伸预测模式,2016年业务化运行第二代季节预测模式,2017年建成国家气候中心中等分辨率全球气候预测模式(Beijing Climate Center_Climate System-Model_Medium Resolution,简称BCC_CSM2-MR),明显提高了对东亚降水的模拟能力,模式性能跻身国际前列。建成耦合全球碳氮循环、气溶胶、大气化学等过程的国家气候中心地球系统模式。初步建立次季节—季节—年际气候一体化预测系统。

气候模式的发展带动了客观预测技术的进步,有力支撑了气候预测准确率的提升。到 2017 年,全国月降水、月气温、汛期降水和汛期气温预测评分分别为 66.5、83.8、75.5 和 94 分,近 7 年全国月降水、月气温、汛期降水和汛期气温预测评分较十年平均值(2001—2010 年)分别提高 3.3%、5.9%、1.9% 和 9.2%(图 21 至图 24)。月尺度霾(污染)天气过程预测准确率达到 73%。

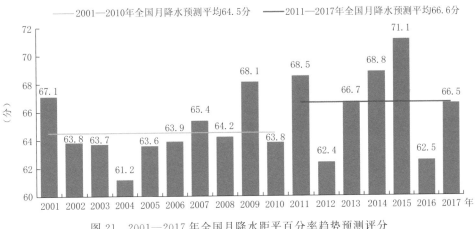

图 21　2001—2017 年全国月降水距平百分率趋势预测评分

图 22　2001—2017 年全国月气温距平趋势预测评分

基于全球海—陆—冰—气多圈层耦合气候系统模式的新一代厄尔尼诺-南方涛动(ENSO)预测系统,提前 6 个月预报技巧达到 0.8,达到国际先进水平。2017 年,该系统的厄尔尼诺/拉尼娜预报产品正式纳入美国气候与社会国际研究中心(IRI)ENSO 多模式预测框架,与美、日、英等国家的 18 个数值模式产品

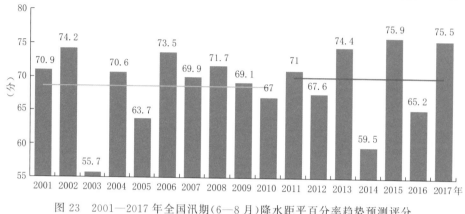

图 23　2001—2017 年全国汛期(6—8 月)降水距平百分率趋势预测评分

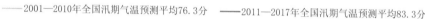

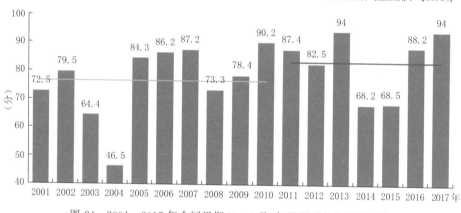

图 24　2001—2017 年全国汛期(6—8 月)气温距平趋势预测评分

进行比较。对大气季节内振荡(MJO)的监测预测技术取得突破性进展,有效预报时效达到 20 天,主要指标预报技巧达到国际同类先进水平。

　　5.空间天气预报预警能力持续提升

　　2015 年国家空间天气预报台成立,空间天气预报业务开始起步。国家空间天气预报台瞄准建立国际一流空间天气监测预警业务体系的目标,不断提升空间天气监测预警能力。到 2017 年,完成新一代空间天气预报业务平台的建设,初步形成预报理论框架和预报规范体系,实现对空间天气因果链关键节点主要参数的定量预报和模式集成预报;建设辐射带环境模式预报系统,初步具备对辐射带环境的定量预报能力;完成日冕物质抛射爆发分析、太阳风扰动传播和极光预报系统建设,太阳风暴传播时间预报误差在 12 小时以内。

(三)建成了完备的现代气象信息系统

改革开放以来,以高性能计算机、计算机网络、气象信息综合分析处理系统为标志的气象信息系统的发展,成为气象业务现代化的显著特征。进入 21 世纪,气象信息系统逐步从偏重硬件建设向软硬并举和应用支撑转变,从关注信息技术应用到更加关注数据转变,建立了先进的现代气象信息业务系统,基本实现了气象工作的网络化和计算机化。2010 年以来,气象部门全面推进气象现代化,大力发展智慧气象,继续增强气象通信网络、数据存储和高性能计算机等能力,不断提高信息新技术在气象业务中应用的深度与广度,现代气象信息业务作为现代气象业务体系的重要组成部分和国家信息基础设施的重要组成部分,有力支撑了气象综合观测、气象预报预测、公共气象服务、气象科研和气象管理的高效运行。

1. 一体化的气象通信系统结构基本形成

改革开放以来,气象信息网络从 20 世纪 80 年代初我国第一个真正意义上的气象国际通信系统——北京气象通信枢纽系统(BQS)工程的业务运行,到 2005 年以来全国气象广域网及气象数据卫星广播系统的建成,实现了从无到有、从小到大、从弱到强的向现代化的跨越,解决了早期气象信息传输的瓶颈问题。由地面宽带网和卫星广播网组成的天地一体、联通全国、多重备份、7×24 小时可用的气象通信网,成为国内行业应用的典范。到 2017 年年底,地面广域网络接入速率国家级达到 600Mbps、区域级达 40Mbps、省级达 36Mbps,省一地、地一县线路平均速率分别达到 29.7Mbps 和 10.88Mbps,卫星广播系统分发速率达到 70Mbps,系统每日实时收集数据量约 2.9TB,卫星广播系统日播发数据量接近 300GB。国家级中心获取地面观测数据时效由原来的数小时级提高到 2 秒以内,雷达体扫数据实现同步传输、实时服务,省内 3 分钟省际 5 分钟内即可到达预报员桌面。

2. 高性能计算能力已处于国内领先和国际先进水平

1978 年,中央气象局从日本日立公司引进 M-160Ⅱ和 M-170 两台大型计算机,高性能计算机开始引入气象部门并用于气象数据处理和运行 MOS 数值预报模式,结束了中国没有数值预报业务的历史。自此高性能计算机在气象部门迅速得到良好应用,国家级的气象高性能计算系统依次使用了 320 机(国产 DJS-8)、150 机(国产 DJS-11)、日立 M-170、富士通 M-360、CYBER962、CY-

BER992、银河-Ⅱ、曙光 1000A、CRAY-C92、银河-Ⅲ、神威-Ⅰ、IBM-SP2、IBM-SP、IBM Cluster1600、IBM Hipstar、IBM Flex System P460 等,计算峰值由最初的每秒百万次浮点运算,快速上升到每秒数千万亿次浮点运算。20 世纪 90 年代初至今,国家级气象计算能力基本上每 5 年增长 1 个量级。2014 年超过千万亿次的 IBM Flex System P460 投入业务运行后,计算能力比 1978 年提高了 10 亿倍,2017 年计算能力达到每秒 1434 万亿次。2017 年,全国气象部门共有 274 台高性能计算机,较 2002 年增加 250 台,增长 10.4 倍(图 25)。其中,每秒 100 万亿次以上的高性能计算机有 27 台,较 2002 年增加 24 台,增长 8 倍。2018 年,已启动安装峰值处理能力每秒 8 千万亿次的高性能计算机系统,我国气象高性能计算机计算能力已经达到国际上前三名的水平,仅次于英国气象局和日本气象厅。高性能计算机为数值天气预报提供了强大的计算能力,为更加及时准确和个性化的气象预报提供了有力支撑。我国气象高性能计算机发展实现了从 2000 年之前由进口计算机主导向 2000 年之后国产与进口计算机并驾齐驱的格局转变。

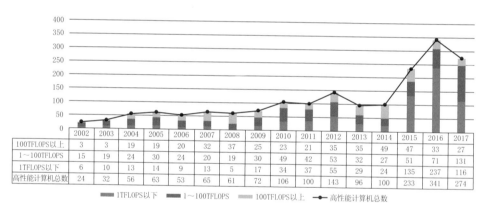

	2002	2003	2004	2005	2006	2007	2008	2009	2010	2011	2012	2013	2014	2015	2016	2017
100TFLOPS以上	3	3	19	19	20	32	37	25	23	21	35	35	49	47	33	27
1～100TFLOPS	15	19	24	30	24	20	19	30	49	42	53	32	27	51	71	131
1TFLOPS以下	6	10	13	14	9	13	5	17	34	37	55	29	24	135	237	116
高性能计算机总数	24	32	56	63	53	65	61	72	106	100	143	96	100	233	341	274

■ 1TFLOPS以下　■ 1～100TFLOPS　■ 100TFLOPS以上　—●— 高性能计算机总数

图 25　2002—2017 年全国气象部门高性能计算机数量(单位:台)

3.气象资料存储和处理分析实现海量自动化

1985 年,我国首次建成自动化气候资料处理分析业务系统,我国气象资料的处理和存储实现了从纸质媒介和手工处理到海量自动化的转变。2007 年国家级气象信息存储管理系统(MDSS)业务化运行,2009 年全国综合气象信息共享平台(CIMISS)开始建设,逐步形成集约化、标准化的数据环境,初步实现对国家—省级核心业务系统和县级预报综合业务平台的数据支撑。2006 年以来,MDSS 管理资料的日增量由最初的十几 GB 增长到 2014 年的近 1TB,管理的数据总量约 6PB。CIMISS 集数据收集和分发、质量控制与产品生产、存储管理、共享服务、统一业务监控于一体,为气象部门及相关行业用户提供涵盖综合气象探测数据和信息产品的共享服务。

2017 年,CIMISS 在全国正式投入业务化运行,业务系统和基础设施的集约化程度进一步提升,实现了 450 个省级核心业务系统与 CIMISS 对接,接近业务系统总量的 80%。CIMISS 访问数量达到 24 亿次,数据量达到 3.3PB,初步形成了"两级部署、四级应用"的业务格局。2017 年,初步建成气象云国家级中心,47 台物理服务器虚拟成 684 台虚拟机,虚拟化整合比例为 1∶15,承载 276 个业务系统,业务更加简约高效。2017 年,全国气象部门有 17849 套服务器,较 2002 年增长 18.3 倍(图 26)。

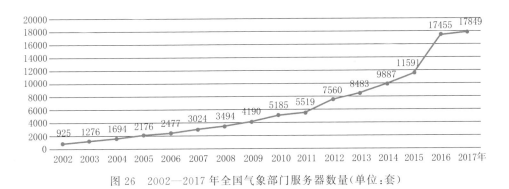

图 26　2002—2017 年全国气象部门服务器数量(单位:套)

4.气象数据共享范围不断扩大

气象数据和各行各业息息相关。改革开放以后,气象数据开始向行业和社会共享。自 20 世纪 80 年代起,气象部门向民政、国土、环境等十多个行业部门实时传输气象信息,目前每日传输共享的数据量达 600GB。2001 年,中国气象局开始建设中国气象科学数据共享服务网,在全国率先实现了基于互联网的气象数据共享,在 2011 年被认定为首批国家科技基础条件平台。自 2002 年上线运行后,注册用户 8.8 万多个,在线访问量达 6092 万人次,数据服务量超过 716TB,为科技创新、政府决策、经济建设、国防安全和社会公众提供了重要的气象科学数据服务。2015 年《基本气象资料和产品共享目录》的发布和中国气象数据网的上线,进一步加强了气象数据资源的汇交和共享。

中国气象数据网为高校、各类科研机构提供数据服务,其中 2017 年支持国家科技支撑计划、"973 计划""863 计划"、自然科学基金等重点科研项目 1588 项(表 5)。2017 年个人用户的行业分布前 5 名是教育、地球科学、环境与安全、气象、工程与技术科学(图 27)。到 2018 年 9 月,中国气象数据网累计注册用户

23.8万,累计访问量超过2.5亿人次,数据服务量超过78.5TB。

表5　2017年气象数据服务科技项目和支撑效果

科研项目类型	数量(项)
"863计划"项目(课题)	150
"973计划"项目(课题)	62
国家科技支撑计划项目(课题)	41
重大工程	32
国家自然科学基金项目(课题)	582
中国科学院知识创新项目	10
社会公益研究专项基金	43
气象事业业务拓展项目	7
内部项目	65
其他	596
合计(项)	1588

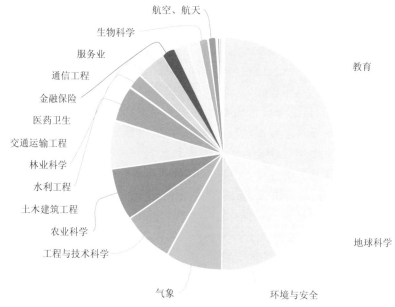

图27　2017年中国气象数据网个人用户行业分布

5.采用全互联网技术的信息业务技术保障体系基本建成

2017年,初步建成采用全互联网技术的气象综合业务监控系统("天镜"),并投入试运行。系统集约整合26套监控系统,实现核心业务状态可视化、信息系统业务集中监控与运维联动、移动运维,有力支撑了气象信息业务系统。

三、形成了充满活力的气象科技创新体系

40年来,我国将气象科技创新、气象人才队伍建设纳入气象现代化体系,作为推进气象事业发展的战略支撑和基本保障,通过大力实施创新驱动发展战略、人才强局战略,依托国家气象科技创新工程和气象人才体系建设,不断提升气象科技和人才发展的质量和效益,基本形成与国家气象科技创新体系和气象现代化发展相适应的气象人才体系,为中国气象综合实力的提高提供了强有力的支撑保障。

(一)建立起国家气象科技创新体系

气象工作是科技型、基础性工作,气象科学技术创新对气象事业发展的推动作用尤为突出。40年来,基本建成了由气象科研部门、业务单位、高等院校、军队系统和产业部门相互结合构成的科技创新体系,建设了一批具有国际影响力的研发机构、国家重点实验室、部门重点实验室、野外科学试验基地,形成了"开放、流动、竞争、协作"的新型气象科研组织体制和运行机制,取得了一大批重要科研成果。

1.形成三级气象科技创新布局

改革开放以来,气象科技创新工作不断调整结构、理顺机制、明确定位、优化学科布局。1978年,气象部门在中央气象科学研究所的基础上组建成立了中央气象局气象科学研究院,2001—2004年积极推动气象科研院所改革,成为全国首批通过公益类科研院所改革的部门。2006年中国气象局提出构建气象科技创新体系,2007年中国气象局与科技部等六部委联合印发《国家气象科技创新体系建设指导意见》,加快推动了气象科技创新体系建设。

自1989年开始建设强风暴实验室等国家气象局重点实验室以来,气象科技基础平台建设不断加强。到2017年,气象部门形成由9个国家级气象科研院所、25个省级气象科研所、1个国家重点实验室(灾害天气国家重点实验室)、4个国家野外观测研究站、1个国家气象科学数据共享服务平台、16个部门重点实验室(表6)、3个联合共建实验室、3个联合研究中心、21个野外科学试验基地(表7),以及各级业务单位、行业其他力量构成的国家、区域和省(自治区、直辖市)三级气象科技创新体系。

表6 2017年中国气象局重点实验室情况

研究领域	实验室名称	依托单位	所属地区
数值预报 （2个）	台风数值预报重点实验室	中国气象局上海台风研究所	上海市
	区域数值天气预报重点实验室	中国气象局广州热带海洋气象研究所	广东省
气候学 （4个）	气候研究开放实验室	国家气候中心	北京市
	干旱气候变化与减灾重点实验室	中国气象局兰州干旱气象研究所	甘肃省
	树木年轮理化研究重点实验室	中国气象局乌鲁木齐沙漠气象研究所	新疆维吾尔自治区
	中国气象局—南京大学气候预测研究联合实验室	南京大学大气科学学院	江苏省
大气探测 （3个）	气象探测工程技术研究中心	中国气象局气象探测中心	北京市
	中国遥感卫星辐射测量和定标重点实验室	国家卫星气象中心	北京市
	大气探测重点开放实验室	成都信息工程大学	四川省
应用气象 （5个）	农业气象保障与应用技术重点实验室	河南省气象局	河南省
	云雾物理环境重点开放实验室	中国气象科学研究院	北京市
	旱区特色农业气象灾害监测预警与风险管理重点实验室	宁夏回族自治区气象局	宁夏回族自治区
	空间天气重点开放实验室	国家卫星气象中心	北京市
	交通气象重点开放实验室	江苏省气象局	江苏省
环境气象 （2个）	大气化学重点开放实验室	中国气象科学研究院	北京市
	气溶胶与云降水重点开放实验室	南京信息工程大学大气物理学院	江苏省

表7 2017年中国气象局野外科学试验基地

序号	基地名称	依托单位	学科方向
1	中国气象局长江中游暴雨监测野外科学试验基地	中国气象局武汉暴雨研究所	中小尺度暴雨监测预警预报
2	中国气象局大理山地气象野外科学试验基地	云南省气象局	山地气象
3	中国气象局定西干旱气象与生态环境野外科学试验基地	中国气象局兰州干旱气象研究所	干旱成因、监测与致灾机理

续表

序号	基地名称	依托单位	学科方向
4	中国气象局东北地区生态与农业野外科学试验基地	中国气象局沈阳大气环境研究所	生态与农业气象
5	中国气象局高原陆气相互作用野外科学试验基地	中国气象局成都高原气象研究所	青藏高原气象
6	中国气象局固城农业气象野外科学试验基地	中国气象科学研究院	农业气象
7	中国气象局华北降水野外科学试验基地	北京气象局	云降水物理与人工影响天气
8	中国气象局淮河流域典型农田生态气象野外科学试验基地	安徽省气象局	生态环境
9	中国气象局吉林云物理野外科学试验基地	吉林省气象局	云物理与人工影响天气
10	中国气象局雷电野外科学试验基地	中国气象科学研究院、中国气象局广州热带海洋气象研究所	大气电学
11	中国气象局临安大气本底野外科学试验基地	浙江省气象局	大气化学
12	中国气象局龙凤山大气本底野外科学试验基地	黑龙江省气象局	大气化学
13	中国气象局南海（博贺）海洋气象野外科学试验基地	中国气象局广州热带海洋气象研究所	海洋气象
14	中国气象局秦岭气溶胶与云微物理野外科学试验基地	陕西省气象局	大气物理与大气环境
15	中国气象局青海高寒生态气象野外科学试验基地	青海省气象局	生态气象
16	中国气象局上甸子大气本底野外科学试验基地	北京市气象局	大气化学
17	中国气象局塔克拉玛干沙漠气象野外科学试验基地	中国气象局乌鲁木齐沙漠气象研究所	沙漠气象
18	中国气象局瓦里关大气本底野外科学试验基地	青海省气象局	大气化学
19	中国气象局锡林浩特草原生态气象野外科学试验基地	内蒙古自治区气象局	草原生态气象
20	中国气象局邢台大气环境野外科学试验基地	河北省气象局	大气环境
21	中国气象局遥感卫星辐射校正场野外科学试验基地	国家卫星气象中心	卫星遥感

2.气象科研投入水平持续增长

气象科研投入是推动气象科技创新的重要支撑和保障,国家和地方政府对气象科研十分重视。1991—2017年全国气象科研项目经费投入保持明显增长(图28),累计投入80.5亿元,年均3.0亿元,在2011年投入最多,达到6.52亿元,2017年达到5.61亿元。2013—2017年年均投入达到5.8亿元,较"八五"和"十五"期间年均增长3.3倍和2.7倍。1991—2017年全国气象科研项目数量持续增长(图28),累计投入75611项,年均2800项,2017年投入项目最多,达到4070项。2013—2017年年均投入项目数达到3757项,较"八五"和"十五"期间年均增长66.0%和73.4%。从全国气象科研项目经费构成来看,2017年中央财政直接投入占44.59%,中国气象局投入占11.20%,省级政府机构投入占16.33%,企业和其他投入占27.88%。

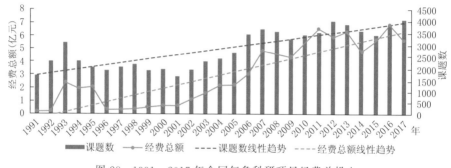

图28 1991—2017年全国气象科研项目经费总投入

2001—2017年,气象行业获批国家自然科学基金大气科学学科立项数量和金额持续增长,总计达到3582项和18.6亿元(图29)。2013—2017年年均项目数达到321项,较"十五"期间增长2.3倍;年均金额达到2.0亿元,较"十五"期间增长5.5倍(图30)。2017年,从项目分配比例来看,面上项目占49.6%,青年科学基金项目占42.4%,其他5类项目占8%(图31)。科研投入的稳步增长,促进了气象科技水平的不断提升,国家级气象科技贡献率从2014年的54.5%提升到2017年的86.9%,全国平均的省级气象科技贡献率从2014年的59.9%提升到2017年的75.7%。

3.气象科研取得一大批重要成果

改革开放40年来,我国科学家在大气科学和地球科学等诸多领域开展了一系列重大研究,如"台风、暴雨灾害性天气监测、预报业务系统研究""中期数值天气预报及灾害性天气预报研究""短期气候预测业务系统的研究""我国重大天气

图 29 2001—2017 年气象行业获批国家自然科学基金大气科学学科立项数

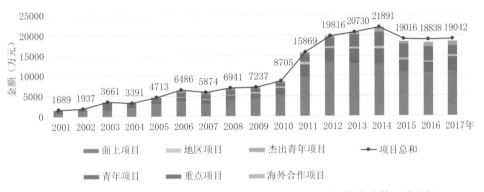

图 30 2001—2017 年气象行业获批国家自然科学基金大气科学学科立项金额

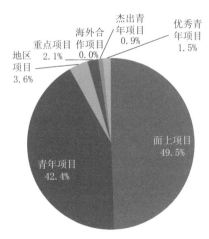

图 31 2017 年气象行业获批国家自然科学基金大气科学学科立项项目分配比例

气候灾害的预测理论和预测方法研究""东亚季风和青藏高原气象学研究""高分辨率资料同化与数值天气模式""气象资料质量控制及多源数据融合与再分析""次季节至季节气候预测和气候系统模式""天气—气候一体化模式关键技术"等一大批国家级和省部级科研项目。在广泛开展国际合作的基础上,开展了第三次青藏高原、干旱气象、华南季风强降水、超大城市综合观测等一批有重要国际影响力的大型科学试验,在综合观测、数据共享、原创成果等方面取得明显进展。

　　改革开放以来,一大批气象科技创新成果获得国家级科技奖励。在国家最高科学技术奖、国家自然科学奖、国家科学技术进步奖、国际气象组织奖等奖项中均有气象科技工作者获奖。其中,2000—2018年间,获国家最高科学技术奖1项、国家自然科学奖6项、国家科学技术进步奖18项(表8、9)、国际气象组织奖3项(表10)。

表 8　气象行业获国家自然科学奖简表

序号	年度	成果名称	获奖等级
1	2004 年	东亚季风气候-生态系统对全球变化的响应	二等奖
2	2005 年	气候数值模式、模拟及气候可预报性研究	二等奖
3	2007 年	海陆气相互作用及其对副热带高压和我国气候的影响	二等奖
4	2012 年	黄土和粉尘等气溶胶的理化特征、形成过程与气候环境变化	二等奖
5	2012 年	过去 2000 年中国气候变化研究	二等奖
6	2013 年	沙尘对我国西北干旱气候影响机理的研究	二等奖

表 9　气象行业获国家科学技术进步奖简表

序号	年度	项目名称	奖励等级
1	2000 年	数值气象预报的并行计算技术	二等奖
2	2001 年	卫星通信气象综合应用业务系统(9210 工程)	二等奖
3	2003 年	我国短期气候预测系统的研究	一等奖
4	2005 年	《全球变化热门话题丛书》	二等奖
5	2006 年	我国梅雨锋暴雨遥感监测技术与数值预报模式系统	二等奖
6	2007 年	"风云二号"C 业务静止气象卫星及地面应用系统	一等奖
7	2007 年	我国新一代多尺度气象数值预报系统	二等奖
8	2008 年	人工增雨技术研发及集成应用	二等奖
9	2008 年	《气象防灾减灾电视系列片:远离灾害》	二等奖
10	2009 年	奥运气象保障技术研究及应用	二等奖

续表

序号	年度	项目名称	奖励等级
11	2010 年	中国陆地碳收支评估的生态系统碳通量联网观测与模型模拟系统	二等奖
12	2011 年	现代化人机交互气象信息处理和天气预报制作系统	二等奖
13	2011 年	大气环境综合立体监测技术研发、系统应用及设备产业化	二等奖
14	2011 年	《防雷避险手册》及《防雷避险常识》挂图	二等奖
15	2012 年	中国遥感卫星辐射校正场技术系统	二等奖
16	2012 年	Argo 大洋观测与资料同化及其对我国短期气候预测的改进	二等奖
17	2013 年	中国西北干旱气象灾害监测预警及减灾技术	二等奖
18	2018 年	台风监测预报系统关键技术	二等奖

表 10　气象行业获国家最高科学技术奖和国际气象组织奖简表

序号	年度	专家	奖项
1	2005	叶笃正院士	国家最高科学技术奖
2	2003	叶笃正院士	第 48 届国际气象组织奖
3	2008	秦大河院士	第 53 届国际气象组织奖
4	2016	曾庆存院士	第 61 届国际气象组织奖

1981—2017 年,全国气象部门共有 9358 项气象科技成果获奖,其中国家级奖项 133 项,省部级奖项 2570 项,气象部门省局级奖项 3959 项,其他奖项 448 项(图 32、表 11)。2013—2017 年,全国气象部门获国家级和省部级奖项共 186 项,获奖项成果的影响力和推广应用力不断扩大。

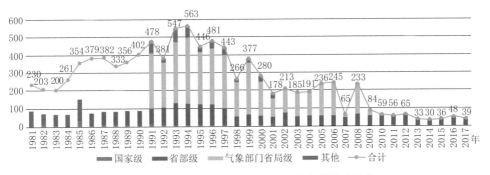

图 32　1981—2017 年气象部门获奖气象科技成果数
(1981—1990 年气象部门省局级、其他数据缺少记录)

表 11　1981—2017 年气象部门获奖气象科技成果

年份	合计	国家级	省部级	气象部门省局级	其他
1981	230	1	86	—	—
1982	203	10	62	—	—
1983	200	4	63	—	—
1984	261	—	66	—	—
1985	354	32	119	—	—
1986	379	3	70	—	—
1987	382	7	76	—	—
1988	333	7	75	—	—
1989	356	7	80	—	—
1990	402	2	82	—	—
1991	478	12	87	312	67
1992	381	5	99	254	23
1993	547	4	126	343	74
1994	563	4	122	371	66
1995	446	6	115	297	28
1996	481	4	117	313	47
1997	443	3	92	306	42
1998	266	—	56	191	19
1999	377	—	65	289	23
2000	280	2	54	191	33
2001	178	8	42	105	23
2002	213	—	71	142	—
2003	185	—	52	133	—
2004	191	1	54	136	—
2005	236	—	69	167	—
2006	245	1	54	190	—
2007	65	1	45	19	—
2008	233	2	61	169	1
2009	84	1	52	31	—
2010	59	—	59	—	—

年份	合计	国家级	省部级	气象部门省局级	其他
2011	56	2	54	—	—
2012	65	2	61	—	2
2013	33	1	32	—	—
2014	30	1	29	—	—
2015	36	—	36	—	—
2016	48	—	48	—	—
2017	39	—	39	—	—
总计	8111	87	2174	3959	448

4.气象科技进步推动了气象业务发展

气象科研根据业务需要,在我国重大天气和气候灾害、城市大气环境污染、数值预报技术、卫星气象、雷达等气象探测设备技术开发等方面都开展了相关研究,不少成果转化为业务,推动了气象业务的发展。

"七五"期间,国家重点科技攻关形成了我国第一个具有中分辨率的中期数值天气预报业务系统(T42L9)成果,T42L9正式投入业务运行,填补了我国在中期数值天气预报领域的空白,使我国步入了世界上少数几个能开展中期数值天气预报的国家行列。

"八五"期间,启动了"台风暴雨灾害性天气监测预报技术研究"科技攻关项目,该项目建立的国家气象中心第二代数值预报业务系统,使数值预报可用预报时效明显提高;台风路径数值预报系统和区域性暴雨系统正式投入业务应用,使预报精度明显改进;研制的S波段多普勒天气雷达和714天气雷达多普勒化改造,在灾害性天气临近预报和短时预报业务中发挥了重要作用,并为引进美国NEXRADWSR-88D先进技术,中美合资组建北京敏视达雷达有限公司,奠定了坚实的技术基础。

"九五"期间,通过实施国家重中之重科技项目"我国短期气候预测系统的研究",建立了月、季和年际尺度的业务动力模式系统和新一代短期气候预测业务系统,气候预测水平提高了5%以上;气候变化领域的科学研究成果则为我国应对气候变化和参与国际环境外交谈判提供了有力的科技支撑。此外,天气预报人机交互处理系统(MICAPS)和一些新型气象探测设备和仪器的研制也取得了重要突破。这些系统、设备和仪器在气象业务中得到普遍应用,大大提高了气象探测水平和天气预报服务能力。

从"十五"到"十一五","我国重大天气气候灾害形成机理和预测理论研究""973 计划"项目,在中尺度暴雨系统的结构与机理、暴雨形成的大尺度环流与气候背景,以及非静力、高分辨率中尺度暴雨数值模式系统等方面的研发取得了一系列创新性成果,有力提高了我国南方暴雨的预警能力;"首都北京及周边地区大气、水、土环境污染机理及调控研究""973 计划"项目成果被列为世界气象组织示范项目,为北京大气污染控制提供了科学参考。"中国气象数值预报系统技术创新研究"科技攻关项目,自主开发了我国新一代全球资料同化与中期数值预报试验系统(GRAPES),填补了我国在该领域的多项空白,其中"GRAPES 区域中尺度模式系统"推广应用到国内多家科研业务单位,进入业务试运行。人工增雨防雹技术研发和应用示范、重大农业气象灾害预警控制技术等也在"边研究、边试验、边应用"原则的指导下,起到了较好的示范应用作用。奥运气象科技项目针对奥运服务开发的多种预报服务系统,在奥运气象服务演练中得到检验,有效提高了 2008 年奥运气象服务工作水平。卫星遥感、农业气象灾害研究的一系列创新成果在业务服务中发挥了重要作用。

自 2014 年中国气象局明确提出四大核心关键技术攻关任务以来,形成大批科技成果,气象业务领域关键核心技术取得重大突破,部分领域达到国际先进水平。我国自主研发的全球数值天气预报模式投入业务化运行,2017 年有效预报时效达到 7 天;气象资料质量控制及多源数据融合与再分析项目取得重要突破,由此生成的降水、陆面、海洋、三维云等融合分析产品已对智能网格预报等业务形成有力支撑;研发的 2007—2016 年全球大气再分析产品精度达到国际第三代同类水平,建立了与国际现阶段水平相当的东亚区域再分析系统;高分辨率气候模式与模式预测系统研发取得重要进展,模式性能跻身国际前列,次季节至季节预测技术稳步提高,气候预测模拟能力显著增强;天气气候一体化模式关键技术在东亚区云微物理过程、分量模式耦合等方面取得显著进展。

5. 气象部门学术影响力持续上升

改革开放以来,气象科研活动呈现出逐年活跃的发展态势,气象部门的学术影响力不断提升,近些年来在地球科学研究领域的全球研究机构排名有所上升。2014—2017 年,气象部门在高端期刊发表的论文数量稳中有升,从 2014 年的 365 篇增加到 2017 年的 558 篇(图 33),增长 52.9%,在国内核心期刊发表的论文数量分别是 1844 篇、2045 篇、1849 篇和 1655 篇。

2017 年,全球气象和大气科学领域发表论文 13442 篇。其中,中国在气象和大气科学领域发表科学引文索引(SCI)论文 3102 篇,在全球名列第二位(美国 4954 篇)(图 34)。我国在气象和大气科学领域发表 SCI 论文 20 篇及以上的机构有 54 家。其中,气象部门以 533 篇的论文量,位列国内机构第一(图 35)。中国科学院发表论文量在 20 篇及以上的研究机构有 12 个,中国科学院大气物理研究所位列第一。发表论文量 20 篇及以上的高校有 36 所(其中港澳高校 5 所),南京信息工程大学发表论文 453 篇,位列高校第一。

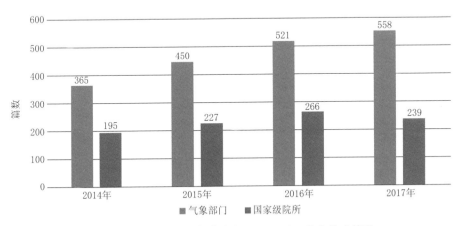

图 33　2014—2017 年气象部门 SCI(E)/EI 论文发表情况

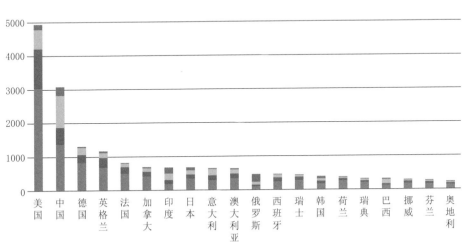

图 34　2017 年发表气象和大气科学领域 SCI 论文 200 篇及以上的
国家和地区(单位:篇,图中按期刊影响因子及总被引频
次等从高到低分为 1~4 区,每区覆盖该领域 25% 的期刊)

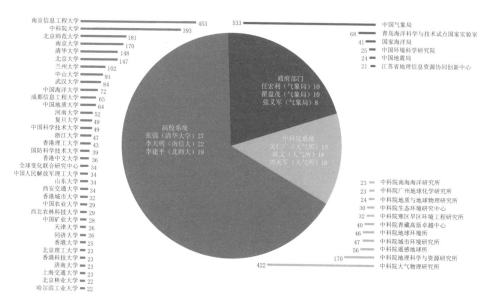

图 35　2017 年中国气象和大气科学领域 SCI 论文产出机构分布及相关研究团队

6.气象科普富有成效

科技创新和科学普及是实现创新发展的两翼,科学普及和科技创新同等重要。40 年来,气象科普工作紧密围绕气象事业发展大局,推进气象科普社会化、常态化、业务化、品牌化发展。搭建了国家、省、地市、县四级气象宣传科普和信息管理平台、气象科普基地信息管理平台、气象部门政府网站管理平台、宣传科普资源共享平台。把气象科普纳入提升全民科学素质和公共气象服务中,加强组织、广泛动员、创新活动。全国气象科学知识普及率稳步提升,从 2014 年的 70.5％逐步提升至 2017 年的 76.4％。

科普覆盖面持续扩大。改革开放以来,气象部门以需求为导向,面向重点人群,联合相关部门开展气象科普宣传。面向未成年人,借助气象夏令营、气象防灾减灾科普示范学校等载体,提升科普的科学性、互动性、趣味性。近些年来,面向农业农村,每年向 100 余万新型农业经营主体、2000 多个县(区、市)提供点对点、直通式气象科普宣传。面向城镇居民,依托各类社区开展气象科普活动、气象知识竞赛。面向党员和公务员,联合中央组织部在全国党员远程教育平台播出《气象万千》节目。

科普活动更加多样。改革开放以来,气象部门持续举办世界气象日活动,成为气象科普的主要载体。近些年来,年均开放气象场馆、台站 2000 余家,参与媒体 300 余家,受到世界气象组织的赞赏和肯定。"全国青少年气象夏令营"已举办 36 届,惠及 8 万名青少年。每年借助全国科技周、防灾减灾日等重要节点,组织 1 万余名专家为公众现场解疑释惑,受众 300 余万人。"流动气象科普万里行"和"气象科技下乡"活动走进 16 个省份。"气象防灾减灾宣传志愿者中国行"深入 8500 余个村、3000 余所学校和 500 余家企业,受众 700 余万人。

科普基地建设不断健全。改革开放以来,气象部门大力推进气象科普基地建设。到 2018 年,气象行业拥有国家级气象科普教育基地 279 个,其中被中宣部、科技部、教育部和中国科协联合命名的 17 个,被中国科协命名的 53 个。上海徐家汇观象台等被列入全国重点遗址保护和科普资源开发气象台站。中央气象台等 7 家单位被中国科协授予"全国科普教育基地"称号。各地气象部门联合科协、教育部门建立校园气象站、"红领巾气象站"和气象防灾减灾科普示范学校 1276 所。流动气象科普设施覆盖 25 个省(自治区、直辖市)。

科普作品获得国家肯定。改革开放以来,气象部门一直重视气象科普创作,推出了一大批气象科普作品。2013—2017 年,全国气象部门年均创作、制作图文类气象科普作品 2100 种、影视动漫类 366 种、游戏类 55 种和宣传品类 718 种。《厄尔尼诺》科普视频受到中央领导同志肯定。报纸新闻、电视专题片等作品获得中国新闻奖、尼特拉国际农业电影节奖和"中国龙"金奖等殊荣。气象部门 10 部作品获评"全国优秀科普微视频作品"。

(二)气象人才队伍结构不断优化

40 年来,中国气象局始终坚持党管人才原则,高层次人才、骨干人才和基层人才队伍建设取得显著进展,形成了一支以大气科学为主体,多种专业有机融合的气象人才队伍,队伍结构逐步得到优化。气象部门从事气象业务、服务、科研和教育及其他工作人员的数量,由改革开放初期的 6 万多人发展到现在的约 10 万人,还有约 3 万名人工影响天气兼职作业人员和 70 多万名兼职气象信息员。

1. 气象高层次人才队伍建设取得良好成效

改革开放以来,气象部门始终注重高层次人才建设,特别是 21 世纪以来,气象部门全面实施人才强局战略,大力实施"323"人才工程、"双百计划""青年英才培养计划"等重大人才工程,高层次人才培养取得良好成效。在气象事业发展重点领域培养集聚了一批高水平业务技术带头人和创新团队,带动了气象业务服务科研骨干人才队伍的发展。

到 2018 年年底,全国气象部门有两院院士 8 人,正高级职称专家 1133 人,入选国家人才工程和项目人选 41 人,中国气象局在聘首席预报员、首席气象服务专家、科技领军人才、特聘专家共 149 人。在国家气象科技创新工程三大核心技术领域和台风暴雨强对流天气预报、地面观测自动化、气象卫星资料应用新技术研究与开发等气象事业发展重点领域、急需领域,组建了多支不同层级的创新团队。3 个重点领域创新团队获得国家科技计划支持或表彰。拥有国家"创新人才培养示范基地""海外高层次人才创新创业基地""国际科技合作基地"。高层次骨干人才队伍在全面推进气象现代化、气象防灾减灾和应对气候变化等各项业务服务科研工作中做出了积极贡献,发挥了示范引领效应。

2.气象人才队伍结构持续优化

改革开放以来,人才队伍的素质、专业结构等不断优化。1981—2017 年,全国气象部门在职职工总量保持在 5.6 万～7.3 万人之间(图 36),2014 年职工总数最多,约 7.3 万人,2003 年职工总数最少,约 5.7 万人,2017 年为 67861 人。到 2017 年年底,全国气象部门国家编制人员约 5.3 万人,其中参公人员约 1.5 万人,事业单位人员约 3.8 万人(图 37)。

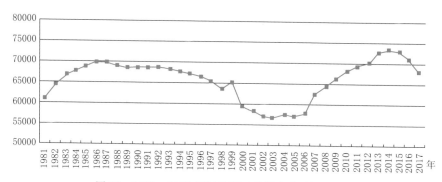

图 36　1981—2017 年气象职工总量变化(单位:人)

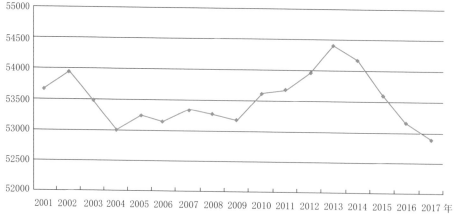

图 37　2001—2017 年气象在职国家编制人员总量变化(单位:人)

3.气象人才队伍素质显著提升

1979 年年底,全国 53000 多人的气象职工队伍中,大学专科以上文化程度占总人数的 13.2%,初中及以下文化程度占总人数的 54.5%。到 2017 年,全国 6.7 万多人的职工队伍中,研究生占总人数的 15.0%,大学本科及以上文化程度占总人数的 80.5%,大学专科及以下文化程度仅占 19.5%。1981—2017 年,气象部门在职队伍学历水平显著提升,本科及以上学历职工占比由 8.0% 提升到 80.5%,提升了 72.5 个百分点(图 38),研究生学历职工占比由 0.1% 提升到 15.0%,提升了 14.9 个百分点(图 39)。

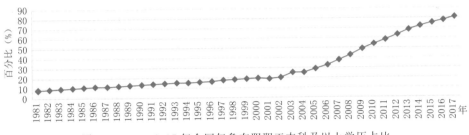

图 38　1981—2017 年全国气象在职职工本科及以上学历占比

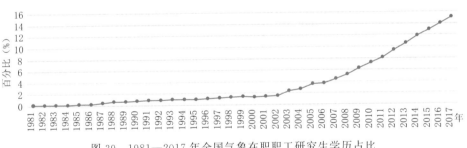

图 39　1981—2017 年全国气象在职职工研究生学历占比

4.气象人才队伍专业结构不断优化

气象在职人才队伍中,大气科学专业人才占比稳定上升(图 40),从 2010 年的 41.2% 提升到 2017 年 50.2%,提升了 9 个百分点。到 2017 年年底,气象部门人才队伍中大气科学专业 26547 人,占 50.2%;地球科学其他专业 3257 人,占 6.2%;信息技术专业 10436 人,占 19.7%;其他专业 12665 人,占 23.9%。

改革开放初期,气象部门中高级职称比例很低,随着职称制度改革的不断深入和部门人才层次的不断提高,气象部门中高级职称占比大幅提高。到 2017 年年底,气象部门有各类专业技术职称的人数占职工总数的 92.8%。2017 年拥有各类专业技术职称的人数和 1991 年、2001 年基本持平,但正研、副研级等高级

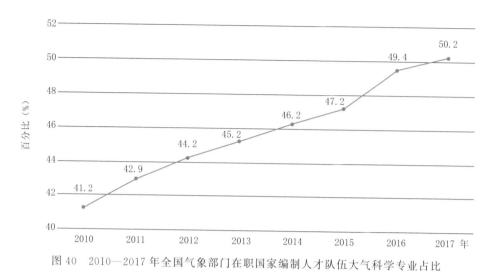

图 40　2010—2017 年全国气象部门在职国家编制人才队伍大气科学专业占比

职称人数比例逐年上升,特别是副研职称人数比例提升明显(图 41)。2017 年全国气象部门正研级职称人数占 1.6％;副研级职称人数占 18.3％;中级职称人数占 45.1％;初级职称人数占 27.7％(图 42)。2017 年,正研级职称比例较 1991、2001 年分别提高 1.6 个、1.2 个百分点,副研级职称人数比例较 1991、2001 年分别提高 15.6 个、12.2 个百分点。

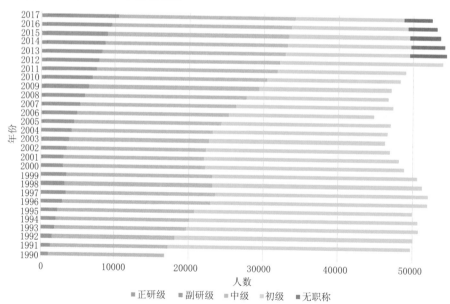

图 41　1990—2017 年气象在职职工人才队伍专业技术职称人数变化情况

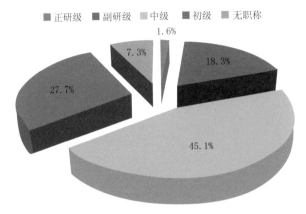

图 42　2017 年全国气象在职国家编制人才队伍职称分布状况

　　到 2017 年年底,气象行业中持有民用航空气象工作者执照的有 4636 人,农垦气象有气象科技人员 315 人,黑龙江省森工系统有气象工作人员 283 人。

　　5.高校气象人才培养扎实推进

　　改革开放以后,我国气象高等教育逐步建立起以培养本科为主,专科、硕士、博士和博士后科研工作站俱全的教育体系,气象高等院校大规模招生,培养了大批气象事业的专业技术骨干和管理骨干,气象学科建设实现了快速发展。进入21 世纪以来,中国气象局加强局校合作,气象高等教育发展进入新阶段。中国气象局携手各合作高校,积极推动研究生导师和气象局科技人才"双挂、双聘"工作。通过局校合作,有效地支撑了现代气象业务体系建设。

　　目前,国内有 25 所高校设置大气科学专业或应用气象学专业(表 12),其中设立大气科学院系的高校有 10 所。近些年来,开设大气科学相关专业的院校数量不断增加,大气科学及相关专业招生规模逐步扩大,大气科学及相关专业的毕业生逐年增多。据不完全统计,2013—2017 年,大气科学类及相关专业的毕业生共有 1.7 万多名,其中本科毕业生约 1.2 万人,占毕业生总数的 66%;硕士研究生达 3000 多人,占毕业生总量的 18%;博士毕业生 1500 多人,占毕业生总量的 9%。2017 年毕业生达到 4134 人,较 2013 年增加 35.1%(图 43)。

表 12　国内设有大气科学及气象学专业的高校

序号	学校名称	所在地区	大气科学所在院系
1	北京大学	北京	物理学院-大气与海洋科学系
2	南京信息工程大学	江苏-南京	大气科学学院、大气物理学院
3	南京大学	江苏-南京	大气科学学院-大气物理系

续表

序号	学校名称	所在地区	大气科学所在院系
4	国防科技大学	江苏-南京	气象海洋学院
5	兰州大学	甘肃-兰州	大气科学学院
6	清华大学	北京	理学院-地球系统科学系
7	中国海洋大学	山东-青岛	海洋与大气学院
8	中山大学	广东-广州	大气科学学院
9	成都信息工程大学	四川-成都	大气科学学院、其他应用气象学院
10	中国科学技术大学	安徽-合肥	地球和空间科学学院
11	沈阳农业大学	辽宁-沈阳	农学院
12	浙江大学	浙江-杭州	地球科学学院-大气科学系
13	复旦大学	上海	大气科学研究院
14	云南大学	云南-昆明	资源环境与地球科学学院-大气科学系
15	广东海洋大学	广东-湛江	海洋与气象学院-大气科学系
16	江西信息应用职业技术学院	江西-南昌	气象系
17	中国地质大学(武汉)	湖北-武汉	环境学院-大气科学系
18	中国农业大学	北京	资源与环境学院-农业气象系
19	东北农业大学	黑龙江-哈尔滨	资源与环境学院-应用气象学专业
20	安徽农业大学	安徽-合肥	资源与环境学院-气象学专业
21	华东师范大学	上海	地理科学学院-气象学专业
22	中国民航大学	天津	气象技术研究所
23	内蒙古大学	内蒙古-呼和浩特	生态与环境学院-大气科学系
24	兰州资源与环境职业技术学院	甘肃-兰州	气象系
25	中国民用航空飞行学院	四川-广汉	空中交通管理学院-应用气象专业

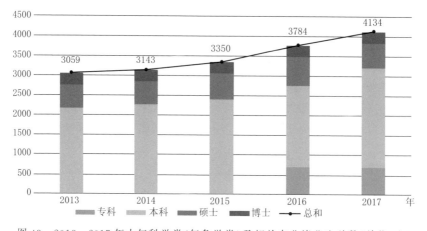

图43　2013—2017年大气科学类(气象学类)及相关专业毕业生总数(单位:人)

6. 基层台站人才结构得到改善

改革开放以来,气象部门一直重视基层台站的人才培养。通过加强继续教育和岗位培训,开展岗位练兵和技术竞赛,提高了广大基层气象台站一线技术人员的业务技能水平,特别是通过学历教育提高了一大批基层台站人员的学历层次。推进干部人事制度改革,制订相关的激励机制,调动了基层台站人员学习知识、掌握技能的积极性,使基层台站人才队伍的知识层次、专业结构和整体素质得到了提高,尤其是西部基层台站人才紧缺,难以适应新开展业务的状况近年来开始趋于好转,为新时代气象事业的快速发展奠定了坚实基础。

7. 气象干部教育培训体系不断健全

改革开放以后,自 1999 年北京气象学院转建为中国气象局培训中心,2011年又转建为中国气象局气象干部培训学院,2012 年 8 个培训分院建成,2017 年中国气象局党校及 8 个分校成立以来,气象培训的能力不断提升,规模不断扩大,效果日益凸显,气象培训体系日臻成熟。

目前,我国气象干部教育培训机构体系以中国气象局气象干部培训学院(中国气象局党校)、8 个国家级气象干部培训分院(党校分校)为主体,省级气象培训机构、业务单位、高等院校、科研院所、党校(行政学院)、相关部委机构以及 WMO 及相关国际培训机构是重要组成部分。近些年来,中国气象局组织深入研究气象事业对教育培训的需求,初步建立了面向气象事业发展、以提升岗位能力为目标的气象教育培训课程体系,建立了司局长培训班、预报员培训班等 7 大类 60 多个品牌培训班型,培训课程涉及 9 个领域、844 个模块。

2009—2017 年,国家级气象培训总量呈大幅上升趋势,京外教学点培训量也呈同步上升趋势(图 44)。仅 2017 年中国气象局系统组织面授培训班就达176 期,培训量达到 16.7 万人天。除了面授培训以外,建立了远程培训教学平台,2011—2017 年远程学习时长逐年明显递增,2017 年远程培训覆盖率达到100%,在线学习时长累计约 373.9 万小时。

目前,除了全国大规模轮训外,气象卫星综合应用业务系统、新一代多普勒天气雷达、山洪地质灾害、气象灾害预警等重大工程培训,使各级气象业务人员掌握和应用新技术新理论新方法的能力不断提升;天气预报员、综合观测人员、资料业务人员上岗培训,使近 2000 名新进毕业生具备相应岗位的必备知识技能;充分利用现代信息技术建立的远程培训,实现了全国气象部门 5 万多名正式职工、2000 多个基层台站的气象远程同步在线学习。近 15 年来,累计完成业务

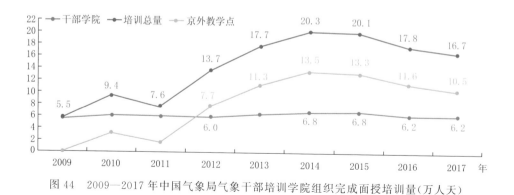

图 44　2009—2017 年中国气象局气象干部培训学院组织完成面授培训量(万人天)

管理骨干培训 1042 期,培训各类学员 45606 人次,培训量累计达 107.76 万人天,远程培训累计 271.3 万人次。

在国际培训方面,中国积极利用 WMO 区域培训中心(南京和北京),面向全球,特别是对发展中国家和最不发达国家开展气象业务培训。1992 年,WMO 南京区域培训中心承办了第一期热带气旋预报及研究国际培训班,共有 12 个国家或地区的学员参加。2011 年至今,该中心每年均承办热带气旋类研修或培训项目。2012 年,台风委员会第 44 届决定将 WMO 南京区域培训中心作为台风委员会培训中心。迄今,该培训中心已开展 11 期培训,学员 318 人。2012—2017 年,WMO 区域培训中心(北京)国际培训人员数呈上升趋势,共组织 28 期培训,学员 700 人(图 45)。

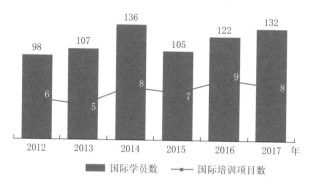

图 45　2012—2017 年 WMO 区域培训中心(北京)国际培训的学员数和项目数

改革开放以来,我国十分重视气象人才的出国培训和外国专家来华访问。出国培训人数从改革开放初期的年均 100 多人增加到 2017 年的 1200 多人,来华访问人员从改革开放初期的年均 100 人增加到 2017 年的 500 多人。

四、形成了全方位的开放合作新格局

40年来,中国气象局主动谋划、主动作为,积极融入国家对外开放大局,率先开展对外科技合作,落实国家"一带一路"倡议,不断提升全球影响力和话语权。

(一)气象影响力日益扩大

40年来,我国承担的国际气象义务显著增加,做出的贡献也受到国际社会的高度肯定,树立了气象大国形象。特别是自2013年习近平主席提出"一带一路"倡议以来,中国气象局积极落实中央要求,通过建机制、搭平台、推动务实合作,气象国际合作质量得到显著提升。

中国气象局目前承担包括世界气象中心、全球信息系统中心、核应急响应区域专业气象中心、大气沙尘暴预报区域专业气象中心、区域气候中心、区域培训中心等在内的20个WMO中心任务,并承办高影响天气项目国际协调办公室、次季节-季节归档中心、TIGGE归档中心工作任务。

我国是WMO空间计划的重要参与方之一。我国在轨运行8颗气象卫星并对外免费提供基本气象卫星资料。中国气象局卫星广播系统(CMACast)是地球观测组织的三个主要地球数据广播系统之一。向亚太地区19个国家赠送并持续维护中国气象局卫星广播系统用户站(CMACast)、气象信息处理和天气预报制作系统(MICAPS)、卫星云图处理显示分系统。

由我国承办的WMO区域培训中心迄今已为3800多名国外学员提供了短期气象培训。约310位来自发展中国家的学员获得中国的长期奖学金。

2013—2018年,我国开展了对非洲7国的气象援助项目,包括科摩罗、津巴布韦、肯尼亚、纳米比亚、刚果(金)、喀麦隆和苏丹,还向缅甸、老挝、哈萨克斯坦、乌兹别克斯坦等周边国家提供了气象装备和技术援助。

(二)气象国际合作不断深入

1979年,中央气象局与美国签署大气科技合作协议,开创了我国对外气象科技人员交流、培训和引进先进技术的先河,气象部门对外开放走在全国前列。40年来,我国气象部门积极利用国际资源,通过深化开放合作、向发达国家学习,努力提升我国气象科技水平。目前,中国气象局已与160多个国家和地区气象部门开展气象科技合作和交流,与23个国家的气象部门、2个国际机构签署了双边气象科技合作协议、谅解备忘录议定书和会谈纪要。中国气象局原局长邹竞蒙同志于1987和1991年担任两届世界气象组织主席,成为中国担任国际组织主席的第一人;中国气象官员还在世界气象组织、政府间气候变化专门委员

会(IPCC)、台风委员会等国际组织担任重要职务;我国科学家叶笃正、秦大河、曾庆存院士先后获得国际气象领域最高奖——国际气象组织(IMO)奖,10多位中国气象科学家获世界气象组织相关奖项。

中国气象局高度重视与欧美气象部门之间的交流合作,中英双方共同发起的合作项目"气候科学支持气候服务伙伴计划"(CSSP)列入了2014年6月国务院总理李克强访英时签订的《中英气候变化联合声明》附件,四年来双方培养了一批年轻骨干人才。中美双方在2017年中美大气科技合作联合工作组第20次会议上,确定继续在气候和季风、开发性研究、数值天气预报、气象现代化、卫星气象等五个领域深化合作。中国气象局也和欧洲中期天气预报中心在数值预报技术、资料同化、卫星资料、气候等领域开展合作。

40年来,我国出国(境)交流人数不断增加。1981—2017年,全国气象部门因公出国(境)出国学习交流人数达到22070人次,邀请外宾来访15071人次。其中2017年气象部门因公出国(境)达到1152人次,较1981年增长19.9倍,较1991年增长3.5倍,较2001年增长1.1倍(图46)。

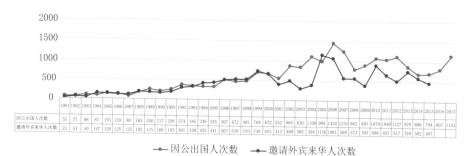

	1981	1982	1983	1984	1985	1986	1987	1988	1989	1990	1991	1992	1993	1994	1995	1996	1997	1998	1999	2000	2001	2002	2003	2004	2005	2006	2007	2008	2009	2010	2011	2012	2013	2014	2015	2016	2017
因公出国人次数	55	77	98	87	155	139	80	185	250	217	256	374	345	336	335	507	472	481	704	672	552	865	836	1108	989	1452	1253	802	897	1079	1048	1127	878	695	704	807	1152
邀请外宾来华人次数	25	53	50	147	129	125	125	192	175	166	193	301	338	425	441	507	530	530	740	655	413	489	305	394	1156	1061	569	573	393	899	657	517	749	582	467		

→ 因公出国人次数　→ 邀请外宾来华人次数

图46　1981—2017年气象部门国际交流情况(2016年起不再统计外宾来访人次)

(三)全球监测预报服务能力显著提升

改革开放以来,我国一直致力于不断提高全球气象服务能力,但由于受到技术发展的影响,直到进入21世纪,我国气象全球监测、全球预报、全球服务能力得到明显提高。

全球监测方面,我国是少数同时运行静止和极轨气象卫星的国家之一。我国气象数据卫星广播系统(CMACast)成为地球观测组织的三个广播系统之一,覆盖范围从中国区域拓展到亚太地区;"风云四号"气象卫星投入业务运行,"风云二号"H星可覆盖南亚、西亚、中亚和大部分非洲国家,风云系列气象卫星成功改变了国际气象卫星的格局,中国碳卫星数据正式对外开放共享,使我国成为世界上第三个提供数据服务的国家;风云卫星国际用户防灾减灾应急保障机制,确保我国能为风云气象卫星覆盖范围内的国家提供区域加密观测和应急气象保障服务;北京全球信息系统中心和正在试运行的世界气象组织综合全球观测系统亚洲区域中心正在对全球及亚洲各国气象观测进行监测和资料收集。

全球预报方面,2017 年我国被世界气象组织正式认定为世界气象中心,成为全球 9 个世界气象中心之一,标志着我国气象业务服务的整体水平迈入世界先进行列,我国开始为国外用户提供专业预报;全球中短期气象要素网格预报系统正式试运行;全球台风业务也已全面布局,目前已开展了北印度洋热带气旋预报业务;应阿富汗政府请求通过北京世界气象中心网站为其提供干旱气候预测服务。

全球服务方面,我国承担的"提升 WMO 二区协(亚洲)减轻气象灾害风险能力试点项目"已进入初步实施阶段,已初步建成亚洲区域气象预警支持平台,未来将汇聚和发布亚洲区域各国预警信息,推动区域气象灾害信息共享和灾害联防,中国气象已经在全球服务上发力。北京成为世界气象组织首批业务运行的全球信息系统中心之一,每日接收与分发的总数据量分别达到 15GB 和 100GB,为 WMO 会员、相关国际机构提供了更加便捷、高效的业务数据交换与共享服务,中国获取国外资料的能力也相应提高。另外,我国积极参与全球应对气候变化外交谈判,为联合国气候变化公约谈判成果文件和政府间气候变化专门委员会五次评估报告提供了有力的科技支撑。我国日益走进世界气象舞台中央,成为全球气候治理的积极参与者,在合作应对自然灾害、气候变化上负起了大国责任,做出了中国贡献。

(四)国内合作成就显著

40 年来,中国气象局先后与 31 个省(自治区、直辖市)政府、与国内 24 所大学签订了合作协议,与自然资源、生态环境、农业农村、应急管理、商务、民政、水利、林业等部门在重大灾害防御、重大工程建设、信息共享方面开展了广泛联合,与中国航天、中国电科、三峡集团、招商局等企业在装备研发、专业服务方面开展了合作,与香港、澳门、台湾地区在科技、人才方面开展了合作交流,形成了合作促进气象事业发展的新格局。

五、建成了法治健全的气象管理体系

气象发展必须加强科学管理,加强法治建设。40 年来,通过不断改革,建立了完善的气象领导管理体制,完善了相应的运行机制,提升了气象科学管理水平;通过法治建设,形成了气象法治保障体系,有力地推动了气象事业的发展。

（一）领导管理体制改革为气象事业快速发展提供了保障

1. 建成了完善的领导管理体制

改革开放以后，经国务院批准，我国分两步对气象部门领导管理体制进行了改革，到1983年全国气象部门基本建立了"双重领导、以部门为主"的领导管理体制。40年的实践证明，这一体制符合气象工作特点、有利于全国气象事业统一规划、统一布局、统一建设、统一管理。这一体制适应有利于气象现代化建设和发展的需要，有利于气象事业发展统一规划和建设，促进了气象现代化和业务技术体制的改革；有利于气象业务和服务的统一布局、管理和发挥气象部门的整体效益；有利于气象部门各级领导班子建设；有利于发挥气象科技人员的作用，提高人员的业务、技术素质，保持气象队伍的基本稳定；有利于各级气象部门机构的稳定和规范化；有利于发挥中央和地方共同发展气象事业的积极性，促进气象事业又好又快的发展。

在领导管理体制改革之后，中国气象局提出建立双重计划财务体制的改革，推动了地方投入不断增加，促进了国家气象事业和地方气象事业协调发展。2017年，全国气象部门总经费达到257.6亿元，较1981年增长104.5倍，较1991年增长32.2倍，较2001年增长6.3倍。其中，中央财政拨款占56.6%，地方财政拨款占25.4%，部门创收占13.7%，其他收入占4.3%（图47）。1981—2017年中央财政拨款明显增长，2017年达到145.9亿元，较1981年增长60.8倍，较1991年增长23.6倍，较2001年增长6.6倍。1981—2017年地方财政拨款持续增长，2017年为65.4亿元，较1981年增长805.2倍，较1991年增长92.2倍，较2001年增长7.5倍。1981—

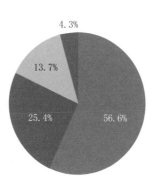

图47　2017年全国气象部门
总收入来源构成比例

2017年部门创收持续增长，2017年为52.0亿元，较1991年增长30.2倍，较2001年增长3.6倍（图48）。

2. 气象行政管理体制不断健全

2001年地（市）级气象管理机构过渡为参照公务员法管理，2013年县级气象管理机构过渡为参照公务员法管理。目前已经形成了国家、省、地（市）、县四级气象管理体制。到2017年年底，中国气象局机关内设机构11个（图49）；全国31个省（自治区、直辖市）气象局，机关内设机构312个；地（市、州、盟）气象局

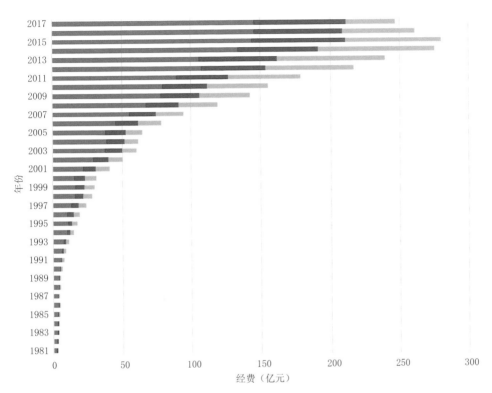

图 48　1981—2017 年全国气象部门总收入来源构成

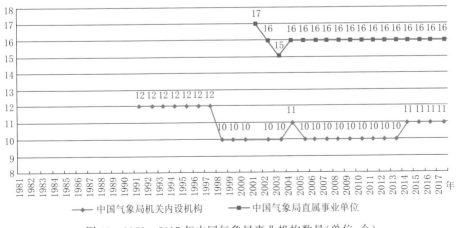

图 49　1981—2017 年中国气象局事业机构数量(单位:个)

333 个,县(市、旗)气象局 2174 个。1981—2017 年,全国省级气象事业机构数量呈上升趋势,省级机关内设机构数量较 1991 年增加 15.1%,较 2001 年增加 13.4%,省级直属事业单位数量较 2001 年增加 8.3%(图 50);地(市)级气象局数量呈上升趋势,较 1991 年增加 14.4%,较 2001 年增加 1.8%(图 50);县级气象局数量保持在 2000 个以上,40 年来变化很小(图 51)。

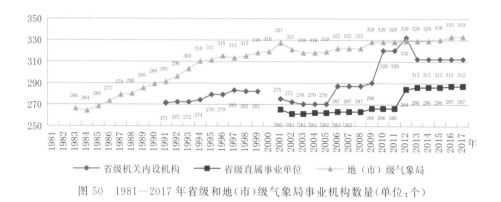

图 50　1981—2017 年省级和地(市)级气象局事业机构数量(单位:个)

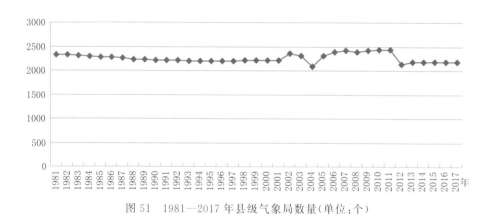

图 51　1981—2017 年县级气象局数量(单位:个)

3.形成了新型气象事业结构

改革开放以来,气象部门通过改革不断深入,不断调整气象事业结构,从 1984 年逐步建立基本业务、有偿专业服务、经营实体的"小三块"事业结构框架,到 1992 年提出建立基本业务、科技服务、综合经营的"大三块"事业结构及相应的运行机制,再到 1999 年提出建立气象行政管理、基本气象业务、气象科技服务与产业"三部分"的气象事业结构战略性调整,到 2006 年全国气象部门基本形成由气象行政管理、基本气象业务、气象科技服务与产业"三部分"气象事业格局。2011 年以来,气象部门为适应社会主义市场经济发展要求,通过推进建立新型气象事业结构,已经形成了由气象行政机关、气象事业单位、气象行业单位、气象服务企业和气象社会组织构成的新型气象事业结构。气象事业结构适应了发展形势要求,气象服务实现了从部门行为到政府行为和社会行为的转变,气象防灾减灾逐步由部门行为转向政府行为;气象服务管理逐步由部门管理向社会管理转变,社会参与气象服务的力量不断增加。

4.建立起气象规划体系

气象事业的发展,需要科学规划的引领。改革开放以来,我国制定了一系列气象事业发展纲要、长期规划、五年计划(规划)、专项规划,为事业发展勾勒出美好蓝图,指引着事业不断发展进步。据不完全统计,截至 2017 年年底,先后制定了 14 部气象事业发展总体规划(纲要)(表 15),其中气象发展纲要 3 部、十年气象发展规划 1 部、十五年气象发展规划 1 部,五年气象发展综合规划 8 部;仍在实施的气象专业规划有 30 余部(其中国家级气象专项规划 3 部)(表 16)。特别是党的十九大以来,气象部门积极对接国家重大战略,聚焦生态文明建设、军民融合与国家安全、国家综合防灾减灾救灾、"一带一路"倡议等战略发展方向,出台了《气象大数据行动计划》以及贯彻落实国家防灾减灾救灾体制机制改革的实施意见、生态文明建设气象保障服务指导意见、贯彻中央关于乡村振兴战略的气象保障服务实施意见、气象"一带一路"发展规划等"1+5"战略行动计划,有效保障了新时代国家重大战略在气象部门的落地实施。

表 15 改革开放以来气象发展总体规划简表

年份	名称
1981	气象事业发展第六个五年计划(1981—1985 年)
1984	气象现代化建设发展纲要
1987	气象事业发展第七个五年计划(1986—1990 年)
1992	气象事业发展第八个五年计划(1991—1995 年)
1993	气象事业发展十年规划(1991—2000 年)
1993	气象事业发展纲要(1991—2020)
1996	气象事业发展第九个五年计划(1996—2000 年)
2000	气象事业发展第十个五年计划(2001—2005 年)
2001	气象事业发展规划(2001—2015 年)
2007	气象事业发展"十一五"规划(2006—2010 年)

续表

年份	名称
2011	气象发展规划(2011—2015年)
2015	《全国气象现代化发展纲要(2015—2030年)》
2016	《全国气象发展"十三五"规划》
2018	《全面推进气象现代化行动计划(2018—2020年)》

表16　仍在实施的全国气象专项规划简表

年份	名称
2006	《气象科学和技术发展规划(2006—2020年)》(国家级)
2010	《国家气象灾害防御规划(2009—2020年)》(国家级)
2011	《气象立法规划(2011—2020年)》
2012	《我国气象卫星及其应用发展规划(2011—2020年)》
2013	《综合气象观测系统发展规划(2014—2020年)》
2013	《气象部门人才发展规划(2013—2020年)》
2013	《天气研究计划(2013—2020年)》
2013	《气候研究计划(2013—2020年)》
2013	《应用气象研究计划(2013—2020年)》
2013	《综合气象观测研究计划(2013—2020年)》
2014	《全国人工影响天气发展规划(2014—2020年)》(国家级)
2014	《气象科技创新体系建设指导意见(2014—2020年)》
2015	《京津冀协同发展气象保障规划(2015—2020年)》
2015	《长江经济带协同发展气象保障规划(2015—2020年)》
2015	《海洋气象发展专项规划(2015—2020年)》
2016	《打赢脱贫攻坚战气象保障行动计划(2016—2020年)》
2016	《综合气象观测业务发展规划(2016—2020年)》
2016	《GRAPES数值预报系统发展规划(2016—2020年)》
2016	《气象部门开展法制宣传教育第七个五年规划》
2016	《气象部门"七五"保密法治宣传教育规划》
2016	《长江经济带气象保障协调发展规划》
2016	《现代气象预报业务发展规划(2016—2020年)》
2017	《气象信息化发展规划(2018—2022年)》

续表

年份	名称
2017	《气象"一带一路发展规划"(2017—2025 年)》
2017	《气象雷达发展专项规划(2017—2020 年)》
2017	《"十三五"生态文明建设气象保障规划》
2017	《气象大数据行动计划(2017—2020 年)》
2018	《智能网格预报行动计划(2018—2020 年)》
2018	《区域高分辨数值预报业务发展计划(2018—2020 年)》
2018	《智慧农业气象服务行动计划》(2018—2020 年)
2018	《农业气象大数据建设方案(2018—2020 年)》

5.管理效能不断提升

各级气象管理机关不断完善气象行政管理体系,建立健全科学的决策程序,规范工作流程,完善各项规章制度,转变管理方式,推动管理创新,保障了气象事业健康高效发展。积极引用各种科学管理方法,理顺各种管理关系,明确各级管理任务,不断提升管理规范化水平。不断建立健全了调查研究和决策咨询制度机制,推动了决策的科学化和民主水平。2009 年,中国气象局成立了督察督办机构,进一步促进了重大工作部署和重大决定事项的督办落实。自 1998 年以来开展了以目标管理为核心的综合考评工作,经过多年的发展,重点工作量化指标体系更加科学,目标管理体系和气象综合考评体系不断健全,工作业绩考核和述职制度不断建立健全,有效促进了气象部门管理理念的转变,加强了宏观管理和分类指导,提高了气象科学管理水平。改进了公务员考录工作,缓解了基层"进人难、留人难"问题。

计划财务规章制度不断完善,预算管理和预算执行得到强化,政府采购改革进一步深化,气象财务管理工作更加规范高效。

6.管理信息化建设加快推进

自 20 世纪 90 年代办公自动化的规划、建设、运行和管理启动以来,经过多年的发展,中国气象局综合管理信息系统建设纵向覆盖从国家级至县级气象局的全部层级,横向建设 52 个政务管理应用子系统,电子政务系统可动态监测并实时展示发布气象现代化核心业务水平检测指标 14 类 62 项,行政审批平台实现与行政审批大厅融合,形成线上线下功能互补、相辅相成的审批服务新模式。

7.基层台站综合实力增强

中国气象局党组高度重视基层台站建设,先后发布实施了《中国气象局关于加强基层气象台站建设的意见》《气象部门基层台站基础设施改善专项规划方

案》《气象部门建设"一流台站"指导意见》《全国基层气象台站建设指导标准》等
文件,全面加强基层台站各项建设,特别是加大对西部经济欠发达地区基层台站
的投入,广大基层台站工作和生活条件明显改善,涌现出了一大批"花园式"台
站,基层气象台站的工作领域逐步拓宽,观测技术和水平不断提高,公共气象服
务能力得到加强,社会管理职能日趋扩大,为推动国家经济社会发展和保障人民
安全福祉发挥了重要作用。2017 年气象部门共有 1201 个艰苦台站,职工人数
达到 23764 个(图 52),分别较 2001 年增加 66.1%、1.72 倍。2013—2017 年,基
层艰苦台站建设累计完成投资 225 亿元,较 2002—2006 年增长 6.8 倍,其中中
央投资 149 亿元,地方投资 47 亿元,自筹投资约 29 亿元;2017 年艰苦台站投入
达 55 亿元,较 2002 年增长 12.7 倍(图 53);全国气象部门工作用房达 638.6 万
平方米,较 1981 年增长 91.7 倍,我国基层台站的业务建设、内部管理、队伍建设
等各方面工作得到加强。

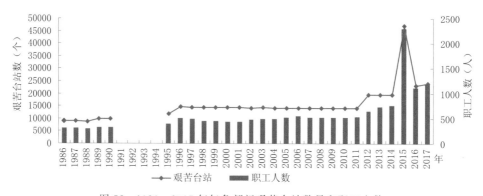

图 52　1986—2017 年气象部门艰苦台站数量和职工人数

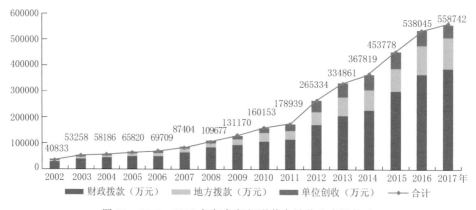

图 53　2002—2017 年气象部门艰苦台站收入来源构成

(二)气象法治建设保障有力有效

40年来,气象事业围绕中国特色社会主义法治体系的总体要求和实现气象现代化的目标任务,加强气象法治建设,依法履行气象职责,依法管理气象事务,努力实现气象工作法治化,为全面推进气象现代化和深化气象改革提供了有力的法治保障。特别是党的十八大以来,中国气象局党组进一步强化了法治建设顶层设计,全面谋划气象法治建设,制定印发了《中共中国气象局党组关于全面推进气象法治建设的意见》(2015年),《气象部门贯彻落实〈法治政府建设实施纲要(2015—2020年)〉的实施意见》(2016年),《中国气象局党组贯彻落实〈党政主要负责人履行推进法治建设第一责任人职责规定〉实施办法》(2017年),推动了气象法治建设迈上新台阶。

1.气象法律法规不断完善

40年来,我国气象事业始终坚持深化改革、立法先行,不断夯实法治之基,形成了保障气象改革发展的法律法规体系,气象法律法规和其他相关法律法规赋予气象部门气象防灾减灾、应对气候变化、气候资源开发利用、气象信息发布与传播、气象探测环境和设施保护、雷电灾害防御、人工影响天气、施放气球等行政管理职能。

1994年第一部气象行政法规《中华人民共和国气象条例》颁布实施,再到2000年《中华人民共和国气象法》实施,我国气象事业正式步入依法发展轨道。目前,我国气象方面已经颁布实施法律1部、行政法规3部、有效部门规章19部、地方性法规101部、地方政府规章121部(表17)。党的十八大以来,中国气象局根据国家深化改革和气象事业发展需要,坚持问题导向和立改废并举,持续推进了重点领域法律法规和部门规章的制修订工作,以及"十三五"规划的212项重点标准项目建设,我国气象业务、服务和管理等各项工作进一步纳入法治化轨道。

表 17　1 部气象法、3 部行政法规、19 部有效部门规章名称

序号	名称	颁布时间
1	《中华人民共和国气象法》	1999 年 10 月 31 日发布 2016 年 11 月 7 日修订发布
1	《气象灾害防御条例》	2010 年 1 月 27 日国务院第 570 号令公布 2017 年 10 月 23 日国务院第 687 号令修订公布
2	《人工影响天气管理条例》	2002 年 3 月 19 日国务院第 348 号令发布
3	《气象设施和气象探测环境保护条例》	2012 年 8 月 29 日国务院令第 623 号公布 2016 年 3 月 1 日国务院第 666 号令修订公布

续表

序号	名称	颁布时间
1	气象行政复议办法(2号令)	2000年5月2日中国气象局第2号令公布
2	气象资料共享管理办法(4号令)	2001年11月27日中国气象局第4号公布
3	气象预报发布与传播管理办法(6号令)	2015年3月12日中国气象局令第26号公布
4	施放气球管理办法(9号令)	2004年12月16日中国气象局令第9号发布
5	气象行业管理若干规定(12号令)	2017年1月18日中国气象局令第34号公布
6	涉外气象探测和资料管理办法(13号令)	2006年11月7日中国气象局令第13号公布
7	气象专业技术装备使用许可管理办法(14号令)	2016年4月2日中国气象局令第28号发布
8	气象灾害预警信号发布与传播办法(16号令)	2007年6月12日中国气象局令第16号
9	防雷装置设计审核和竣工验收规定(21号令)	2011年7月22日中国气象局令第21号发布
10	气象规范性文件管理办法(23号令)	2011年9月30日中国气象局令第23号公布
11	防雷减灾管理办法(24号令)	2013年5月31日中国气象局令第24号
12	《气象行政许可实施办法》	2017年1月18日中国气象局令第33号发布
13	《气象信息服务管理办法》	2015年3月12日中国气象局令第27号公布
14	《气象专用技术装备使用许可管理办法》	2016年4月2日中国气象局令第28号公布
15	《气象台站迁建行政许可管理办法》	2016年4月7日中国气象局令第30号公布
16	《新建扩建改建建设工程避免危害气象探测环境行政许可管理办法》	2016年4月7日中国气象局令第29号公布
17	《雷电防护装置检测资质管理办法》	2016年4月7日中国气象局令第31号
18	《气象行政处罚办法》	2009年4月4日中国气象局令第19令公布
19	《气象探测环境和设施保护办法》	2004年8月9日中国气象局令第7号发布

2.形成气象标准化体系

气象标准是气象法制建设的重要组成部分,是气象依法行政的重要技术支撑。我国气象标准化工作自1992年正式起步,经过20多年的发展,我国气象标准化在规划编制、体系建设、修订力度以及国际合作等方面取得了突破性进展,为气象部门履行社会管理和公共服务职能、引领气象事业科学发展提供了重要支撑和保障。

中国气象局先后印发了《全国气象标准体系构建与2009—2011年标准化发展规划》《气象标准化'十二五'发展规划》以及"十三五"气象标准体系框架及重点气象标准项目计划,统筹推进气象标准化工作。目前,成立了13个全国标准化技术委员会和分技术委员会、1个行业标准化技术委员会,以及20

个地方气象标准化技术委员会,气象标准化已基本形成以气象标准归口机构、业务主管机构、业务服务单位、气象标委会、气象标准化研究机构和省(自治区、直辖市)气象局为主体的组织架构,形成了以管理机构、研究机构、技术组织以及标准编制和实施单位为主体的工作体系,建立了由气象国家标准、行业标准和地方标准组成的覆盖气象工作各个领域的、分层次的气象标准体系,并建立实施了"执行标准清单"制度,清单纳入单位信息公开范畴,作为标准实施监督检查的主要依据。

党的十八大以来,我国气象标准制修订工作继续坚持面向民生、面向生产、面向决策,集中精力和资源加快推进关系国计民生、政府和社会公众关心关注的重大标准,积极研制出台落实国务院简政放权、放管结合、优化服务改革精神的关键标准。

2000—2017 年,共发布实施气象国家标准 147 项、行业标准 423 项、地方标准 351 项。气象国家标准和行业标准数逐年提升,2017 年达到最多,分别有 84 和 46 项,较 2001 年增加 147 和 420 项(图 54)。

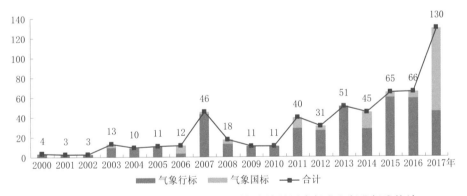

图 54　2000—2017 年中国气象局已颁布实施的国家标准和行业标准统计

3.气象行政审批制度改革取得重大进展

自 2001 年起中国气象局按照国务院的部署要求,进行了行政审批制度改革和审批事项调整。党的十八大以来,国家大力推进行政审批制度改革,气象部门全面贯彻落实国务院"放管服"改革总体要求,认真贯彻落实《国务院关于优化建设工程防雷许可的决定》,大幅取消下放行政审批事项,全面清理规范气象行政审批中介服务,气象部门 4 项非行政许可审批事项全部取消;12 项行政许可审批事项中,取消 4 项、下放 1 项,气象部门实际取消和下放的行政审批事项数量占原有审批事项的一半以上;同时,取消了 4 项中央指定地方实施的行政审批事项。中国气象局和 31 个省(自治区、直辖市)公布了行政权力清单和责任清单,依法行政和科学管理水平得到了明显提高。

4.防雷安全监管职责更加强化

为贯彻落实《国务院关于优化建设工程防雷许可的决定》(国发〔2016〕39号),中国气象局印发《进一步贯彻落实〈国务院关于优化建设工程防雷许可的决定〉的实施意见》,提出 40 项重点工作任务,全国 30 个省级政府、311 个市级政府、854 个县级政府已出台举措落实国务院 39 号文件,目前防雷减灾体制改革已经全面完成。气象部门积极履行改革后雷电灾害防御组织管理职责,全国防雷减灾综合管理服务平台(一期)上线试运行,防雷监管纳入国务院安全生产大检查,27 个省(自治区、直辖市)将防雷安全工作纳入安全生产责任制,23 个省(自治区、直辖市)纳入地方政府考核评价指标体系。推进防雷监管标准体系建设,制修订行业标准 9 项。全面实施"双随机、一公开"监管,制定随机抽查事项清单,认真开展防雷安全检查并督促完成整改。防雷检测主体多元化全面开放,截至 2017 年,核定与认定雷电防护装置检测甲级资质 459 家、乙级资质 544 家,基本形成主体多元、共同竞争的防雷检测市场格局。

5.气象全面依法履职能力明显增强

气象部门不断完善气象行政执法体制,规范气象行政执法行为,完善气象行政执法责任制,气象法制工作机构实现省级全覆盖,部分省(自治区、直辖市)建立了地(市)级、县级气象法制工作机构,全国已建立起一支 1 万余人的专兼职结合的气象行政执法队伍,执法能力逐渐增强;全面推行法律顾问制度和公职律师、公司律师制度,全国 31 个省(自治区、直辖市)气象局和73.3% 的地(市)级气象局均建立了法律顾问制度;气象违法案件的执法力度和气象法律法规宣传普及工作得到加强,气象部门的社会管理成效得到进一步凸显。

6.气象普法工作富有成效

各级气象部门围绕国家及气象部门"四五""五五""六五""七五"普法规划确定的目标,不断拓宽气象普法宣传渠道,开辟气象普法宣传新阵地,精心组织,开展了丰富多样的气象法律法规普及宣传教育活动。中国气象局通过学习宣传和贯彻落实有关法律法规新闻发布会、座谈会等活动,地方各级气象部门充分利用"世界气象日""国家宪法日暨全国法制宣传日""防灾减灾日""安全生产月""科普行动日"等时机,通过广播、电视、报纸、电信、网站、微博、电子显示屏、大喇叭等媒体或途径扎实推进气象法律法规进机关、乡村、社区、学校、企业、单位,全社会遵守气象法律法规的意识显著提高。

六、全面加强了党的建设和文化建设

改革开放40年来,气象部门深入贯彻马克思列宁主义、毛泽东思想、邓小平理论、"三个代表"重要思想、科学发展观、习近平新时代中国特色社会主义思想,坚持全面加强党的领导,坚持全面从严治党,立足部门实际全面推进党的政治建设、思想建设、组织建设、作风建设、纪律建设,把制度建设贯穿其中,深入推进反腐败斗争,为气象事业改革发展提供了坚强的政治保证。

(一)以党的政治建设为统领,全面加强党的领导

40年来,气象部门不断强化党的政治建设,加强思想理论武装,坚定维护党中央权威和集中统一领导,严格遵守党内法规和党的纪律规矩,完善落实民主集中制,深入开展了学习"三个代表"重要思想、深入学习实践科学发展观活动、党的群众路线教育实践活动、"三严三实"专题教育、"两学一做"学习教育、"两学一做"常态化制度化,形成了以党组(党委)中心组学习为龙头、以党支部(总支)学习为基础、以党员干部学习为主体、以目标管理为督查手段的综合学习机制,中国气象局党组中心组学习案例被评为"全国机关党建科学化优秀案例","中国气象局机关每周三学习报告会"被评为中央国家机关"十大学习品牌","气象行业业务技能竞赛"被确定为中央国家机关"展示学习品牌",引导广大党员干部进一步增强了"四个意识"、坚定了"四个自信",打造了一支理想信念坚定,旗帜鲜明讲政治的党员干部队伍,凝聚起了坚定党的领导、推进气象事业改革发展的强大力量。

(二)全面从严治党"两个责任"扎实落实

1.党的建设组织体系不断完善

40年来,中国气象局党组针对气象部门垂直管理链条长、党组织关系属地管理、条块结合要求高的特点,积极健全完善党建和党风廉政建设工作组织体系,推动了全面从严治党"两个责任"有效落实。印发了《加强部门党建和党风廉政建设工作组织体系建设的若干意见》,明确了"条要加强、块不放松,条块结合、齐抓共管"的组织体系建设思路,各级党组(党委)均成立了党建和党风廉政建设工作领导小组及其办事机构。

2.全面从严治党责任体系更加健全

40年来,气象部门各级党组织进一步健全完善党组(党委)议事规则、工作规则等一系列制度,建立了党建责任清单,逐级建立党风廉政建设责任台账,签订党建和党风廉政建设责任书,党建工作纳入各单位目标考核,"两个责任"落实情况纳入司局级领导班子主要负责人年度述职述廉重要考核内容。探索建立了

省、市气象局党组与地方党委纪委党建工作联系机制,健全和完善了纪检监察运行机制及主动向地方党委和纪委汇报沟通工作机制等,建立了对纪检组长、纪委书记上级考核制度,连续 17 年开展了党风廉政宣传教育月活动。

3."关键少数"作用充分发挥

40 年来,全国气象部门坚持党管干部原则,坚持正确的选人用人导向,突出政治标准,坚持干部路线服务党的政治路线。注重司局级领导干部队伍建设特别是一把手的培养、选拔和使用,选优配强各级领导班子。大力发现培养储备优秀年轻干部,注重从基层一线和困难艰苦的地方培养锻炼年轻干部,把经过实践锻炼表现优秀的干部及时使用起来,树立干事创业的良好氛围和正确用人导向。着力提高干部队伍素质和能力,有计划、有针对性地加强干部培养锻炼,加强干部的理论武装、实践锻炼和教育培训,干部队伍应对复杂局面、领导气象改革发展和现代化建设的能力显著增强。坚持严管和厚爱结合、激励和约束并重,不断完善干部考核评价机制,领导干部在气象改革发展中的"关键少数"作用得到充分发挥。

(三)作风建设不断深入

40 年来,气象部门持续深入推进作风建设,进一步严肃党内政治生活,深化政治巡视巡察,党内政治生态保持良好状态,作风建设成果得到广大干部群众的高度认可,为气象事业改革发展提供了坚强的作风保障。

1.作风建设带动政治生态不断改善

党的十八大以来,中国气象局制定出台了落实中央八项规定实施细则的实施办法,各省级气象部门、各直属单位也修订了相关制度,推进作风建设常态化、长效化。坚持不懈盯紧年节假日等关键节点,提醒党员领导干部杜绝节日腐败。截至 2018 年,中国气象局对全国 31 个省(自治区、直辖市)气象局和 14 个直属单位开展了贯彻落实中央八项规定精神情况专项督查,对查出的问题逐条反馈,并明确提出整改要求;开展公车使用管理和违规公款购买消费高档白酒等专项检查,组织开展了形式主义、官僚主义问题自查工作。通过召开警示教育大会、印发通知、发送廉政短信和内网发布提醒信息以及转发警示案例等方式,提醒广大党员干部廉洁自律,同时督促各基层纪检机构和纪检干部强化监督执纪,发现问题线索及时报告并严肃查处,确保中央八项规定精神落地生根。作风建设成为常态化机制,为营造良好政治生态提供坚实保障。

2.巡视巡察利剑作用有效发挥

党的十八大以来,党的监督执纪问责力度不断加大。到 2018 年,气象部门实现巡视巡察两个"全覆盖",即中国气象局党组完成对所属 44 个司局级单位党组(党委)的巡视全覆盖,各省(自治区、直辖市)气象局党组完成对所辖市、县级气象局党组的巡察全覆盖。中国气象局党组通过向全国气象部门通报在巡视中发现的问题,强化问题导向,充分发挥巡视利剑作用。此外,中国气象局还加强审计监督和信访处置,强化了审计整改和结果运用;严肃执纪问责,深化运用监督执纪"四种形态",出台了谈话函询工作的暂行办法,严格执行诫勉谈话等组织处理有关规定。自觉接受中央纪委驻农业部纪检组监督,配合做好防雷、科技服务等领域专项调研,着力发现廉政风险和隐患。加强纪律教育,强化纪律执行,让党员、干部知敬畏、存戒惧、守底线,习惯在受监督和约束的环境中工作生活。

(四)基层党组织作用不断强化

40年来,不断强化基层党组织作用,推动全面从严治党"两个责任"有效落实,为气象事业改革发展提供了坚强的政治保障。

根据气象部门实际情况,各级气象部门高度重视加强基层党组织建设。部分地市级气象局成立了机关党委,各级基层党支部、党小组设置更加规范,党支部书记进一步选优配强。各级气象部门加强对机关、事业单位、企业和协会等基层组织进行分类指导,全面落实双重组织生活制度,建立党员干部提醒报告制度和党支部日常督查考核机制,严格落实"三会一课"等制度,开展多样化的支部活动,深入开展民主评议党员,使支部活动的规范性、严肃性得到明显增强,组织生活制度得到有效落实。截至2017年年底,全国气象部门各级各类党组织共5780个,其中党组(党委)1128个,党的基层委员会、总支部委员会和支部委员会等基层组织4652个;全国气象部门共有中共党员60508人,其中在编在职党员38888人,占在编在职职工总数的69%。

(五)气象文化建设成效显著

1. 文明单位创建成果丰硕

气象部门积极开展文明单位创建,精神文明创建活动成为内强素质、外树形象的重要载体,得到中央文明委和社会各界的充分肯定。40年来,开展了文明单位创建、"五讲四美三热爱"活动和文明机关、文明单位、文明台站标兵"三大创建"等活动。到2017年,全国气象部门共创建文明单位2532个,其中全国文明单位145个,文明单位占比达到95%。党的十八大以来,新增18人荣获"全国五一劳动奖章""全国先进工作者""全国三八红旗手""全国青年岗位能手"等国家级个人荣誉称号,16个单位获得"全国工人先锋号""全国五一劳动奖状""全国巾帼文明岗""全国青年文明号"等国家级集体荣誉称号。

2. 职工精神面貌昂扬向上

40年来,广大气象职工深入实践"准确、及时、创新、奉献"的气象精神,为气象事业发展提供了强大的精神动力和支撑,保证了历次"急、难、险、重"气象保障服务任务的完成。紧密围绕气象服务效益和气象现代化建设成效,充分利用各种媒介渠道讲好"气象故事",有力凝聚了传播合力,营造宣传声势,提升了部门社会影响力。气象部门群团组织围绕中心,服务大局,找准方向,找对方法,切实保持和增强政治性,走出了结合业务特色的群团发展道路。重视抓好青年和老干部工作,离退休老干部的政治待遇和生活待遇进一步得到落实和提高。气象部门已连续举办了9届气象行业职业技能竞赛,锻炼出一大批岗位职业技术能手;连续开展了"根在基层"青年干部调研实践活动,让青年走出去、沉下去,深入了解基层情况;拐子湖气象站、长白山气象站、珊瑚岛气象站等先进集体,在全国树起学习标杆,形成了部门团结向上的精神面貌。

40年春风化雨、春华秋实,改革开放极大改变了气象事业的面貌、气象台站的面貌、气象文化的面貌、气象人的面貌。气象现代化整体水平迈入世界先进行列,气象服务成为全球气象服务优秀典范,创新成为引领气象发展第一动力,气象国际地位实现前所未有的提升,气象发展体制机制充满生机活力,气象发展格局发生深刻变化。

40年来,气象改革开放取得的成就是几代气象人在党的坚强领导下,在各方面的支持关心下,用勤劳、智慧、勇气干出来的! 40年的实践充分证明,气象改革开放是中国气象事业跟上时代和国际步伐的必然选择,是坚持和发展气象现代化的必由之路,也是决定实现气象强国奋斗目标的关键一招。所有气象人和关心关注气象事业发展的人,都为我国气象事业发展取得巨大而又辉煌的成就感到无比自豪和骄傲!

第四章 基本判断和启示

　　1978 年,党的十一届三中会会开启了改革开放和社会主义现代化建设历史新时期。2013 年党的十八届三中会会开启了全面深化改革、系统整体设计改革的新时代,开创了改革开放的全新局面。40 年的实践充分证明,没有我们党改革开放的历史性决策,我国气象事业就不可能有如此良好的发展环境、如此广阔的发展空间,就不可能展现如此光明的发展前景、如此强大的发展动力和活力;没有改革开放的伟大觉醒、伟大革命,中国气象不可能日益走近世界气象舞台中央、成为世界气象治理的重要力量。正是改革开放这关键一招,气象事业发展才取得历史性成就、发生历史性变化,气象服务党和国家重大战略、保障人民安康福祉的职能、作用和地位才得到如此强化,气象综合实力才获得前所未有的提升,气象保障为全面建设小康社会、社会主义现代化建设提供了有力支撑。

一、基本判断

通过系统回顾和总结 40 年来气象改革开放历程和气象发展成就,充分的事实表明:改革开放的 40 年,是气象事业发生历史性变化、取得辉煌成就的 40 年,是广大气象工作者解放思想、开拓创新、拼搏奋进的 40 年。从总体上可以得出以下七个主要判断。

(一)改革开放的 40 年是我国气象现代化整体水平不断迈向世界先进行列的 40 年

气象现代化是改革开放以来中国气象事业全部实践的主题,是谋划新时代气象事业发展的战略安排。回溯既往,一部气象事业发展史就是气象人奋力推进气象现代化的改革创新史。改革开放 40 年,我国气象现代化发展走完了发达国家上百年才走完的历程。1984 年制定的《气象现代化建设发展纲要》,成为我国气象现代化建设波澜壮阔的新起点;2006 年国务院 3 号文件,提出到 2020 年基本实现气象现代化的战略目标,成为我国加快气象现代化发展新的里程碑。无论是开启当代气象现代化新起点,还是提出率先基本实现气象现代化;无论是新时代部署全面推进气象现代化,还是《全国气象现代化发展纲要(2015—2030年)》颁布实施,在我国气象现代化发展史上都留下了浓墨重彩的一笔。2018年,我国开启了现代化气象强国新征程,是持续推进气象现代化建设又一次总部署、总动员,必将对推动我国气象现代化产生重大而深远的影响。

40 年来,我国气象现代化发展成就辉煌。气象卫星从无到有,从后进到先进,我国已经成功发射 17 颗气象卫星,风云气象卫星系列已被世界气象组织列入全球卫星业序列,使我国成为世界上少数几个同时具有研制、发射、管理极轨和静止气象卫星的国家之一,成为与美国、欧洲中心三足鼎立的气象卫星主要成员国。我国天气雷达实现全面换代,已经建成了由 198 部组成的新一代多普勒天气雷达监测网,基本达到世界先进水平。建成了 2425 个地面自动气象观测站,57435 个加密自动气象观测站网,乡镇覆盖率达到 96%。我国 24 小时台风路径预报达到国际领先水平,气候预测部分领域达到国际同类先进水平,3 千米智能网格预报明显提高了气象预报精准化水平,气象防灾减灾救灾全球影响力显著。经过 40 年来的改革开放,中国气象现代化已达到或接近发达国家先进水平,成为国家现代化的重要标志。

(二)改革开放的 40 年是我国特色气象服务体系逐步发展成为世界一流的 40 年

气象服务是立业之本,是贯彻落实以人民为中心的本质要求。40 年来,广大气象工作者主动融入社会,使气象走进千家万户,服务遍及经济社会各行各业,气象服务由量变到质变,实现了质量和效益的跨越,建成了具有中国特色的现代气象服务体系。这个体系,是始终坚持公共气象发展方向的体系,是包括决策服务、公众服务、专业专项服务和科技服务在内的多元化体系,是党委领导、政府推动和气象事业主体作用得到充分发挥的体系,是符合中国国情、适应国家治理能力现代化要求的体系。

40 年来,建成了覆盖面广、传播速度快、基本适应公众需求的天气预报预警服务系统,建立了适应我国领导管理体制的决策气象服务系统,气象服务领域扩展到上百个行业。目前,全国共有固定平台传播气象服务的报刊达到 1435 个,广播频道 1735 个、电视频道 3565 个,128 家气象政府网站以及 3800 多个气象官方新媒体把气象信息服务作为主要传播内容,公众预警气象信息覆盖人口超过 85.5%。气象防灾效益特别显著,气象服务在应对 1987 年大兴安岭森林大火、1991 年江淮流域水灾、1998 年长江流域大洪水、2008 年南方低温雨雪冰冻、超强台风等重大自然灾害取得了显著效益。我国人工影响天气工作发生了历史性变化,目前,全国共有 6183 门高炮、8311 部火箭参与人工影响天气作业,总体上达到世界先进水平。特别是党的十八大以来,我们聚焦生态文明建设、军民融合与国家安全、国家综合防灾减灾救灾等国家发展战略和"一带一路"建设,气象服务效益不断提升。21 世纪气象投入产出比达到 1∶50,气象灾害经济损失占 GDP 的比例从 20 世纪 80 年代的 3%～6%,下降到 2013—2017 年的 0.38%～1.02%。人民群众气象获得感明显增强,中国已成为气象服务体系最全、保障领域最广、服务效益最为突出的国家之一,成为全球展示气象发展作用、贡献和效益的优秀典范。

(三)改革开放的 40 年是我国气象科技创新成为气象发展引领的 40 年

气象科技创新是国家科技创新的重要组成部分,是建设新时代气象现代化的战略支撑。气象科技创新是助力气象现代化一次次飞跃的推动器,气象部门率先对外开放,开展国际合作和交流,在关键技术领域和重大装备建设上,实现了从"引进、消化、吸收"到"自主创新、原始创新"的重大转变。20 世纪 90 年代开始实施科教兴气象战略,21 世纪着力自主创新、原始创新,组建形成了国家级气象科学研究的"一院八所",构建形成了国家、区域和省(自治区、直辖市)三级气象创新体系,形成了"产学研业"相结合的气象科技创新体系。

40 年来,我国气象科技创新成果丰硕。全国气象部门共获奖气象科技成果 9358 项,其中国家级奖励达 133 项,省部级奖励达 2570 项。第一个具有中分辨率的中期数值天气预报业务系统,就是"七五"国家重点科技攻关计划的成果,填补了我国在中期数值天气预报领域的空白,使我国步入世界上少数几个开展中期数值天气预报的国家行列;"风云三号""风云四号"卫星应用系统研制达到了国际先进水平,关键技术达到国际领先水平;"首都北京及周边地区大气、水、土环境污染机理及调控研究""973 计划"项目成果被列为世界气象组织示范项目;自主开发的新一代全球资料同化与中期数值预报试验系统,填补了我国在该领域的多项空白。"中国短期气候预测系统研究"获得国家科技进步一等奖,作为"九五"重中之重的科技项目,该系统准确预报了 1998 年长江、松花江汛期洪水天气趋势。科技创新成为气象事业向前发展的"新引擎",我国气象科技创新由过去的引进跟跑,已经转向多领域并跑、领跑,成为气象发展最核心的动力,正在助推中国早日实现现代化气象强国。

(四)改革开放的 40 年是气象国际地位实现前所未有提升的 40 年

大气无国界,开放合作、共建共享已成为世界气象发展的大势。我国气象事业取得长足进展的同时,在国际气象舞台上发挥着越来越重要的作用。气象部门对外开放走在全国其他部门的前面,1979 年 5 月,中央气象局与美国国家海洋与大气管理局(NOAA)签署了大气科技合作协议,打开了气象对外开放之门,这是我国第一个专业部门与发达国家签订的双边合作协议,到今天已经与全球 160 多个国家和地区的气象部门开展气象科技合作和交流,与 23 个国家、2 个国际机构签署了双边气象科技合作协议、谅解备忘录议定书和会谈纪要。邹竞蒙同志于 1987 和 1991 年担任两届世界气象组织主席,成为我国担任国际组织主席的第一人。此后,中国气象局历任局长都顺利当选为世界气象组织执行理事会成员,并发挥了重要作用。我国科学家叶笃正、秦大河、曾庆存院士先后获得国际气象领域最高奖——IMO 奖,多位中国科学家获世界气象组织青年科学家奖。目前,有 100 多位中国气象专家在世界气象组织、政府间气候变化专门委员会等国际组织中任职。

我国积极参与全球应对气候变化外交谈判,为《巴黎协定》和联合国政府间气候变化专门委员会第五次评估报告提供有力的科技支撑,我国气象国际影响力进一步提高。近些年来,我国气象积极融入国家"一带一路"倡议,形成了多个气象国际合作机制,《中国气象局与世界气象组织关于推进区域气象合作和共建"一带一路"的意向书》《中国—东盟气象合作南宁倡议》《中亚气象防灾减灾及应对气候变化乌鲁木齐倡议》等正在显示我国气象的作用。中国气象局承担的 20 个世界气象组织区域/专业中心任务,成为实施"全球监测、全球预报、全球服务、全球治理、全球创新"理念的重要依托平台。以多国别考察、教育培训、设备和技术援外等为沟通平台,进一步密切了与发展中国家的交流合作,分享了中国发展理念、经验、技术和设备,帮助发展中国家从中国的发展中受益。中国气象在世界气象舞台上,正在成为世界气象事业的深度参与者、积极贡献者,以及未来发展方向的主动引领者,为全球气象防灾减灾、应对气候变化不断贡献中国智慧和中国方案。

(五)改革开放的 40 年是我国气象发展体制展现充满生机活力的 40 年

在党的坚强领导下,气象部门改革首先在领导管理体制上取得了突破,建立了与气象现代化发展相适应的"双重领导、以部门为主"的领导管理体制,实现了气象现代化建设的"统一规划、统一布局、统一建设、统一管理"。这一体制,特色鲜明、富有效率,完全适应了气象现代化建设需要。这一体制,发挥了中央和地方两个积极性,中央和地方投入不断增长,气象工作地位不断提高,国家和地方气象事业呈现协调发展。气象事业实现了依法发展,自《中华人民共和国气象法》颁布实施至今,已经建立起由 1 部法律、3 部行政法规、19 部部门规章、101部地方法规、121 部地方政府规章组成的气象法律法规制度体系,气象法治建设融入我国依法治国的大局。形成了由 147 项国家标准、423 项行业标准、351 项地方标准组成的气象标准化体系,以气象标准化建设推动气象高质量发展。我们着力强化战略研究、顶层设计、规划纲要,强化业务、服务、政务、财务、党务管理,气象管理效能大大提升。

40 年来,气象现代化建设投资不断增长,国家和地方先后投资建设了一批重大气象现代化工程。建设投资总额由 20 世纪 80 年代的年均 1.1 亿元增加到2013—2017 年的年均 52.7 亿元,增长了 46.9 倍。一批批气象现代化工程的实施,带动了气象部门工作、生活环境的巨大变化,不少气象台站进行了综合改造,其中全国气象部门钢结构房屋面积 2017 年是 1992 年的 52.85 倍,有的成为城市建设的标志性建筑、花园式台站,整个气象部门的地位、形象发生了前所未有的变化。气象职工生活水平明显提高,工作、生活环境很大改善。各级气象部门锐意进取,开拓创新,不断深化各项改革,调整事业结构,完善运行机制,使气象工作充满了生机与活力。基本建成中国特色气象防灾减灾救灾体系,气象事业发展制度与环境不断优化、气象保障服务能力全方位提升,气象事业阔步迈上新征程,呈现出昂扬向上的良好发展态势。

(六)改革开放的 40 年是气象队伍综合素质和专业化水平显著提升的 40 年

40 年来气象队伍综合素质显著提高,人才结构不断优化,大学本科以上人员占比由 1981 年的 8%提升到 2018 年的 82.5%,高级职称人员占比由 1990 年的 1.5%提升到 2018 年的 20.6%。现有两院院士 8 人,正高级职称专家千余人,副高级职称专家近万人,入选国家人才工程和项目人选 40 余人,首席预报员、首席气象服务专家、科技领军人才、特聘专家 149 余人。气象部门全面加强党的领导和党的建设,各级党组织战斗力、组织力不断增强,形成了由 6.6 万多人的党员队伍、1100 多个党组、4600 多个基层党组织构成的组织体系。全国气象部门严格落实责任,健全制度机制,强化日常监督,严格执纪问责,确保了全面从严治党责任在气象部门不折不扣落到实处。大气科学、电子信息、生态环境、经济社会等专业人才都在气象改革发展中贡献着力量,民航、水文、农垦、森工、电力、交通、盐业、海洋以及高等院校、科研机构都建立起了气象专业力量。

(七)改革开放的 40 年是我国气象发展格局发生深刻变化的 40 年

40 年来,从单纯的部门气象,到部门、行业、高校、企业、科研院所、社会组织和社会公众共同参与,合力推进气象现代化发展的新格局,初步实现了气象与新技术、新业态、新产品的深度融合;从单纯气象业务,到气象服务、气象行政管理,再到形成统筹部门气象、行业气象、地方气象、军队气象、社会气象协同发展的新格局;从主要装备技术现代化到气象业务科技现代化、气象服务现代化、气象管理现代化和气象保障现代化的新格局;逐步改变了区域、层级和领域发展不平衡、不协调、不集约状况,基本形成了统筹各区域、各层级、各领域协调发展的新格局;从主要"引进跟跑追赶"到为全球提供技术、提供服务、提供培训,再到利用全球资源,形成全球能力,并谋求互联互通、合作共赢,提供世界气象治理方案,展现大国担当的新格局。

二、主要启示

改革开放是坚持和发展中国特色气象事业的必由之路,是实现气象现代化的重要法宝。40 年积累的宝贵经验是新时代现代化气象强国建设弥足珍贵的精神财富,对气象事业高质量发展有着重要指导意义,需要在新时代改革开放的实践探索中倍加珍惜并不断坚持、丰富和发展。

(一)坚持把党的领导作为推进气象改革开放的政治保证

改革开放 40 年的实践启示我们,确保正确方向是改革成功的根本前提,坚持党的领导是气象改革沿着正确方向发展的政治保证,也是根本要求。

40 年改革开放的实践证明,气象事业改革发展取得的每一次重大成就、每一次重大进步,都与党的坚强领导密不可分,都与党的基本理论、基本路线、基本方略的指引密不可分。40 年来,我们党在中国特色社会主义道路上、推进改革开放的伟大实践中,以把方向、谋大局、定政策、促改革的领导力,在气象改革开放发展不同阶段,为做好气象服务、气象防灾减灾、气象现代化建设和气象事业发展作出了一系列影响深远的重大决策部署,提出"加强应对气候变化能力建设""强化防灾减灾工作"的战略任务,作出"加强适应气候变化特别是应对极端气候事件能力建设"的战略部署,提出"健全农业气象服务体系和农村气象灾害防御体系,充分发挥气象服务'三农'的重要作用""加强防灾减灾体系建设,提高气象、地质、地震灾害防御能力"等明确要求,有力强化了气象工作在国家治理体系和治理能力现代化中的地位和作用,指明了气象改革发展的正确方向和主要任务。特别是党的十八大以来,以习近平同志为核心的党中央作出了全面深化改革的重大决定,全面推进了社会主义市场经济体制、科技体制、财税体制、人事制度、综合防灾减灾救灾体制等一系列改革,有力指导气象服务体制改革、气象业务科技体制改革、气象管理体制改革的不断深化,推动了气象改革呈现出全面推进、多点突破、纵深发展的新局面,确保了全面深化气象改革在正确的轨道上不断前行。

新时代,在更高起点、更高层次、更高目标上推进全面深化气象改革,在坚定不移坚持党的领导这个决定气象前途命运的重大原则问题上,必须提高政治站位、保持政治定力、保持高度的思想自觉、政治自觉、行动自觉,丝毫不能动摇。必须以习近平新时代中国特色社会主义思想为指导,自觉增强"四个意识"、坚定"四个自信"、做到两个"坚决维护",自觉把党对气象工作的领导贯穿气象改革各方面和全过程,自觉把深化气象改革置于党和国家全面深化改革的大局之中,自觉站在党和国家全局、围绕党和国家工作大局和中心任务,统筹谋划改革开放和气象现代化建设,确保不偏不离、不折不扣地贯彻落实党的各项改革决策部署。这是开辟中国特色气象事业发展广阔前景的根本政治保证。

(二)坚持把解放思想实事求是作为推进气象改革开放的思想法宝

改革开放 40 年的实践启示我们,解放思想、实事求是、与时俱进始终是气象改革开放的强大思想武器,气象改革开放的过程就是思想解放的过程。没有思想的大解放就不会有改革的大突破,没有思想的大解放,很难有改革开放的大创新。

实践发展永无止境,解放思想永无止境。40年来,在不同发展阶段会遇到不同的紧迫问题,要不要发展自己的气象卫星?要不要发展自己的新一代多普勒天气雷达?要不要自主研发数值预报模式?如何进一步提高气象预测预报准确率和精细化水平?如何进一步提高关键性、转折性、灾害性天气气候预测预报能力?如何进一步提高科技和人才对推动现代气象业务发展的贡献率?如何进一步激发体制机制创新活力?如何进一步强化公共气象服务职能和创新气象社会管理?如何进一步加强和改革基层基础气象工作?如何破解气象核心技术难题的瓶颈制约?如何保障和服务国家重大战略?回答这一系列实现气象现代化宏伟目标必须直面的紧迫问题、时代命题,无不是以思想解放为先导。每一次发展观念的重大转变、每一次破除影响和制约气象事业科学发展体制机制障碍的重大实践、重大进展和重大突破,无不是以解放思想、实事求是为强大思想武器。解开了思想上的扣子,才迈出了实干的步子,从而在思想认识上实现共振,在改革开放上形成聚焦,才汇聚形成了在推进气象现代化征程中攻坚克难的强大力量。

新时代,在更高起点、更高层次、更高目标上推进全面深化气象改革,需要一以贯之坚持解放思想、实事求是、与时俱进、求真务实的思想路线,毫不动摇坚持解放思想和实事求是有机统一的思想法宝,勇于冲破思想观念的障碍,勇于突破体制机制的藩篱,不断分析和把握气象发展的新形势,谋划和制定气象发展的新战略,不断增强气象改革开放的动力、永葆气象改革开放的活力。

(三)坚持把不断满足人民群众需求作为推进气象改革开放的根本宗旨

改革开放40年的实践启示我们,全心全意为人民服务是我们党的根本宗旨,为中国人民谋幸福、为中华民族谋复兴是改革开放的初心和使命,气象与人民的生产生活和安全福祉密切相关,我们要将气象改革开放进行到底,就必须从全心全意为人民服务这个气象工作的根本宗旨出发,把更好地满足人民群众美好生活的气象需求、让人民共享气象发展成果作为一切工作的根本出发点和落脚点,作为推进气象改革开放的价值取向和本质要求。

回顾40年来波澜壮阔的不凡征程,气象改革开放之所以在历史前进的逻辑中不断前进,在时代发展的潮流中不断发展,就是认真践行了全心全意为人民服务的根本宗旨,践行了以人民为中心的发展思想,就是时刻将人民利益、人民安全福祉放在气象工作首位,明白人民群众真正的气象需求是什么,明白人民群众生命财产安全气象保障的责任是什么,明白气象预报预测、气象防灾减灾、应对气候变化、开发利用气候资源对改善人民群众生产生活的意义何在,我们才精准地把握矛盾和发展的关键,才制定了正确的、有利于人民共享气象发展成果的改革政策和措施,才使人民群众增强了对气象服务的获得感、满意感,才使得公众气象服务的满意度长期保持在80%以上。

新时代,在更高起点、更高层次、更高目标上推进全面深化气象改革,需要始终坚持以人民为中心,把不断满足人民美好生活对气象服务日益增长的需求作为我们的奋斗目标,把能否满足人民群众美好生活需要作为气象现代化的重要衡量标准,紧紧围绕人民群众的新期待大力发展智慧气象,加快构建完善以满足人民群众需求为目的的气象发展格局,倾听群众呼声、掌握群众需求、发现群众智慧、鼓励群众首创、凝聚群众力量,汇聚起推进新时代气象改革开放的合力,让人民共享气象预测、预报、科技、创新、服务等各方面发展成果,让人民有更多、更直接、更实在的智慧气象服务的获得感、幸福感、安全感。

(四)坚持把公共气象服务作为推进气象改革开放的发展方向

改革开放40年的实践启示我们,坚持什么样的改革方向,决定着改革的性质和最终成败。气象服务是立业之本,公共气象服务的发展方向是气象改革开放的基本方向。不管改什么、怎么改,坚定公共气象发展的前进方向不能偏,公益性的基本属性不能变。

40年改革开放的实践充分证明,党和政府重视气象工作、社会各界关注气象事业、人民群众关心气象预报,归根结底是希望气象能够提供更加优质的公共气象服务。只有坚持公共气象服务的发展方向,紧紧围绕党和国家重大战略做好气象服务,气象改革发展才能沿着正确的方向前行;只有面向决策、面向生产、面向民生,不断拓宽服务领域、创新服务能力、丰富服务产品、改善服务手段、完善服务体系、提高服务质量,大力推动公共气象服务主动融入各级地方经济社会发展之中,才能为气象事业打开更大的发展空间。公共气象的战略思路、发展方向,将随着时间的推移充分彰显其强大的生命力,充分彰显其推动事业发展的实践价值和理论价值。

新时代,在更高起点、更高层次、更高目标上推进全面深化气象改革,需要始终坚持气象是科技型、基础性社会公益事业的发展定位,坚定不移把公共气象服务发展方向贯穿始终,把公益性气象服务放在首位,面向决策、面向生产、面向民生,不断拓宽服务领域、创新服务能力、丰富服务产品、改善服务手段、提高服务质量,大力推动公共气象服务主动融入经济社会发展之中,大力提高气象预报预测能力、气象防灾减灾能力、应对气候变化能力、开发利用气候资源能力、生态文明气象保障能力,大力发展公共气象使人民满意、发展安全气象使保障有力、发展资源气象使气候增利、发展生态气象使中国美丽。这是开辟中国特色气象事业发展广阔前景最突出的标志,是气象工作的重中之重。

(五)坚持把气象现代化建设作为推进气象改革开放的主题主线

改革开放40年的实践启示我们,气象现代化建设是强业之路,是解放和发展气象生产力、增强气象综合实力的根本任务,是改革开放始终不变的主题主线。

40年来,我们自觉把气象现代化融入中国特色社会主义现代化建设伟大实践中,以更大的勇气、智慧和历史担当,落实了党中央国务院的要求,顺应了人民群众的期盼和气象事业的发展大势,奏响了全面推进气象现代化的交响乐章,开启了实现气象现代化的新征程,成为充分调动社会资源和力量加快推进气象事业发展的主音调,成为激发广大气象工作者书写个人出彩人生的主旋律。40年的实践充分证明,只有牢牢扭住气象现代化建设这个主题主线,毫不动摇坚持发展是硬道理、发展应该是科学发展和高质量发展的战略思想,推动气象事业持续健康发展,才能全面增强气象服务实力、业务实力、科技实力、人才实力,才能为气象有力保障社会主义现代化强国、实现中华民族伟大复兴奠定雄厚而坚实的基础,才使气象现代化迈入世界先进行列。

新时代,在更高起点、更高层次、更高目标上推进全面深化气象改革,需要毫不动摇地坚持气象现代化建设这一主题主线,聚焦早日全面建成现代化气象强国的战略目标,迎难而上、攻坚克难,全面构建满足需求、技术领先、功能先进、保障有力、充满活力的以智慧气象为标志的气象现代化体系,加快推进气象业务能力现代化、服务能力现代化、科技创新能力现代化和气象治理能力现代化,全面发挥气象在国家治理体系和治理能力现代化的职能作用,全面提升气象保障社会主义现代化强国的能力,全面推进和参与全球监测、全球预报、全球服务、全球创新、全球治理,使我国成为气象预报预测、气象防灾减灾救灾、应对气候变化、开发利用气候资源、保障生态文明建设等综合实力和国际影响力全面领先的国家,使我国整体气象发展水平实现从跟跑向并跑、领跑的战略性转变。

(六)坚持把依法发展作为推进气象改革开放的制度保障

气象改革开放40年的实践启示我们,改革和法治是两个轮子,依法发展气象事业是顺利推进气象改革开放、实现气象现代化强国目标的制度保障,是关系事业发展的根本性、全局性、稳定性、长期性问题。顺利推进气象改革开放,必须发挥气象法治规范的制度保障作用,做到气象改革和气象法治的相统一、相促进，做到依法有据、依法依规，做到在法治下推进改革、在改革中完善法治。

40年来，面对经济社会发展的迫切需求，面对艰巨繁重的改革发展任务，面对一系列不可避免的极具挑战性的矛盾和困难，我们之所以能够办成一系列大事、办好一系列喜事、办妥一系列难事，之所以能够抓住并用好重要战略机遇期，将中国特色气象事业推进到一个新的发展阶段，将气象现代化建设推上了一个新的发展台阶，一个最重要的原因，就是着力把气象改革实践中一些成功的经验上升到气象法治层面，充分发挥了气象法治建设对气象改革开放强有力的制度保障作用。如果没有《中华人民共和国气象法》的颁布，没有《人工影响天气管理条例》《气象灾害防御条例》《气象设施和气象探测环境保护条例》等行政法规的实施，没有一系列规章制度和气象标准的建立，也就没有今天这样良好的发展环境、政策环境，气象改革开放和现代化建设的列车就不可能沿着坚固的轨道顺利前行。

新时代，在更高起点、更高层次、更高目标上推进全面深化气象改革，需要毫不动摇地坚持依法发展气象，坚持运用法治思维和法治方式，全面推进气象法治建设服务和服从于依法治国的大局，着力构建保障气象改革发展的法律规范体系，着力提升依法履行气象职责的能力，着力提高依法管理气象事务的水平，在法治的轨道上推进气象改革开放，依靠制度保障气象事业健康发展。

（七）坚持把"双重领导、以部门为主"的管理体制作为推进气象改革开放的体制保障

气象改革开放40年的实践启示我们，领导管理体制至关重要。中央和地方"双重领导、以气象部门为主"的领导管理体制，为气象服务国家改革开放和社会主义现代化建设提供了有力的体制保障，为气象事业发展取得历史性成就、发生历史性变化提供了有力的体制保障。

40年来，我们深刻汲取了新中国成立以来气象部门领导管理体制几上几下的教训，率先探索找到了既适合气象事业发展特点又符合中国国情的"双重领导、以部门为主"的领导管理体制，确保了党对气象工作的集中统一领导，遵循了气象科学发展的内在规律，实现了气象现代化全国统一规划、统一布局、统一建设、统一管理，形成了中央和地方共同推进气象事业发展、共同支持气象现代化的格局，满足了地方经济社会发展对气象服务多样化的需求，提高了气象服务经济社会发展、保障人民安全福祉的质量和效益。2018年在全面深化党和国家机构改革中，气象部门仍然作为国务院直属事业单位，继续实施"气象部门和地方政府双重领导、以气象部门为主"的领导管理体制，也充分说明气象工作的职能定位、管理体制、运行机制、行政效能、工作成已得到党中央国务院的充分肯定，成为推进气象高质量发展最大的历史机遇。实践证明，"双重领导、以部门为主"的管理体制是气象改革开放的最大优势，是现代化气象强国建设的有力体制保障。

新时代，在更高起点、更高层次、更高目标上推进全面深化气象改革，需要毫不动摇地坚持现行气象领导管理体制，不断完善与现行领导管理体制相适应的双重计划体制和相应的财务渠道，不断推进中央与地方事权和支出责任改革，充分调动中央和地方两个积极性，充分发挥政府和市场两个作用，充分用好国际国内两个资源，以这一体制最大优势的充分发挥，在推进气象现代化、服务保障国家重大战略上展现新作为，在深化重点领域、关键环节改革上取得新进展，在共同破解气象核心技术难题上取得新突破，以气象事业持续快速健康发展的新局面，增强深化气象改革创新的信心和底气。

（八）坚持把加强干部人才队伍建设作为推进气象改革开放的关键支撑

改革开放 40 年的实践启示我们，千秋基业，人才为本。气象作为科技型公益性事业，努力建设一支忠诚干净担当的气象干部队伍和矢志爱国奉献、勇于创新创造的优秀人才队伍，是永葆事业发展活力和动力的不竭源泉。

40 年来，各级气象部门始终坚持加强干部队伍建设，形成了推进气象改革开放的中坚力量，成功地组织推动了气象改革开放、气象现代化建设和气象事业发展，实现了气象发展的历史性飞跃。40 年来，气象核心技术、关键技术的每一次突破和深化，气象业务、服务、管理体制机制的不断创新和完善，防灾减灾、应对气候变化、气候资源开发利用等每一个新生事物的产生和发展、每一个经验的取得和积累，都来自于广大气象干部队伍和人才队伍的实践和创新。40 年来，正是由于坚持不断实施气象人才发展战略，注重高层次人才队伍建设，先后推进"323"人才工程、"双百计划""青年英才培养计划"等一系列重大人才工程，建立台风暴雨强对流天气预报、地面观测自动化、气象卫星资料应用新技术研究与开发等不同层级的创新团队，建设"创新人才培养示范基地""海外高层次人才创新创业基地""国际科技合作基地"，大规模轮训气象干部队伍，我国气象事业发展人才结构才持续优化，气象科技实力、创新能力、国际竞争力才得以不断强化。

新时代，在更高起点、更高层次、更高目标上推进气象改革开放，需要继续坚持新时代党的组织路线，以符合新时代气象事业发展需要为目标，着力培养一大批高素质专业化的干部队伍；需要坚持以对气象事业发展高度负责的态度，把发现选拔优秀年轻干部放在更加突出位置，造就一代又一代可靠的气象事业接班人;需要坚持以激发干事创业活力为根本,不断营造气象人才成长环境,不断优化人才资源配置方式,激发人才发展活力,拓宽人才使用渠道,着力建设一支素质过硬、结构优化、效能良好的气象人才队伍,从而不断为气象改革开放提供强有力的组织保障和人才支撑。

(九)坚持把积极参与世界气象治理作为推动气象改革开放的重要担当

改革开放40年的实践启示我们,开放带来进步,封闭必然落后。中国气象事业的发展离不开世界,世界气象的发展也需要中国。开放合作包容,道路就会越走越宽广,共建共享共赢,活力就会越来越强。

40年来,正是由于我们坚持国际视野、全球思维,坚持互利共赢的对外开放战略,敞开胸怀、拥抱世界,打开大门建设气象现代化,积极学习借鉴发达国家气象科技创新的先进经验,才获得了更多的提升气象监测能力、预报水平的技术、资源、人才乃至机遇,才为气象现代化不断注入新动力、增添新活力、拓展新空间。正是由于我们积极参与全球气象事务,积极推动气象多边和双边合作深入发展,积极支持广大发展中国家推进气象科技发展,不断为世界气象监测预报、气象防灾减灾、应对气候变化贡献中国智慧和中国方案,才形成了全方位、多层次、宽领域的全面开放新格局,才创造了良好国际气象环境,中国气象的国际地位和国际影响力才大幅提升。

新时代,在更高起点、更高层次、更高目标上推进全面深化气象改革,需要继续坚持改革不停顿、开放不止步,坚持共建共享共赢的对外开放战略,以全球的视野、开放的格局,谋求互联互通、合作共赢的气象国际发展前景,大力推进和参与全球观测、全球预报、全球服务、全球创新、全球治理,努力构建全方位、多层次、宽领域的全面开放新格局,利用全球性的资源,形成全球性的能力,展现大国担当,履行大国使命,做出中国贡献。

(十)坚持把统筹协调作为推进气象改革开放的基本方法

气象改革开放40年的实践启示我们,改革开放作为一个复杂的系统工程,需要统筹兼顾、形成合力来推动。发展无坦途,改革无捷径,路该怎么走?以什么样的视野部署改革,以什么样的逻辑深化改革,以什么样的方法破解改革难题,事关改革能否善作善成。方法正确,改革就会事半功倍、破浪前行。

40年来,我们之所以敢一个接一个啃硬骨头、涉险滩,一次又一次突破体制机制的藩篱,就是因为我们既坚持处理好解放思想和实事求是的关系,还坚持处理好整体推进和重点突破的关系、顶层设计和"摸着石头过河"的关系,坚持处理好胆子要大和步子要稳的关系、改革发展稳定的关系,才最大范围地凝聚社会各界推进气象现代化的共识,才最大程度地汇集了广大人民群众支持发展气象现代化的力量,才最大程度地激发出广大气象干部职工推进气象现代化的力量,才确保了气象改革开放的航船开得更稳、行得更远。

新时代,在更高起点、更高层次、更高目标上推进全面深化气象改革,破解气象服务供给不平衡不充分的挑战和压力,破解气象综合业务科技实力不强的挑战和压力,破解气象发展突破体制机制障碍、思想观念束缚的挑战和压力,需要增强战略思维、辩证思维、历史思维、创新思维、法治思维、底线思维,需要坚持问题导向、目标导向、战略导向,加强顶层设计和整体谋划,加强气象服务、业务、科技、管理和保障各领域改革举措的关联性、系统性、可行性研究,加强各层级、各区域、各领域、各环节气象工作的统筹协调,既重视整体推进又要重视重点领域、关键环节的突破,既要注重顶层设计又要注重基层大胆探索,既要敢为天下先、敢闯敢试又要积极稳妥、蹄疾步稳,确保气象改革开放行稳致远。

探索实践波澜壮阔,发展成就来之不易,经验启示弥足珍贵。以上这些重要启示和主要经验是在气象改革开放 40 年实践探索基础上,对气象改革发展规律的科学总结、集中体现,与中国气象事业发展 60 年、改革开放 30 年所总结的基本经验一脉相承、一以贯之,是互相联系、有机统一的整体,是指导新时代全面深化气象改革、扩大开放的宝贵财富和强大力量。

第五章 十大标志性事件

气象改革开放标志性事件,主要是指改革开放40年来,对气象事业发展具有高显示度、高影响力,已产生巨大作用、取得重大效果,并且还将延续产生影响的事件。本研究把这些事件的正式起端作为标志性事件的发生时间。

一、1980 年：国务院批准气象部门管理体制改革

1980 年 5 月 17 日,国务院印发《国务院批转中央气象局关于改革气象部门管理体制的请示报告的通知》(国发〔1980〕130 号)。国务院同意,全国气象工作实行统一领导,分级管理,由地方政府领导为主改为气象部门与地方政府双重领导,以气象部门领导为主的管理体制。实施步骤分两步:第一步,在 1981 年前,经省、直辖市、自治区人民政府批准,省级以下气象部门逐步改为以省、市、自治区气象局为主的双重领导;第二步,全国气象部门自上而下改为以气象部门领导为主。以国发〔1980〕130 号文件为标志,从体制上决定气象事业发展的改革正式启动。

1981 年,中央气象局开始分“省级以上、省级以下”两步对气象部门领导管理体制进行改革,到 1983 年全国气象部门基本建立了“双重领导,以部门为主”的领导管理体制,基本形成了符合气象工作特点、有利于全国气象事业统一规划、统一布局、统一建设、统一管理的领导体制。

在领导管理体制改革之后,由于中央财政预算经费缺口严重,明显影响气象事业正常发展,导致各地气象事业发展与地方经济社会发展不适应的矛盾逐渐显现。1990 年 8 月,国家气象局提出促进国家气象事业与地方气象事业协调发展和建立双重计划财务体制的改革思路。为进一步完善“双重领导,部门为主”管理体制,国务院先后下发《国务院关于进一步加强气象工作的通知》(国发〔1992〕25 号)、《国务院办公厅关于加快发展地方气象事业的意见》(国办发〔1997〕43 号)。随着这些政策的逐步落实,与“双重领导”管理体制相适应的双重计划体制和财务渠道逐步建立,为气象事业发展提供了重要保障。

为使气象管理体制与国家行政管理体制改革相适应,气象部门分别于 2001 年、2013 年实施了地市级气象管理机构和县级气象管理机构过渡为参照公务员法管理的重大改革。目前已经形成了国家、省、地、县四级气象管理体制机制,根据《中华人民共和国气象法》《气象灾害防御条例》等法律法规以及国务院授权,承担着全国气象工作的政府行政管理职能。到 2017 年年底,中国气象局机关内设机构 11 个;全国 31

个省(自治区、直辖市)气象局,机关内设机构 312 个;地(市、州、盟)气象局 333 个,县(市、旗)气象局 2174 个;地级以上气象台 382 个,县级气象台(站)2424 个。

实践表明,改革后的领导管理体制适应气象现代化建设和发展的需要,有利于气象事业发展统一规划和建设,促进气象现代化和业务技术体制的改革;有利于气象业务和服务的统一布局、管理和发挥气象部门的整体效益;有利于气象部门各级领导班子建设;有利于发挥气象科技人员的作用,提高人员的业务、技术素质,保持气象队伍的基本稳定;有利于各级气象部门机构的稳定和规范化;有利于发挥中央和地方共同发展气象事业的积极性,促进气象事业又好又快地发展。

进入新时代,全面深化改革开放,必须坚持和完善双重领导管理体制。双重领导管理体制是改革的底线,这个底线不能破。2018 年深化党和国家机构改革,垂直和双重管理的部门有所增加,中央设立垂直机构,规范垂直管理体制,健全垂直管理机构与地方协作配合机制,是理顺中央和地方权责关系,推进国家治理体系和治理能力现代化的重要举措。新时代气象发展要坚持底线思维,改革措施要符合双重领导、以气象部门为主的领导管理体制,并着力解决双重领导管理体制运行中的问题。一方面,要把"强中央、保地方、减共管"作为气象领域财政事权划分改革的主基调,合理确定中央地方财政事权。全国统一规划、统一布局、统一标准、统一管理的气象监测、预报、预警、服务、保障等基本气象业务系统建设维持,中央机构编制部门批复的机构和人员管理,确定为中央财政事权。地方机构编制部门批复的机构和人员管理,直接为当地经济建设和社会发展服务建立的气象监测预警和服务保障等建设及维持确定为地方财政事权。同时,要充分发挥中央和地方两个积极性,清晰划分中央和地方支出责任。发展气象事业所需的基本建设投资和维持经费,中央机构编制部门批复的机构的运行经费及编制内人员经费由中央财政全额安排。因中央与地方政策匹配原因造成的人员经费保障差别,将按中央统一精神执行。发展地方气象事业所需的基本建设投资和维持经费,由地方各级财政全额保障。中央与地方共同事权,由中央和地方按规定分担共同事权的支出责任,并按区域差异和地方财力分类分档确定中央和地方的支出比例。

二、1984 年:《气象现代化建设发展纲要》

1984 年 1 月 1—11 日,全国气象局长会议审议通过《气象现代化建设发展纲要》,翻开了气象现代化建设崭新的一页,成为我国气象现代化建设的新起点。

1980 年 7 月,为全面贯彻落实党的十一届三中全会精神和气象工作中心的转移,中央气象局成立了以邹竞蒙、程纯枢为组长的长期规划领导小组编写《气象现代化建设发展纲要》,历时 3 年,1984 年,全国气象局长会议审定通过,并组织实施。

《气象现代化建设发展纲要》提出的奋斗目标是:到 20 世纪末,力争建成适合中国特点、布局合理、协调发展、比较现代化的气象业务技术体系。即由各种探测手段有机组成的大气综合探测系统;多层次结构及多种通信手段并存的综合气象电信系统;以计算机为主要手段的气象资料自动处理及信息检索系统;以数值预报为基础,综合运用各种预报方法而形成的天气预报业务系统,以及气候诊断、分析、预测的业务系统;综合运用各种气象服务手段及现代传播工具的气象服务系统。提出的战略重点是:努力提高灾害性、关键性天气的监测、预报能力;积极开展气候服务;切实抓紧人才培养;大力加强科学研究。提出分步实施战略的举措:第一步,1990 年之前主要是为后十年的加速发展创造条件,打好基础;第二步,后十年加快发展速度,按照气象业务技术体制现代化发展目标的要求,建成现代化气象业务技术体系。

1984 年,《气象现代化建设发展纲要》正式印发,加快了气象现代化建设,先后实施了一系列重要战略措施。主要包括:建立和完善领导管理体制,调整气象事业结构,改革内部运行机制,加强总体规划设计;启动实施了一大批气象现代化重点工程建设,通过重点项目建设,带动基础设施和工作条件大幅改善;实施科教兴气象战略,加强科研和教育,使之成为气象业务现代化的两翼,为气象现代化建设提供科技和人才支撑;加强国际气象科技合作与交流,在卫星、雷达、通讯、计算机、数值预报等领域采用"引进、消化、吸收、再创新"和"派出去、请进来"策略,使我国在这些领域实现跨跃式发展。随着上述措施的落实和一系列重点工程项目的成功建设,全面提升了气象信息的获取、传输、加工分析、预测预报和服务能力。中国气象现代化成为国家现代化的重要标志之一。《气象现代化建设纲要(1984—2000 年)》成为改革开放 40 年来,编制气象发展纲要、规划的重要参考和借鉴。

1989 年,国家气象局党组决定修订《气象现代化建设纲要(1984—2000 年)》,成立了国家气象局规划领导小组,负责并具体指导《气象现代化建设纲要》的修订和长期规划的编制。在修订过程中,国家气象局组织制定了《气象事业发展纲要(1991—2020 年)》,并在此基础上,编制了《气象事业发展十年规划(1991—2000 年)》。《纲要》《规划》于 1993 年 4 月在全国气象工作会议审议并原则通过。

三、1988 年:第一颗气象卫星发射

1988 年 9 月 7 日,我国第一颗"风云一号"太阳同步轨道气象卫星,在

山西太原卫星发射中心发射成功,实现了我国气象卫星从无到有的重大转变。

中央领导非常重视和支持我国气象卫星的发展。1969年,周恩来总理提出:"要搞我国自己的气象卫星。"虽然当时我国正处于文化大革命中,国民经济十分困难,但党中央、国务院和中央军委仍然做出了研制气象卫星、支撑气象现代化建设的重大决策。1970年5月气象卫星筹备组正式成立,经过一年多的准备,1971年中央军委正式批复组建卫星气象中心站(国家卫星气象中心),标志着我国气象卫星开始起步。1977年召开了我国第一颗气象卫星总体技术计划协调会,启动工程建设并将我国极轨气象卫星命名为"风云一号",标志着我国气象卫星研制正式拉开序幕。1978年,静止气象卫星风云在邓小平同志英明决策下列入研制计划,静止气象卫星自然被命名为"风云二号"。工程建设的十年里,气象卫星及地面应用系统研制工作从无到有,在探索中前进。之后,李鹏总理指出:"尽一切力量促使极轨和静止气象卫星早日发射。"从1988年第一颗气象卫星——"风云一号"A(FY-1A)极轨实验卫星发射成功,到1997年"风云二号"静止气象卫星成功发射,我国成为世界上同时拥有静止气象卫星和极轨气象卫星的三个国家(组织)之一,取得了举世瞩目的成就。

我国气象卫星从无到有实现跨越发展。自"风云一号"以后,我国气象卫星经历了从极轨卫星到静止卫星,从试验卫星到业务卫星的发展过程。至2018年6月,我国已成功发射17颗风云系列气象卫星,其中8颗极轨气象卫星,9颗静止气象卫星,有8颗气象卫星在轨运行。2016年成功发射的"风云四号"A星与我国第一代卫星观测系统相比,观测的时间分辨率提高了1倍,空间分辨率提高了6倍,大气温度和湿度观测能力提高了上千倍,整星观测数据量提高了160倍,观测产品数量提高了3倍,极轨气象卫星实现了卫星技术升级换代和上午、下午星组网观测,静止气象卫星实现了卫星双星观测和在轨备份。气象卫星综合技术性能达到国际领先水平,实现了我国静止轨道气象卫星从"跟跑"向"领跑"的跨越,风云气象卫星实现了业务化、系统化,并被世界气象组织纳入全球业务卫星序列。我国卫星地面应用系统以数据处理和服务中心(国家卫星气象中心)和北京、广州、乌鲁木齐、佳木斯、瑞典基律纳5个接收站为主体,同时包括31个省级卫星遥感应用中心(表18)和2500多个卫星资料接收利用站。气象卫星的数据产品广泛应用于气象、农业、水利、海洋、环境等领域,对数值天气预报模式性能的改进发挥着重要作用,为防灾减灾提供重要支撑,并在全球实现共享共用。气象卫星应用效益显著,投入产出效益比超过1∶40。

表 18 2017 年各地区气象卫星接收站分布情况

地区和单位	静止气象卫星中规模利用站	EOS/MODI 接收站
全国总计	342	22
北　京	3	
天　津	2	
河　北	5	1
山　西	12	1
内蒙古	5	1
辽　宁	15	1
吉　林	6	
黑龙江	6	2
上　海	5	1
江　苏	5	
浙　江	29	1
安　徽	5	
福　建	16	2
江　西	9	
山　东	14	1
河　南	27	1
湖　北	16	
湖　南	7	
广　东	8	1
广　西	12	
海　南	4	1
重　庆	4	
四　川	13	1
贵　州	12	
云　南	25	1
西　藏	8	1
陕　西	19	1
甘　肃	16	1
青　海	15	
宁　夏	5	
新　疆	14	1

我国气象数据卫星广播系统(CMACast)成为地球观测组织的 3 个广播系统之一,覆盖范围从中国区域拓展到亚太地区;"风云四号"气象卫星投入业务运行,"风云二号"H 星可覆盖南亚、西亚、中亚和大部分非洲国家,风云系列气象卫星成功改变了国际气象卫星的格局,中国碳卫星数据正式对外开放共享;全球 90 多个国家和地区(包括"一带一路"沿线 37 个国家和地区)在使用风云卫星,使我国成为世界上第三个提供数据服务的国家;建立"风云"卫星国际用户防灾减灾应急保障机制,确保我国能为风云气象卫星覆盖范围内的国家提供区域加密观测和应急气象保障服务。

四、1992 年:哈尔滨会议

1992 年 8 月 16—22 日,全国气象局长工作研讨会在黑龙江哈尔滨召开,这次会议是在邓小平视察南方重要谈话之后,全国上下掀起改革开放新浪潮形势下,气象部门召开的一次特别重要会议。这次会议明确提出气象部门当时的改革要以气象事业结构的调整和建立完善相应的运行机制为重点。这次会议第一次明确提出"气象事业结构"由三大块组成:一块是以国家气象事业和地方气象事业相结合的基本气象业务,一块是专业(专项)气象服务和技术开发为主的科技服务,一块是以高科技产业为重点的多种经营。这次会议形成的决定,标志我国气象事业改变了单一的计划体制,成为气象服务多元化发展的开端,成为新一轮气象改革开放的转折点,成为加快气象现代化发展的重要标志,对形成今天的气象事业格局具有开创性的意义。

"气象事业结构"思路形成过程。这一思路形成的基础,一是 20 世纪 80 年代以来专业气象服务的发展,二是 1990 年提出的气象部门内部结构调整。1985 年 3 月 29 日,国务院办公厅印发《国务院办公厅转发国家气象局关于气象部门开展有偿服务和综合经营的报告的通知》(国办发〔1985〕25 号),对有偿专业服务的范围、收费的原则、收入的使用等作出规定,成为我国气象服务制度改革的重要起点。由于专业气象服务的快速发展,到 1991 年气象服务领域拓宽到 100 多个行业,全国气象部门从事专业气象服务的专职人员达到 3656 人,兼职达到 15000 人,为 1992 年哈尔滨会议提出"气象事业结构"由三大块组成创造了基础条件。哈尔滨会议把专业气象服务明确界定为气象科技服务。

"四个结构调整"的提出,是"气象事业结构"由三大块组成的直接影响因素。党的十三届五中全会提出了"治理整顿,深化改革"的方针以后,国家气象局根据这次会议精神,于 1990 年 1 月 11 日在上海召开了全国气象局长会,会议结合气象部门的实际,首次明确提出了"四个结构调整",即:调整专业结构,促进业务技术体制改革;调整人才结构,协调人才供需关系;调整队伍结构,逐步实现人员合理分流;调整投资结构,提高资金使用效益。"四个结构调整"成为 20 世纪 90 年代,气象部门提出大力推进气象事业结构调整的直接影响因素,也是加快改革步伐的前奏。

"气象事业结构"思想的发展。1992 年 8 月,全国气象局长研讨会作出决定,将"四个结构调整"进一步深化为"气象事业结构调整",提出逐步建立起由基本气象系统、科技服务、综合经营三部分构成的新型事业结构,并要求全国各级气象部门将调整气象事业结构以及建立和完善相应的运行机制作为气象部门深化改革的重点。气象部门通过几年的结构调整,各级台站、各个单位形成基本业务、科技服务、经营实体"大三块"的框架。

但随着气象科技服务的发展,逐渐出现了一些新的问题,主要是部门内实体小、低、散;部门内单位之间的无序竞争;一个单位内各部分间的相互关系等很难协调;各单位领导精力放在创收上太多,基本业务内在质量受到一定影响,同时出现各省(自治区、直辖市)气象局直属单位之间信息资源不能共享等问题。为了解决气象科技服务和综合经营效益不高的问题,根据当时国家改革的形势,1998 年在青岛召开的全国气象局长会议提出对事业结构进行战略性调整,要求用 3 年左右时间,通过整合资源,基本实现同一层次上由单位"小三块"向部门的"大三块"转变。1999 年全国气象局长工作研讨会上又提出气象事业结构由"三部分"组成的构想,并于 2000 年 2 月下发《关于深化气象部门改革的若干意见》(中气办发〔2000〕8 号),提出改革的目标是,通过加快气象事业结构战略性调整,用 3～5 年或更长一点时间,在部门内初步形成由"气象行政管理、基本气象系统、气象科技服务与产业"三部分组成的,结构合理、界面清晰、协调发展的气象事业基本框架,实现气象管理依法行政、办事高效、运转协调、行为规范;基本气象系统具有较高现代化水平,人员精干、管理科学、服务优质高效;气象科技服务与产业面向市场,形成规模,经济效益显著。

气象事业"三部分"结构调整,明晰了气象事业发展的方向,即第一部分气象行政管理,依法履行政府行政管理职能;第二部分基本气象系统是气象部门的主业,经费由国家全额支持;第三部分科技服务与产业向企业转制,逐步走向市场。这一重大改革思想,促进了全面拓展业务服务领域,推动了气象事业统筹协调发展。到 21 世纪初,全国省级和地市级气象部门基本形成了"三部分"气象事业结构。但进入 21 世纪以来,由于气象事业发展的形势和环境发生了很大变化,为适应社会主义市场经济条件下气象服务多样化的需求,气象部门在坚持公共气象发展理念的指导下,不断拓展气象服务领域,气象事业结构发生很大变化。

2008 年,中国气象局按照中央的统一部署,结合气象事业发展对管理体制机制的要求,提出了进一步深化气象行政管理改革,推进事业单位分类改革,按照政事公开、企事分开、管办分离的原则,强化内设机构的社会管理与公共服务职能;进一步强化气象现代化体系建设,完善公共气象服务体系,重点加强防灾减灾、应急管理和应对气候变化工作,推动气象事业结构进一步调整与完善。2011年,中国气象局提出努力建立与气象现代化体系相适应的新型事业结构战略任务。2012 年党的十八大以后,气象部门通过深化气象服务体制、气象业务科技体制和气象管理体制改革,加快形成了新的气象事业发展格局。

优化"气象事业结构"的成效。自提出调整气象事业结构以后,为适应社会主义市场经济发展要求,通过不断推进气象改革,特别是 2012 年党的十八大以来,气象部门全面深化体制改革,气象服务体制改革大力推进气象服务市场开放,有效扩大了面向社会的气象服务供给;气象业务体制改革以有利于提升气象核心竞争力和提高气象综合业务能力水平为重点,实现气象业务提质增效;气象管理体制改革着力于转变职能、理顺关系、优化结构、提高效能,并推进了县级气象机构综合改革,气象事业结构实现了优化。到 2017 年全国已经形成了由气象行政机关、气象事业单位、气象行业单位、气象服务企业和气象社会组织构成的新型气象事业结构,建成了具有中国特色的气象事业体系。

气象部门已经实现政事公开、企事分开、管办分离的事业结构。到 2017 年年底,全国气象部门形成了参照公务员法管理的四级气象行政管理机构,即中国气象局、31 个省(自治区、直辖市)气象局、333 个地(市、州、盟)气象局、2174 个县(市、旗)气象局,而在 1992 年当时的地市县气象局还属于局台(站)合一的气象事业单位。全国四级气象事业单位由于气象业务发展需要,各级气象事业单位机构数量较 1992 年均有增加,其中省级直属事业单位数量较 2001 年增加8.3%。全国已经形成了一大批气象服务社会组织和气象科技企业。

气象服务领域的改革取得了显著的社会效益和经济效益。气象服务已经融入社会,走进了千家万户,服务遍及工业、农业、林业、商业、能源、水利、交通、环保、海洋、旅游等上百个经济社会行业。到 2017 年,在公众气象服务方面,全国固定平台传播气象服务的报刊达到 1435 个、广播频道 1735 个、电视频道 3565个,128 家气象政府网站以及 3800 多个气象官方新媒体传播气象信息,公众预警气象信息覆盖人口超过 85.5%。气象服务由量变到质变,实现了质量和效益的跨越,建成了具有中国特色的现代气象服务体系。这个体系,是始终坚持公共气象发展方向的体系,是包括决策服务、公众服务、专业专项服务和科技服务在内的多元化体系,是党委领导、政府推动和气象事业主体作用得到充分发挥的体系,是符合中国国情、适应国家治理能力现代化要求的体系。目前,已经发展形成了社会多元参与的、开放的气象科技服务市场,并呈现出良好发展前景。

五、1998 年:防汛抗洪气象服务

1998 年 6—8 月,长江流域、嫩江流域发生特大暴雨洪涝灾害,降水之多,洪峰水位之高、持续时间之长,为历史罕见。全国气象部门上下动员、通力协作,严密监视、科学分析,准确预报、有效服务,为各级党政领导科学决策、夺取抗洪抢险的胜利发挥了重要作用,获得党中央、国务院和各级地方党政部门的高度评价,取得了显著的经济效益和社会效益,是我国重大气象灾害气象服务的典范。1998 年防汛抗洪气象服务的胜利,标志着我国决策气象服务的地位作用发生了根本改变,也使我国气象重大项目建设更加受到国家高度重视,对形成具有中国特色的决策气象服务模式、开启新的气象现代化大规模建设具有重要意义。

长江流域。1998 年 6—8 月,长江流域大部地区频降大雨、暴雨和大暴雨,局部降特大暴雨,总降水量一般达到 600～900 毫米,沿江及江南部分地区超过1000 毫米,较历史同期偏多 6 成以上。除江淮地区外,流域各地总降水日数均超 40 天,上游大部地区超 50 天,局部达 60 天以上,中下游大部地区以及江西东部地区较常年同期偏多 1～2 周,其中重庆偏多 19 天,桑植和恩施偏多 16 天,为历史少见。尽管总降水量不及 1954 年,但降水强度特别大,尤其是突发性暴雨的强度大而少见。

长江中下游地区强降雨主要出现在 6 月中下旬和 7 月下旬。1998 年 6 月12—27 日总降水量 200～500 毫米,江西北部、湖南北部、浙江西南部、安徽南部及福建西北部、广西东北部等地部分地区降水量 600～900 毫米,局部地方超1000 毫米。受强降雨影响,各江、河、湖、库水位迅速上涨并相继出现超警戒或超保证水位,一些江河还出现了历史最高水位。6 月 28 日至 7 月 3 日期间,除在川西南的西昌、会理一带有一个 100～200 毫米的多雨区外,在重庆、三峡区间及湖北清江流域地区也有一个 100～200 毫米、局部 200～300 毫米的多雨中心。7 月 3 日 2 时,湖北宜昌洪峰水位 52.91 米,超警戒水位 0.91 米,形成了 1998 年长江第一次洪峰。受洞庭湖、鄱阳湖水系及上游来水共同影响,中下游干流全线超警戒水位。7 月 20—31 日,长江中下游地区再次出现大范围的暴雨天气过程,同时四川盆地东部、重庆及三峡区间于 7 月 20—23 日、7 月 28—29 日也出现了两次降雨过程。强降雨带位置与 6 月中下旬暴雨带位置基本一致。中下游干流在前期已维持高水位且普遍超警戒水位 0.31～2.27 米的情况下,持续降雨无疑是雪上加霜,洞庭湖、鄱阳湖水系水位急涨。8 月,长江上游四川、重庆及三峡区间、湖北清江流域及汉江下游地区降雨仍很频繁,较明显的降雨过程有6～7次。上游频繁降雨造成洪峰迭起,共形成8次洪峰先后通过湖北宜昌。

持续的暴雨或大暴雨,造成山洪暴发,江河洪水泛滥,堤防、围垸漫溃,外洪内涝及局部地区山体滑坡、泥石流,给多个省份造成了严重的损失。据不完全统计,这次暴雨洪水灾害造成受灾人口超过1亿人,受灾农作物1000多万公顷,死亡1800多人,伤(病)100多万人,倒塌房屋430多万间,损坏房屋800多万间,经济损失1500多亿元。

嫩江流域。1998年6—8月,受低槽和冷涡的持续影响,嫩江流域出现大面积、持续不断的大到暴雨天气过程,降水量一般有300～450毫米,部分地区达500～700毫米(黑龙江甘南县多达795.8毫米),不少地区3个月降水量超过年平均降水量。受长时间频繁降雨的影响,嫩江支流水位上涨,干流洪峰迭起,共出现4次洪峰。特别受8月上半月降雨的影响,8月6日嫩江水位复涨,7日6时哈尔滨松花江水位涨至118.57米,超过警戒水位0.47米。11日,受支流诺敏河、雅鲁河、洮儿河等河流超过历史记录的洪水及降雨的影响,嫩江干流同盟、齐齐哈尔、富拉尔基、江桥、大赉等地区均出现历史大洪水。23日19时,松花江干流洪峰通过哈尔滨,水位达120.89米,超过历史最高水位(1957年的120.05米)0.84米,相应流量17300立方米每秒,为百年一遇的特大洪水。当洪水向下游推进时,也造成佳木斯市出现有实测记录以来到1998年的第二位洪水,富锦出现了超过历史最高水位的洪水。在此期间,西辽河、新开河、乌力吉木仁河先后出现9次洪峰。据黑龙江、吉林、内蒙古3省(区)的不完全统计,受暴雨洪水的影响,受灾人口1000多万人,受灾农作物超过500万公顷,经济损失近500亿元。

1998年防汛抗洪气象服务成效显著。中国气象局对1998年的防汛气象服务工作,部署早、动员早、落实早。从1998年年初召开的全国气象局长会议开始就要求各级气象部门做好防大汛、抗大旱的充分准备,力争做到重大灾害性、关键性、转折性天气不错报、不漏报。

在汛前、汛中,先后3次召开全国防汛气象服务电话会议,及时贯彻落实国家防总关于防汛抗洪气象服务的有关部署要求。在抗洪抢险最艰难、最关键的时刻,中国气象局连续发出通知和紧急通知,要求广大气象职工,千方百计做好抗洪抢险气象服务工作。在抗洪抢险进入决战阶段,中国气象局先后派出4个工作组,分赴湖北、湖南、江西和黑龙江等省抗洪抢险气象服务第一线指导气象服务。

1998年防汛抗洪气象服务中,最突出的是决策服务准确及时。中国气象局在准确地监测预测了强厄尔尼诺事件,在此基础上提前两个月成功预测了汛期长江流域持续强降雨趋势。中央气象台和各级气象部门在洪峰通过的关键时刻做出了准确及时的预报服务,为领导科学决策发挥了重要作用。1998年7月中旬,长江降水陡涨,水位持续偏高,严重威胁长江三峡二期围堰工程,7月16—17日中央气象台准确预报三峡地区降雨量为30~40毫米,国家防汛抗旱总指挥部依据气象、水利部门的报告,没有撤离施工人员和设备,避免直接经济损失超过亿元,并为抵御第6次洪峰的到来赢得了时间;8月6日沙市水位超过警戒水位1.48米,荆江大堤面临分洪的严峻局面,分洪区3.3万居民待命紧急转移。中央气象台及时作出"8月7—8日三峡库区面雨量为15~20毫米,不会出现强降水过程"的预报,成功避免了分洪。整个汛期,中国气象局向党中央、国务院及有关部门报送专题气象报告60余份。

1998年防汛抗洪的气象服务取得了显著的社会效益和经济效益,党中央、国务院和各级地方党政部门给予了高度评价。为弘扬防汛抗洪精神,国家防汛抗旱总指挥部、人事部、解放军总政治部发文联合表彰在防汛抗洪中做出突出贡献的抗洪先进集体和抗洪模范。中央气象台,内蒙古、安徽、江西、广西、湖北、湖南等省区气象局,黑龙江省气象台,江西省九江市气象局9个单位被授予"全国抗洪先进集体"称号,有9人被授予"全国抗洪模范"称号。中国气象局授予80个单位为"1998年防汛抗洪气象服务先进集体",授予53人为"1998年防汛抗洪气象服务先进个人"。

1998年防汛抗洪气象服务影响深远。在1998年防汛抗洪气象服务中,气象部门提供的决策气象服务,为各级党政领导科学决策,夺取抗洪抢险的胜利发挥了关键作用,这对全国决策气象服务发展和重大气象项目建设产生了重大影响。

——决策气象服务地位发生了根本改变。在1998年防汛抗洪气象服务中,面向党中央、国务院,面向各级党委、政府和有关部门的决策气象服务职能作用得到凸显,使决策气象服务在应对重大自然灾害中的地位、在气象工作中的地位发生了根本改变,对进一步推动形成具有中国特色的决策气象服务模式有着重要意义。我国决策气象服务于20世纪80年代提出,1996年成立了中国气象局决策气象服务中心。自1998年后,我国决策气象服务取得长足发展,2000年建立了决策服务业务体系,2002年各省(自治区、直辖市)决策气象服务系统基本建成,2007年推动建立了国家级、省级、地(市)级、县级决策气象服务机构,逐步形成了"党委领导、政府主导、部门联动、社会参与"的气象防灾减灾工作机制,2017年决策气象服务业务系统和气象决策支撑平台在国务院应急办部署运行,决策气象服务在防灾减灾中的地位作用更加突出。自1998年以来,有效应对了2008年我国南方部分地区低温雨雪冰冻极端气象灾害、2014年第9号超强台风"威马逊"等重大气象灾害,有力保障了2008年汶川地震、2010年玉树强烈地震和舟曲特大山洪泥石流、2015 年"东方之星"事件等重大突发事件处置,圆满完成了 2008 年北京奥运会、2009 年新中国成立 60 周年庆祝活动、2016 年杭州 G20 峰会、2017 年"一带一路"高峰论坛及厦门金砖会晤等重大活动气象服务保障,决策气象服务的社会效益和经济效益更加显著。

——重大气象项目建设更加受到国家高度重视。准确的重大灾害性、关键性、转折性天气预报,是 1998 年防汛抗洪气象服务取得胜利的基础。1998 年防汛抗洪气象服务后,国家更加重视重大气象项目建设,新一代多普勒雷达、气象卫星等一批国家重点工程项目加快实施,成为我国气象现代化建设提档升级的催化剂。

我国新一代天气雷达自 20 世纪 80 年代开始建设,1994 年拟在全国布设 126 部新一代天气雷达,因进口价格比较昂贵,1996 年采取引进先进技术,由中美合资组建北京敏视达雷达有限公司来生产,同时鼓励国内雷达厂家自主研制。由于中央财政对气象投入有限,新一代天气雷达建设进程受到影响,项目计划难以落实。1998 年防汛抗洪决策气象服务取得巨大成效后,重大气象装备建设引起了国家的高度重视,当年,新一代天气雷达建设就纳入国债资金项目,使新一代天气雷达得以快速实施、全面建设。1999 年 9 月我国第一部国产新一代天气雷达(CINRAD/SA)在安徽合肥架设成功,实现了天气雷达技术的跨越发展。2000 年,正式启动我国新一代天气雷达网建设。截至 2017 年年底,全国有 198 部新一代多普勒天气雷达业务运行,较 2001 年增加 182 部,增长 11.4 倍。目前,我国新一代天气雷达网已经成为监测灾害性天气的最关键技术手段,近地面覆盖范围达到约 220 万平方千米,基本覆盖全国气象灾害易发区和服务重点区,显著增强了对突发性暴雨、台风和大江大河流域强降水等重大灾害性天气的监测和预警能力,在定量估测降水、强对流天气临近预报等方面发挥着重要作用。

我国气象卫星自 1988 年成功发射"风云一号"A 极轨气象卫星、1997 年成功发射"风云二号"静止气象卫星后,面临着长期发展的资金问题。自 1998 年防汛抗洪后,国家对气象卫星建设更加重视,1999 年年底国务院批准了《未来十二年气象卫星及应用发展计划》,使我国气象卫星发展有了持续的经费支持,我国气象卫星和气象卫星业务建设迈入快车道。到 2018 年 6 月,我国已成功发射 17 颗风云系列气象卫星,目前有 8 颗气象卫星在轨运行,气象卫星的技术水平、运行稳定性和寿命、应用能力等均有重大突破,部分性能指标超过国际在轨卫星先进水平,其中"风云二号""风云三号"被世界气象组织纳入全球业务应用气象卫星序列之中。

六、1999 年:《中华人民共和国气象法》颁布

1999 年 10 月 31 日,经中华人民共和国第九届全国人民代表大会常务委员会第十二次会议审议通过的《中华人民共和国气象法》(以下简称《气象法》),由江泽民主席签发主席令公布,自 2000 年 1 月 1 日起施行。这是我国第一部规范全社会气象活动和行为的法律,是气象法治建设的重要里程碑,标志着中国气象事业进入了依法发展的新阶段。

《气象法》规范了涉及气象发展的重大制度。在 1994 年《中华人民共和国气象条例》的基础上,《气象法》高度概括了新中国成立以来,特别是党的十一届三中全会以来,党和国家发展气象事业的一系列方针政策以及气象事业在改革开放和现代化建设中取得的一系列成功经验,并使之规范化、法制化。《气象法》共 8 章 45 条,主要规定了气象事业的性质及气象工作的首要任务、气象管理体制及气象行业管理制度、各级政府及有关部门在气象工作方面的职责,规范了气象设施的建设与管理、气象探测、气象预报与灾害性天气警报、气象灾害防御、气候资源开发利用和保护、法律责任等重大气象制度。2009 年 8 月 27 日中华人民共和国第十一届全国人民代表大会常务委员会第十次会议、2014 年 8 月 31 日第十二届全国人民代表大会常务委员会第十次会议对有关条文进行修正。

《气象法》推动了气象事业依法发展。自《气象法》实施以来,在各级气象部门、各级人大和政府及有关部门的共同努力下,《气象法》确立的各项法律制度得到了有效贯彻,不仅规范了全社会的气象活动,依法促进了我国气象事业的发展,而且为气象事业服务于我国经济建设、国家安全、人民生活提供了有力的法律保障。为保障《气象法》的有效实施,各级加强了《气象法》的配套法规建设,到 2017 年,我国在气象领域已经颁布实施法律 1 部、行政法规 3 部、有效部门规章 19 部、地方性法规 101 部、地方政府规章 121 部;共发布实施气象国家标准 147 项、行业标准 423 项、地方标准 351 项,形成了以《气象法》为主体,气象行政法规、部门规章、地方性气象法规、地方政府规章和规范性文件以及标准、规程相配套的气象法规体系,为气象事业依法发展提供了良好的法制保障。

《气象法》还将继续发挥重要的法律保障作用。必须坚持全面加强气象法治建设,成为气象改革开放以来最重要的经验。气象法制是关系气象事业发展的根本性、全局性、稳定性、长期性问题。气象事业必须在法律规定的体制框架下发展,未来坚持全面推进气象法治建设,要建立起更加完善的气象法律法规和制

度体系,实现在法治轨道上推进气象事业持续健康发展,《气象法》还将继续发挥作用。

七、2006 年:国务院 3 号文件

2006 年 1 月 12 日,国务院印发《国务院关于加快气象事业发展的若干意见》(国发〔2006〕3 号),把中国气象发展战略研究提出的新世纪初气象事业发展的战略目标成功载入该文件,成为我国加快气象现代化发展新的里程碑,标志着实现气象现代化战略目标正式上升为国家现代化战略,成为我国气象现代化加快跨入世界先进行列的标志性事件。

3 号文件提出了气象现代化发展的战略目标:到 2010 年,初步建成结构合理、布局适当、功能齐备的综合气象观测系统、气象预报预测系统、公共气象服务系统和科技支撑保障系统,使气象整体实力达到 20 世纪末世界先进水平;到 2020 年,建成结构完善、功能先进的气象现代化体系,使气象整体实力接近同期世界先进水平,若干领域达到世界领先水平。为保证气象现代化战略目标实现,3 号文件从加强气象基础保障能力建设、发挥气象综合保障作用、科学合理开发利用气候资源、推进气象工作的法制、体制和机制建设等领域系统提出了战略实施举措。3 号文件提出的气象事业发展的指导思想、奋斗目标和主要任务,为加快建设气象现代化体系,着力建立适应防灾减灾和应对气候变化需求的现代气象业务体系,为气象事业长远发展奠定了重要的政策基础,成为指导气象事业发展的纲领性文件。以国务院 3 号文件为标志,我国气象事业进入了全面、科学、协调发展的新阶段。

全面推进落实 3 号文件。2006 年以后,围绕全面落实国务院 3 号文件,中国气象局先后印发并实施了《业务技术体制改革总体方案》(2006 年)、《进一步推进气象业务技术体制改革的意见》(2007 年)、《关于发展现代气象业务的意见》(2007 年)、《公共气象服务业务发展指导意见》(2009 年)、《综合气象观测系统发展指导意见》(2009 年)、《现代天气业务发展指导意见》(2010 年)等一系列全面推进气象现代化和业务体制改革文件。

到 2010 年,已基本达到国务院 3 号文件提出的第一步发展目标,建成结构合理、布局适当、功能齐备的综合气象观测系统、气象预报预测系统、公共气象服务系统和科技支撑保障系统,气象整体实力达到 20 世纪末世界先进水平。

2011 年和 2012 年,中国气象局党组审时度势提出在江苏、上海、北京、广东等地进行率先基本实现气象现代化试点。通过试点,充分体现试点省市自身特

色,发挥各自优势,在气象现代化建设的进程中闯出一条改革创新、科学发展的新路子,创造新经验,树立好样本,以带动全国气象现代化建设不断走向深入。2012年5月,中国气象局出台《关于推进率先基本实现气象现代化试点的指导意见》,提出了率先基本实现气象现代化试点工作的原则、目标要求、主要任务和保障措施,以及气象现代化社会评价5项指标和部门能力20项指标。提出了到2015年,试点地区和单位要通过加快建设"四个一流",深化改革开放,创新体制机制,全面提高"四个能力",率先建成结构完善、功能先进的气象现代化体系,为确保全国2020年建成气象现代化体系奠定基础。要求其他省(自治区、直辖市)气象局选择基础和条件较好的地区开展试点工作,国家级业务科研单位在不断提升自身现代化能力的同时,对试点工作给予业务指导和技术支持,各职能机构加强组织协调,出台各项支持政策措施。2013年,根据中国气象局提出全面推进气象现代化要求,各试点省(自治区、直辖市)气象局在气象服务体制、业务科技体制、管理体制、防雷管理体制等改革方面进行试点。中国气象局结合改革实际,在部分省(自治区、直辖市)气象局开展了国家气象科技创新工程、基层气象为农服务社会化、县级预报综合业务平台、县级气象局高级岗位聘用、省级和省级以下事业单位岗位设置等多项试点工作。全国各省(自治区、直辖市)气象局也在本地区进行试点,全国上下形成了率先基本实现气象现代化建设的新型态势。

根据全面推进气象现代化总体部署,中国气象局提出了先行试点省(市)力争到2015年年底率先基本实现气象现代化,东部地区力争到2017年年底基本实现气象现代化,到2020年,全国建成适应需求、结构完善、功能先进、保障有力的气象现代化体系,使气象整体实力接近同期世界先进水平,若干领域达到世界领先水平的发展目标。为此,2014年以后相继出台了一系列推进气象现代化的重要文件、专项规划和顶层方案,形成比较完备的全面推进气象现代化的规划设计。

实施气象现代化评估考核。2013—2017年,中国气象局对率先基本实现气象现代化纳入了年度考核体系。国家级气象业务科研单位按照气象现代化实施方案的部署,对标国际先进水平,大力推进气象科技创新,围绕卫星探测、资料再分析、数值模式、预报预测业务、精细化个性化服务等提升核心技术和核心业务能力,使国家级气象业务现代化水平保持稳步提升态势。气象现代化综合评估得分4年提高了32.9%,基本接近2020年得分(90分)目标值,总体达到预期目标水平。全国省级气象现代化建设得到了各省(自治区、直辖市)党委政府的大力支持,气象现代化发展全面提速,到2015年,广东、上海、江苏、北京等省(市)

气象现代化试点,基本实现了气象现代化预期的目标。2016 年,福建、天津、河南、湖北 4 个省(市)基本实现气象现代化预期的目标。2017 年,东、中、西部地区整体均达到了 2020 年基本实现气象现代化的阶段目标。2018 年,中国气象局下发了《全面推进气象现代化行动计划(2018—2020 年)》,发起了迈向全面实现气象现代化建设的总动员,必将对我国气象现代化进程产生重大而深远的影响。

重点工程带动气象现代化发展。2006 年以来,中国气象局大力推进气象现代化重点工程建设,全面带动了气象现代化建设,加快了我国气象现代化进入世界先进行列的进程。其中观测自动化工程、国家突发公共事件预警信息发布系统工程建设产生了更为显著的效益。

——全面推进观测自动化。2006 年国务院 3 号文件出台后,观测自动化进程明显加快,2010 年,我国实现了基本气象要素的观测自动化。到 2012 年,地面气象观测业务改革调整完成了地面气象观测资料传输业务的切换,基本结束了人工观测与自动观测并存的状态,实现了地面气象观测由人工观测向自动观测的过渡。2014 年,全面推进观测自动化,完成了航危报业务改革,实现了能见度和部分天气现象的观测自动化并优化了观测项目和任务,统一组织开发的综合气象观测系统运行监控平台(ASOM2.0)在国家级和 7 个省级气象技术装备保障部门开展业务试运行。2015 年,中国气象局印发《观测业务标准化工作方案(2015—2017 年)》,制定《气象观测专用技术装备标准专项工作方案》。完成县级综合观测业务平台开发并开展试点,实现了国家级地面气象观测站技术体制的统一。2016 年开始,中国气象局开始着手实施新一轮地面观测自动化改革,印发了《综合气象观测改革方案》,科学设计气象观测站网布局,推进观测业务流程再造,实施保障业务体系改革。在"不调整现有观测项目、不使用未列装的仪器"的前提下,广东、广西、四川 3 个省(自治区)因地制宜,率先通过积极探索业务流程优化、工作任务整合、大数据技术应用、异址辅助观测等多种方式开展了国家地面观测站无人值守试点工作,为之后的试点积累了宝贵经验。2017 年,其他省(自治区、直辖市)气象局陆续加入试点行列,积极探索本省(自治区、直辖市)地面观测自动化改革。到 2018 年年底,北京、辽宁、福建、江西、山东、湖北、广东、广西、四川、贵州、陕西、甘肃、青海、宁夏、新疆 15 个省(自治区、直辖市)气象局共 276 个国家地面观测站开展了地面观测自动化改革试点,其中,国家基准气候站 14 个、国家基本气象站 63 个、国家气象观测站 199 个,局站分离的国家地面观测站 147 个。在《大气监测自动化系统工程》项目带动下,在各级党委政府的支持下,全国区域自动气象站建设迅速展开。特别是 2005 年以后,中国气象局重新启动了中尺度灾害性天气监测网建设,大大加快了区域自动站网的建设速度。到 2017 年,建成了 57435 个区域气象观测站,乡镇覆盖率达到96％,基本覆盖气象灾害多发区和山洪地质灾害易发区。还开展了大气成分、酸雨、沙尘暴、雷电等专业气象监测业务。

地面气象观测实现自动化,极大地提高了气象观测的技术水平和现代化能力,同时提高了工作效率,也极大地解放了气象观测员的辛苦劳动,使一大批气象观测员转而开展气象服务、气象仪器设备的维修保养等工作,为开展气象防灾减灾提供了人力保障,对气象业务的发展产生了深远的影响。

——推进国家突发公共事件预警信息发布系统建设。国家突发公共事件预警信息发布系统工程是由国家发展和改革委员会于 2010 年批复立项的重大工程,2011 年 11 月启动建设。主要建设内容包括:国家级、省级、地市级预警信息发布管理平台和县级预警信息发布管理终端,新建国家预警信息发布网站、手机短信预警平台、信息反馈评估系统,以及相关管理规范和技术标准。

2015 年国家突发事件预警信息发布系统正式上线运行,到 2017 年,依托国家突发事件预警信息发布系统,我国建成了 1 个国家级、31 个省级、343 个地市级、2015 个县级预警信息发布机构,汇集了 16 个部门 76 类预警信息,实现了自然灾害、事故灾难、公共卫生事件、社会安全事件四类突发事件预警信息分级、分类、分区域、分受众的精准发布,预警信息 1 分钟内发布到受影响地区应急责任人、3 分钟内覆盖到应急联动部门、10 分钟内有效覆盖公众和社会媒体。

目前,我国气象灾害预警信息发布已集成了广播、电视、网站、手机短信、微博、微信、电子显示屏等多种手段,对接了 70.4 万人注册的全国智慧信息员平台,建成 41.6 万套农村高音喇叭、15.1 万块乡村电子电视屏;广泛开通电视频道、广播电台气象灾害预警信息绿色通道;建成了覆盖 31 个省(自治区、直辖市)、270 多个市(区)和 1300 多个县(市)的农村经济信息网;建立了覆盖我国近海海域的 8 个海洋气象广播电台;与新华社等 10 余家中央媒体及客户端建立预警信息推送及共享机制。气象灾害预警信息发布有效解决了"最后一公里"问题,公众预警信息覆盖率达到 85.8％,为防灾减灾救灾赢得了时间,最大程度减轻了人员伤亡和经济损失。国家突发事件预警信息发布系统的建成对提升政府应急管理水平、增强社会管理和公共服务能力起到了巨大的作用,标志着国家突发事件预警信息发布进入了新的发展阶段。

八、2009 年：气象为农服务"两个体系"建设

2009 年 12 月 27—28 日，中央农村工作会议明确提出"要加强农业气象服务体系和农村气象灾害防御体系建设"，首次完整地提出了气象为农服务"两个体系"建设，2010 年中央 1 号文件明确提出，要建立健全农业气象服务体系和农村气象灾害防御体系（简称气象为农服务"两个体系"），标志着党中央、国务院对气象为农服务工作提出了新要求，气象部门为"三农"服务形成了新平台和新载体，持续了 50 多年的气象为农服务将进入崭新的发展阶段。

"两个体系"建设的决策形成。我国气象为农服务开始于 20 世纪 50 年代，发展到 21 世纪初，气象为农服务提供的农业气象情报从原来单一的旬、月报发展到旬、月、季、年报，开展了国内外主要产粮国产量预报、生态气象、农业气象灾害监测预警、设施/特色农业气象保障、农业病虫害发生发展气象等级预报、农用天气预报、农业气象技术、农业气候区划等领域的服务，气象服务为农业丰产丰收做出了巨大贡献。

但进入 21 世纪，如何把传统的气象为农服务上升为国家战略，上升为由国家实施的为农村、农业和农民服务的惠农利农工程，是摆在气象为农服务发展面前的一个重大课题。2005 年以来中央一号文件对气象为农服务提出要求，气象为农"两个体系"建设就是在这种大背景下提出来的。为适应现代农业的发展，中国气象局于 2009 年制定《现代农业气象业务发展专项规划（2009—2015年）》，提出建设现代农业气象服务体系的思路，当年召开的全国气象为农服务工作会议，进一步明确了农业气象服务和农村气象灾害防御的发展思路和重点任务。

因此，到 2009 年 12 月，中央农村工作会议明确提出"要加强农业气象服务体系和农村气象灾害防御体系建设"，2010 年中央一号文件提出"要健全农业气象服务体系和农村气象灾害防御体系，充分发挥气象服务'三农'的重要作用"，气象为农"两个体系"建设中央以正式文件下发。

"两个体系"建设进展。为贯彻落实 2010 年中央一号文件和《现代农业气象业务发展专项规划（2009—2015 年）》的要求，中国气象局于 2010 年提出了加强农业气象服务体系建设的指导意见。2010 年，中央财政设立专项，在 5 个县启动"直通式"农业气象服务试点工作，2011 年起中央财政设立"三农"服务专项支持气象为农服务"两个体系"的建设。2012 年，国务院办公厅印发《关于进步加强人工影响天气工作的意见》，提出到 2020 年，建立较为完善的人工

影响天气工作体系,基础研究和应用技术研发取得重要成果,基础保障能力显著提升,协调指挥和安全监管水平得到增强,服务经济社会发展的效益明显提高。财政部、中国气象局联合印发《关于印发〈中央财政人工影响天气补助资金管理暂行办法〉的通知》。2013年,印发了《中央财政"三农"服务专项资金管理办法》。2014年,中国气象局与吉林、辽宁、黑龙江、内蒙古4省(自治区)政府联合印发《东北区域人工影响天气作业管理试行办法》。2016年,印发《中国气象局关于印发打赢脱贫攻坚战气象保障行动计划(2016—2020年)的通知》,2017年,先后印发《中国气象局 国务院扶贫办关于共同做好贫困地区气象信息服务工作的通知》《中国气象局办公室 农业部办公厅关于推进特色农业气象服务中心创建工作的通知》和《中国气象局办公室 农业部办公厅关于认定第一批特色农业气象服务中心的通知》,气象为农"两个体系"建设不断取得新进展。

"两个体系"建设成效。农业气象服务体系,是围绕农业防灾减灾、农业气候资源开发利用、粮食安全和重要农产品供给气象保障、农业应对气候变化等需求,由国家、省(自治区、直辖市)、地(市)、县各级农业气象服务机构组织的农业气象监测、预报预测预警、影响评估和生产技术等业务服务构成的系统。农村气象灾害防御体系,是各级气象部门遵循"党委领导、政府主导、部门联动、社会参与"的原则,以保障农民生命财产安全和农民农村满意为出发点,以提高农村气象灾害防御基础能力为核心,在各相关部门、各地区、各行业的共同参与下,综合运用科技、行政、法律等手段,统筹为农村地区开展气象灾害监测预报、预警发布、应急处置和风险管理等工作,全面提高农村趋利避害水平,切实保障农民生命财产安全,促进农村经济发展和社会和谐稳定所建立的农村气象灾害防御系统。气象为农"两个体系"建设以来,气象为粮食安全生产、农业增产、农民增收和农村安全取得了显著成就。

——到2017年,基本形成了国家、省、市、县四级业务和延伸到乡的五级农业气象服务格局,农业气象业务服务职责和业务流程进一步明晰;中国气象局与农业农村部联合创建10个特色农业气象中心,全国建成6个独立运行的省级农业气象中心,12个省份成立44个省级农业气象分中心;形成了由9位全国首席服务专家、百余位正研、千余位高工为主组成的农业气象专业队伍,每年培训基层气象为农服务人员达两万余人次。

——到2017年,气象部门已经建成了由70个农业气象试验站、653个农业气象观测站、2075个自动土壤水分观测站组成的现代农业气象主干观测站网,有1618套农田小气候观测仪、1028套农田实景观测仪服务于各类作物监测;累计编制修订 61 项全国性农业气象技术标准和 14 项业务服务规范、技术指南,制定 5548 个农业气象指标,研发推广 60 多项农业气象适用新技术;累计建成农业气象示范田 1858 块、示范面积达 8.4 万公顷。

——到 2017 年,全国气象部门共完成省、市、县三级地区精细化农业气候区划 3564 个,完成 76 项农业保险天气指数研发,开展了涵盖粮、油、水产、畜牧、花卉、中药材等的 60 种农产品气候品质评估。国内外作物长势监测及产量预报产品分别达到 18 种和 14 种,覆盖 15 个主要国家,全球重点产粮区长势监测和产量动态预报由季尺度提升到月尺度,国内粮食总产预报准确率达 99.4%。

——智慧农业气象服务起步,到 2017 年初步构建了智慧农业气象大数据、开放式全国农业气象业务系统和智慧农业气象服务手机客户端,发展面向精准农业的定位、定时、定量气象服务,逐步实现农业生产和经营全过程的跟踪式服务,智慧农业气象服务惠及 31.8 万注册用户。与农业农村部联合开展的"直通式"服务和气象信息进村入户覆盖全国近 100 万个新型农业经营主体。

——到 2017 年,全国有 2723 个县市出台了气象灾害应急准备制度管理办法,2712 个县市出台实施了气象灾害应急专项预案,5.75 万个重点单位或村屯通过了气象灾害应急准备评估。全国所有区县的气象灾害风险普查累计完成 35.6 万条中小河流、59 万条山洪沟、6.5 万个泥石流点、28 万个滑坡隐患点普查数据整理入库;同时,完成了全国 2/3 以上中小河流洪水、山洪风险区划图谱的编制和应用,气象灾害风险区划数量达到 5297 个,全国成功避让的地质灾害事件的次数显著增加。

——到 2017 年,全国共 2167 个县成立气象防灾减灾或气象为农服务机构,县、乡、村三级气象防灾减灾组织管理体系基本形成。2011—2017 年,中央财政"三农"服务专项资金达 17.589 亿元,带动地方配套投入 8.445 亿元,惠及 31 个省(自治区、直辖市)的 1738 个县,186 个市、874 个县级气象局以政府购买形式承接人工影响天气、农业气象服务、气象设备维护、信息传播等气象服务,897 个区县开展气象风险预警业务标准化建设,建成 143 个标准化现代农业气象服务县、1159 个标准化气象灾害防御乡镇。

——2009—2018 年的 10 年间,我国飞机人工增雨作业的数量、防雹作业保护面积和增雨作业保护面积大幅上升。仅 2017 年,全国人工影响天气增雨目标区面积就达到 491.3 万平方千米,增加降水约 483 亿吨,防雹保护达到 46 万平方千米。人工影响天气在服务农业综合防灾减灾,保障粮食安全生产、农业增产和农民增收中发挥重要作用,极大地增强了农民的获得感。

气象为农"两个体系"建设,在气象保障乡村振兴战略实施中还将进一步发挥更重要的作用,必须继续依托"两个体系",加强和完善"乡村振兴""美丽乡村""安全农村"和"粮食安全"的气象保障体系建设,进一步提高农业气象服务体系和农村气象灾害防御体系建设水平,更好地服务乡村振兴战略实施,服务粮食安全生产、农业增产、农民增收、农村安全,使气象为农服务做出更大贡献!

九、2016年:全球/区域数值天气预报系统(GRAPES)投入业务应用

2016年6月1日,印刻着"中国智造"的全球/区域数值预报天气预报系统(GRAPES_GFS V2.0)正式投入业务运行,标志着GRAPES全球预报系统实现从科研阶段向业务运行阶段的转变,标志着我国数值预报技术体系实现国产化,也宣告我国基本掌握了从全球预报到区域高分辨率预报的系列数值预报核心技术。

数值天气预报业务从无到有。我国在数值天气预报方面的研究始于1956年。改革开放以后,通过引进,我国逐步开始了数值天气预报业务化的进程,从短期数值预报业务系统A模式到B模式,到中期数值预报业务系统T42L9模式、T106L31模式、T639L60模式,高分辨率的暴雨数值预报模式(HLAFS)和台风路径数值预报模式的业务化,再到全球/区域数值预报天气预报系统(GRAPES_GFS V2.0),走过了艰难的岁月。

1982年全国灾害性天气预报会议制定了新时期天气预报现代化的技术路线和政策,即:多种方法综合运用,重点发展数值预报,尽快实现客观定量。与此同时,短期数值预报业务系统(B模式)正式投入使用,填补了我国这一领域的空白,在我国天气预报发展史上具有重要意义。1985年5月,"中期数值天气预报业务系统工程"列入国家"七五"期间的重点工程项目,国家科委将中期数值天气预报研究列为国家"七五"重点科技攻关项目。1991年6月,我国第一个中期数值预报业务系统(简称T42L9)建成并正式投入业务运行,使我国天气预报能力显著提升,预报时效从3天延长到7天,预报产品增加,准确率不断提高。4年以后,到1995年5月、1997年6月第二代全球中期数值预报业务系统(T63L16和T106L19)也先后投入业务运行。1996年5月起,高分辨率的暴雨数值预报模式(HLAFS)和台风路径数值预报模式正式投入业务运行,使中期天气预报可用时效延长到7天,气象预报预测精细化程度和准确率大幅提升,其中热带气旋的路径预报平均误差、24小时晴雨预报准确率和暴雨预

报准确率接近世界先进水平。比较完整的数值预报业务体系,包括全球中期数值预报、区域降水预报、热带气旋预报、环境气象预报模式系统等,在日常的气象业务与服务中发挥了不可替代的作用。1997 年 9 月,新一代天气预报人机交互处理系统(MICAPS)在北京通过验收,其后立即在全国进行业务布点,统一了全国天气预报工作平台,使天气预报业务真正实现了从传统的手工作业方式向人机交互方式的转变,标志我国自 1916 年开始正式以手填手绘和人工分析天气图方式,试作天气预报延续 80 年的历史结束,标志传统气象报务员、气象机务员、气象填图员、天气图分析员、天气图传真接收员和卫星云图接收员等一大批气象传统岗位正式走进历史。MICAPS 推广应用,真正使天气预报业务开始转到以数值天气分析预报产品为基础、预报员综合应用各种技术方法和经验的轨道上来。

数值天气预报业务走向自主创新之路。进入 21 世纪,我国数值天气预报模式走上了一条自主研究,不断发展、完善和应用的道路。2001 年,中国气象局开始自主研发新一代全球/区域数值天气预报系统(GRAPES),并在区域模式上取得成功。2006 年,GRAPES 系统研发取得显著成效,基本建立起从模式到同化、有限区域/全球一体化的研究与业务通用的数值预报系统,并实现了GRAPES 区域数值预报业务系统(GRAPES-Meso)的业务化应用,2006 年T213 全球集合预报模式也投入运行。2008 年 7 月,GRAPES 的研发全面进入全球模式系统发展阶段。2007—2009 年,还建立了我国第一个国产化全球中期数值预报系统。2010 年 4 月,中国气象局数值预报中心正式成立,数值预报创新基地成员有了新的归宿,人才队伍不断壮大,形成了数值预报从研发到业务各个环节、全链条的专业队伍。2014 年,高分辨率资料同化与数值天气模式被确定为国家气象科技创新工程三大攻关任务之一,自主创新的脚步不断加快。2016 年,GRAPES 全球预报系统(GRAPES_GFSV2.0)正式业务化运行并面向全国下发预报产品,被视为我国数值预报技术体系实现国产化的重要标志,也宣告我国基本掌握了从全球预报到区域高分辨率预报的系列数值预报核心技术。

数值预报业务成效显著。目前,我国已建立了由全球四维变分同化系统、全球中期天气预报模式、中尺度数值天气预报模式、全球集合预报系统、台风路径数值预报模式、沙尘暴数值模式和污染物扩散传输模式等组成的数值天气预报业务体系。GRAPES 全球预报模式水平分辨率达到 25 千米,模式顶约 3 百帕,垂直分层 60 层,北半球可用预报时效达到 7.5 天,产品数量达到 70 种,形成了有特色的产品体系。通过 GRAPES 的研发应用,我国首次拥有了具有自主知识产权的新一代数值天气预报模式,减少对国外技术的依赖,缩小了我国数值天气预报基础研究和技术研发与国际先进水平的差距,提高了我国天气预报的技术支撑能力。

面向各级精细化预报服务日益增长的需求,华北、华东、华南等区域气象中心均建立 3～9 千米的高分辨率区域数值天气预报业务系统。区域模式对飑线、局地暴雨等强对流天气的预报,明显优于欧洲中期天气预报中心和美国的全球模式。数值预报产品的广泛应用,为各级气象台站的天气预报和服务提供了有力的技术支撑。

2017 年 5 月,中国气象局被正式认定为世界气象中心(WMC)。目前,GRAPES 全球预报系统已开始提供全球范围内的气象预报服务。通过利用 GRAPES 全球预报系统提供的数据产品,"一带一路"沿线国家能够监测分析各种灾害性天气事件,包括强降雨、暴雪、强风、干旱、高温热浪、极端低温等。2018 年 7 月,GRAPES 全球四维变分同化系统实现业务化。作为新建立该业务系统的国家,我国已进入资料同化技术主流行列,并迈上了更高阶的资料同化开发平台。2018 年 11 月 28 日,GRAPES 全球集合预报系统完成业务化评审。至此,一套完整的 GRAPES 数值预报体系在我国建立。

当前,我国数值预报的水平仍与世界第一梯队存在差距。但是,我国的数值预报业务将朝着全球千米尺度分辨率、海陆气冰耦合数值模式系统、百米分辨率局地数值预报和多尺度集合预报方向发展。到 2020 年,模式本身的计算精度和同化技术再上一个台阶,提高预报能力和水平,做到全球 10 千米分辨率,东亚范围 3 千米分辨率。

十、2017 年:签订推进区域气象合作和共建"一带一路"意向书

2017 年 5 月 14 日,"一带一路"国际合作高峰论坛在北京开幕。会议期间,中国气象局与世界气象组织签署了《中国气象局与世界气象组织关于推进区域气象合作和共建"一带一路"的意向书》,意向书的签订标志着中国气象局与世界气象组织将通过加强区域气象交流合作,积极推进"一带一路"建设的气象服务工作,气象保障"一带一路"建设正式列为世界气象组织的活动。

"一带一路"意向书形成背景。世界气象组织(WMO)是联合国的专门机构之一,拥有 191 个国家会员和地区会员。"一带一路"倡议的愿景与世界气象组织促进国际和区域气象合作等目标契合,中国提出的"一带一路"精神符合世界气象组织的宗旨。因此,"一带一路"气象保障建设得到了世界气象组织的支持。

中国气象局与世界气象组织关于推进
区域气象合作和共建"一带一路"的意向书

一、引言

1. 中国气象局和世界气象组织（以下称为"双方"）通过本意向书重申双方在共同关心的领域开展合作的意愿。

2. 世界气象组织作为联合国负责天气、气候、水的专门机构，致力于促进会员合作，通过推动观测、资料、知识、技术方法和规范的交流以及科学计划协调，拟定关于气象服务能力提升和经验交流的区域和国家战略，保障了世界气象组织会员的社会和经济发展。

3. 中国气象局在世界气象组织中，特别是在国际和区域合作领域发挥着积极的作用。中国气象局局长作为世界气象组织中国常任代表，是中国政府指定的世界气象组织事务总联络人。

4. 中国政府提出的丝绸之路经济带和21世纪海上丝绸之路倡议（以下简称"一带一路"倡议），旨在促进相关国家和地区的经济繁荣与合作，加强各国交流互鉴，促进和平发展。该倡议提出的共建命运共同体、利益共同体、责任共同体的愿景与世界气象组织促进国际和区域气象合作、加强地区气象交流的目标相互契合，有助于实施这些国家管理气象灾害、减缓气候变化影响和实施包括减轻灾害风险、全球气候服务框架、世界气象组织综合全球观测系统和世界气象组织信息系统、交通气象服务（包括航空、海洋和地面交通）以及"极地和高山区域观测、研究和服务"活动等在内的世界气象组织发起或世界气象组织共同发起的战略和计划。

5. 世界气象组织支持中方举办"一带一路"国际合作高峰论坛，为加强国际合作，推动彼此发展战略对接发挥积极作用。

二、重点合作领域与合作方式

6. 中国气象局通过加强或新签订双边协议、合作计划和项目，计划加强与"一带一路"沿线国家和地区（包括各国气象水文部门）的气象合作。世界气象组织通过其相关组织机构（区域协会、技术委员会和世界气象组织秘书处）的参与，支持上述区域、次区域和国家级的合作。

7. 中国气象局与世界气象组织同意将以下领域列为合作优先重点：减轻灾害风险、全球气候服务框架、世界气象组织综合全球观测系统和世界气象组织信息系统、交通气象服务、"极地和高山区域观测、研究和服务"、气象研究和能力发展。

8.世界气象组织鼓励中国气象局通过世界气象组织自愿合作计划、世界气象组织相关区协减轻气象灾害风险能力试点项目、中国—东盟气象合作论坛、中亚气象科技研讨会等项目和机制在区域气象合作中发挥积极作用。

9.双方计划另行协商合作细节,并制定年度实施计划。双方同意以世界气象组织的战略规划为指导,充分利用中国承办的世界气象组织中心,筹备多领域的试点项目,发挥示范效应。

三、定期磋商

10.中国气象局和世界气象组织认识到举行定期磋商、总结、评估的重要性,以评估规划、落实的事项与取得的成果并讨论新的挑战、机遇和问题。因此,双方表明愿意定期举行磋商,暂定从2017年起每年1次。

四、联络人

11.鉴于相关工作的交叉性,双方将加强内部协调和部门间协作,同意在签订本意向书后指定各自的联络人。

本意向书于二〇一七年五月十四日在中国北京签署,一式两份,每份均以中文和英文写成,两种文本同等作准。

意向书的签订表明,中国气象发展完全具备与世界气象组织合作的基础,标志着中国气象局已经完全具备了为全球提供服务的技术能力和条件。2017年5月,在召开的世界气象组织(WMO)执行理事会第69次届会上,中国气象局被正式认定为世界气象中心(WMC),这标志着我国气象现代化能力总体达到了世界先进水平。根据WMO要求,世界气象中心需要为全球各国开展实时气象预报、预测业务提供稳定、丰富、高质量的无缝隙天气气候业务分析、预报、预测指导产品,并牵头开展国际气象预报技术培训、技术交流等活动。

世界气象中心(北京)正式授牌

2018年1月16日,世界气象中心(北京)正式授牌。这标志着中国气象预报业务能力总体达到了世界先进水平,进一步彰显了中国在世界气象舞台上的显示度、国际影响力和国际贡献。

世界气象中心是世界气象组织（WMO）认定的全球核心气象预报、预测业务机构。2017年5月12日，中国气象局被认定为世界气象中心。由此，中国成为当时发展中国家里唯一拥有"世界气象中心"称号的国家。根据WMO要求，世界气象中心需要为全球各国开展实时气象预报、预测业务提供稳定、丰富、高质量的无缝隙天气气候业务分析、预报、预测指导产品，并牵头开展国际气象预报技术培训、技术交流等活动。

中国气象局将以世界气象中心（北京）建设为契机，加强顶层设计，着眼全球，着力区域，努力建成全球预报预测业务中心、高速气象数据交换中心和区域性国际会商平台，建立预报、预测技术国际交流机制，促进中国早日从气象大国"变身"世界气象强国。

按照设计，世界气象中心（北京）将成为中国气象局贯彻落实党的十九大精神、践行"一带一路"倡议的重要平台和抓手。一方面，世界气象中心（北京）作为深化国际合作的新平台，将成为对外合作交流和技术辐射的重要基地和窗口；另一方面，它的建设和发展水平将成为判断中国气象局及国家气象中心等国家级业务单位进入世界级先进业务中心行列、中国全面实现气象业务现代化的重要标志。

据了解，截至2018年1月全球共有8个世界气象中心。1967年，WMO在第五次大会上认定了美国、俄罗斯和澳大利亚等三个世界气象中心。欧洲中期天气预报中心、英国、加拿大和日本则与中国一同在2017年WMO执行理事会第69次届会上被认定为世界气象中心。

中国气象局与世界气象组织加强区域气象交流合作影响深远。《中国气象局与世界气象组织关于推进区域气象合作和共建"一带一路"的意向书》在"一带一路"国家引起强烈反响。世界气象组织鼓励中国气象局通过世界气象组织自愿合作计划、世界气象组织相关区减轻气象灾害风险能力试点项目、中国—东盟气象合作论坛、中亚气象科技研讨会等项目和机制在区域气象合作中发挥积极作用。

2017年11月，中国气象局与世界气象组织秘书处在海南召开会议，审议《意向书》落实情况并研究了未来行动计划。此外，还在"第三极科学峰会"期间与世界气象组织主席、世界气象组织助理秘书长就进一步推进世界气象组织极地和高山计划及加强区域气象合作事宜进行了磋商。

《中国气象局与世界气象组织关于推进区域气象合作和
共建"一带一路"的意向书》实施进展

2017年11月中国气象局与世界气象组织秘书处在海南召开会议,审议《意向书》落实情况并研究了未来行动计划。此外,还在"第三极科学峰会"期间与世界气象组织主席、世界气象组织助理秘书长就进一步推进世界气象组织极地和高山计划及加强区域气象合作事宜进行了磋商。

在世界气象组织框架下进一步加强针对"一带一路"沿线国家的气象合作:

(1)联合中国香港天文台在二区协第16次届会期间共同提出"提升世界气象组织二区协(亚洲)减轻气象灾害风险能力试点项目",重点实施全球多灾种预警系统(亚洲部分)。

(2)继续做好中国气象局卫星广播系统(CMACast)国外用户支撑,提升"一带一路"沿线国家气象部门的全球气象数据和产品接收、天气预报制作及气象卫星资料应用能力。派专家前往塔吉克斯坦、菲律宾、哈萨克斯坦开展CMACast维护和技术培训,并向马尔代夫、乌兹别克斯坦、哈萨克斯坦等提供接收机备件,为巴基斯坦等其他用户提供远程技术支持。

(3)举办亚洲区域气候监测、预测和评估论坛,与周边国家共商2017年夏季亚洲区域降水、温度分布趋势。

(4)进一步加强国际气象教育培训工作。共举办了19个国际培训班,来自包括"一带一路"沿线国家在内的385位国际学员参加了培训;招收71位气象和水文专业的博士、研究生或本科长期奖学金学员。从2017年开始,每年新招收的长期奖学金学员待遇将从部分奖学金改为全额奖学金。

(5)举办了第47期多国别考察。与中亚国家和世界气象组织代表就加强中亚地区气象基础设施建设、区域数值预报开发应用、区域灾害性天气科学研究、教育培训和人员交流等方面的合作,以及建设中英俄三种语言的中亚气象网进行了沟通交流并达成共识。

推进区域气象防灾减灾和应对气候变化合作:

(1)积极推进《乌鲁木齐倡议》框架下与中亚国家的气象科技合作。举办了第三届中亚气象科技研讨会,来自中亚五国气象部门及科研机构的专家围绕气象防灾减灾和应对气候变化进行了交流。与哈萨克斯坦气象部门就未来气象科技合作初步达成一揽子合作意向。已启动向乌兹别克斯坦援助自动气象站系统程序。为服务中巴经济走廊建设，中巴两国气象部门根据援外工作流程共同完成了《中国气象援助巴基斯坦项目可行性调研报告》，巴方已将项目建议书提交其主管援助工作的经济事务部。在巴基斯坦瓜达尔港建成首座港口气象站，实时数据已通过北斗卫星进入我局业务系统。向巴基斯坦赠送一套气象视频演播系统。

（2）积极推进《南宁倡议》框架下与东南亚国家的气象科技合作。召开了中国—东盟气象灾害防御研讨会，就加强东南亚地区气象防灾减灾技术、灾害联防、航空气象，以及推进全球多灾种预警系统的区域实施等进行了研讨。协助缅甸气象和水文局开展高分辨区域数值预报系统建设取得进展。已启动向老挝援助气象视频演播系统程序。

（3）有序推进气象援非项目的实施。已经完成5个受援国（科摩罗、津巴布韦、肯尼亚、纳米比亚、苏丹）的全部援建任务。其余两国（刚果金、喀麦隆）的援助设备已运抵当地气象局，且实施进度过半。

（4）加强与世界银行在区域气象防灾减灾和应对气候变化能力发展方面的合作，共同组织了"基于影响的预报和基于风险的预警培训班"。

（5）组织实施了中国气象局与陕西省人民政府联合主办的"2017年欧亚经济论坛"首届气象分会，谋推进划丝绸之路经济带建设气象服务工作。

2018年6月，中国气象局和世界气象组织"一带一路"气象合作会议在瑞士日内瓦WMO总部召开。WMO主席和秘书长高度赞赏中国"一带一路"倡议，认为WMO未来十年的计划与"一带一路"倡议的宗旨不谋而合。他们肯定了一年多来双方在"一带一路"气象合作方面取得的成果，以及中国对WMO相关项目和计划的贡献，希望中国能够与发展中国家分享经验，为缩小发展中国家与发达国家差距、加强发展中国家能力建设提供更多支持。会议期间，《中国气象局—世界气象组织"一带一路"倡议信托基金协议》签订，该基金将重点支持与"一带一路"气象合作相关的国际交流、培训及其他与能力建设相关的活动。

中国与世界气象组织合作，近几年针对东南亚、中亚国家，组织举办了5期多国别考察,气候讲习班 5 期,亚洲区域气候监测、预测和评估论坛 5 期,组织了中亚气象科技研讨会 2 届,中国—东盟气象防灾减灾研讨会 2 届等。培训国际学员约 1700 人、留学生 150 人。利用亚洲区域合作专项资金,开展与东南亚、中亚国家的气象合作项目 8 个。

目前,中国气象局承担 20 个世界气象组织国际或区域中心,使中国在国际气象事务中承担了重要责任的同时,也推动了中国国际影响力的提升。由中国气象局提出的"亚洲—大洋洲气象卫星用户大会"机制得到亚洲、大洋洲 7 个主要国家气象部门和世界气象组织、地球观测组织等的积极响应和参与。由中国气象局提出的"提升二区协(亚洲)减轻气象灾害风险能力建设试点项目"得到世界气象组织亚洲区域协会的批准。中国呼和浩特、长春、营口三个气象站被批准为世界气象组织百年气象站。

中国气象局与世界气象组织加强区域气象交流合作意义重大。中国气象局与世界气象组织加强区域气象交流合作,从而使"一带一路"气象保障建设与服务上升为国际组织的行为,不仅有利于扩大"一带一路"气象服务的影响,而且更有利于"一带一路"沿线国家的气象科技合作与交流,对中国气象发展意义主要体现在以下方面。

一是充分展示了中国气象现代化发展成就。中国气象局能够实现与世界气象组织加强区域气象交流合作,是中国改革开放 40 年来始终坚持发展气象现代化所奠定的基础。到 2016 年,中国全球卫星监测,风云系列卫星用户在全球 70 多个国家和地区落地,用户超 2500 个;全球数值预报,自主开发了具有完全中国自主知识产权的 GRAPES 全球预报系统,并正式业务化运行;全球气候预测,基于气候模式,已具有延伸期尺度、月尺度、季节尺度和年尺度等多时、空分辨率气候产品,并提供全球长期预报产品,具有全球 ENSO 等气候监测能力;全球无缝隙网格预报和影响预报,已发布我国陆地 5 千米、责任海区 10 千米分辨率 1～7 天智能网格预报产品;将逐渐向全球陆地和海洋区域拓展,发展成为首个从小时到年、覆盖全球的无缝隙气象预报业务产品体系;全球数据,已经实现与英、日,澳、德、法等 10 个国家进行数据交换和元数据同步;目前通过 CMACast、WMO 全球通信系统(GTS)及互联网向蒙古、尼泊尔、巴基斯坦、朝鲜等 36 个 WMO 会员的 120 个用户提供数据服务,服务数据量超过 500GB/日。

2018 年 6 月 10 日,国家主席习近平在上海合作组织青岛峰会上发表的重要讲话中承诺"中方愿利用"风云二号"气象卫星为各方提供气象服务"。7 月 10 日,在中国—阿拉伯国家合作论坛第八届部长级会议上发表中,国家主席习近平提出,要共建"一带一路"空间信息走廊,发展航天合作,推动中国北斗导航系统和气象遥感卫星技术服务阿拉伯国家建设。这充分显示了我国气象科技发展的实力,进一步表明了中国气象局与世界气象组织加强区域气象交流合作的意义。

二是对中国气象科技发展提出了新要求。我国要深化与世界气象组织合作,要达到世界气象中心前列先进水平,建设任务依然艰巨。因此,中国气象局以世界气象中心(北京)建设为契机,加强了顶层设计,并着眼全球,着力区域,积极推进全球预报预测业务中心、高速气象数据交换中心和区域性国际会商平台建设,建立预报、预测技术国际交流机制,推进中国从气象大国迈向世界气象强国。2018年,中国气象局正式印发《全面推进气象现代化行动计划(2018—2020年)》,提出到2020年,基本建成适应需求、结构完善、功能先进、保障有力的,以智慧气象为重要标志的现代气象业务体系、服务体系、科技创新体系、治理体系,使我国气象部门基本具备全球监测、全球预报、全球服务、全球创新、全球治理能力,气象灾害预报预警、气象服务、气象卫星等领域达到世界领先水平。通过融合发展智能观测、智能预报、智慧服务,气象部门将充分发挥我国承担世界气象中心的作用,从陆地到海洋、从中国到世界,努力发展全球气象观测业务、全球气象预报业务,提供全球气象服务,使我国气象业务服务水平进入世界气象中心先进行列。

第六章 大事记

　　40 年气象改革开放大事记部分,资料主要来源于《中国气象百科全书·综合卷》《气象部门改革开放三十周年纪念文集》《中国气象年鉴(2010—2017 年)》。大事记共有领导关怀、气象综合、气象服务、气象业务、气象科教、气象改革开放、气象管理、党的建设和文化建设等八个方面。这种编排既可以更加清晰全面地看到40 年气象改革开放进程,也为气象改革开放历程编研和分类总结气象发展成就提供了便利。

一、领导关怀

1978 年

9 月 27 日,华国锋主席为全国气象部门"双学"会议题词:"努力办好人民气象事业,为建设社会主义的现代化强国服务"。

10 月 7—20 日,中央气象局在天津和北京召开全国气象部门学大寨学大庆先进集体先进工作者代表会议。党和国家领导人华国锋、叶剑英为会议题词,并出席闭幕式,接见与会代表。

1982 年

1 月 3—16 日,1982 年全国气象局长会议在北京召开。会议总结新中国成立以来气象工作的基本经验,提出新时期的气象工作方针。万里副总理出席会议闭幕式并作了重要讲话,对气象服务工作提出了"准确、迅速、经济"的要求。

1983 年

8 月,邓小平同志视察长白山天池气象站。

1984 年

1 月 1—11 日,1984 年全国气象局长会议在北京召开。10 日,国务院副总理李鹏到会作重要讲话。

12 月 15—25 日,1985 年全国气象局长会议在吉林长春召开。会前,国务院副总理李鹏听取了国家气象局党组的汇报,并就气象部门的改革以及开好这次会议作了重要指示。

1986 年

1 月 8—16 日,1986 年全国气象局长会议在北京召开。14 日下午,国务院副总理李鹏在会议上作重要指示,并参观了全国气象部门微机开发应用展览。

1987 年

6 月 26—29 日,国家气象局、航天工业部、水利电力部、中国民航局、总参气象局在北京联合召开"气象卫星应用座谈会"。27 日,国务院副总理李鹏到会作重要讲话,与全体代表合影留念,同时参观了卫星气象中心。

12 月 26 日,国家主席李先念出席气象卫星资料接收处理系统工程竣工仪式并剪彩。

1988 年

4 月 25 日,国务委员宋健同志出席 1988 年全国气象局长会议。

1989 年

4 月 10—16 日,1989 年全国气象局长会议在北京召开。国务院总理李鹏为会议题词:"希望气象战线的同志努力提高业务和思想水平,做好预报工作,为今年的农业丰收和预防自然灾害做出更大的贡献"!国务委员宋健出席了闭幕式,为先进标兵和劳动模范颁奖,并作了重要讲话。

1990 年

1 月 11—15 日,1990 年全国气象局长会议在上海召开。会议传达了国务院总理李鹏、国务委员宋健为纪念新中国气象事业 40 周年的题词及宋健的指示。

2 月 1 日,国务委员宋健视察山东省潍坊市气象局。

6 月 9 日,国务委员宋健到国家气象中心检查中期数值预报工程进展情况和汛期气象服务工作。

1991 年

1 月 27 日,国务委员宋健在《鄂豫皖三省大别山区气象科技扶贫协作一年来的新进展》的报告上作重要批示。

2 月 26 日—3 月 2 日,1991 年全国气象局长会议在北京举行。国务委员宋健出席会议开幕式并作重要讲话。

1992 年

1 月 10 日,国务院总理李鹏给国家气象局写信,向 1991 年防汛减灾气象服务先进集体和先进个人表示祝贺。

1 月 18—22 日,1992 年全国气象局长会议在湖北武汉召开。国务委员宋健以及湖北省委书记关广富、省长郭树言出席开幕式。宋健宣读了李鹏总理的贺信,向 1991 年防汛减灾气象服务先进集体和先进个人代表颁奖并作重要讲话。

1993 年

4 月 1—8 日,中国气象科技成果展示交流会在北京举行。国务院总理李鹏题词:"发展气象事业,造福全国人民";全国人大常委会副委员长田纪云题词:"提高气象灾害监测预报水平,为夺取农业的更大丰收做出新贡献";国务院副总理邹家华题词:"依靠科技,加强交流,努力转化,促进合作,积极推进气象现代化建设";国务委员宋健题词:"加强科技成果推广和转化,发展气象高科技产业"。

4 月 6—10 日,1993 年全国气象工作会议在北京召开。国务委员宋健出席开幕式并作重要讲话,国务院总理李鹏发来贺信,国务院有关部门的领导同志出席了开幕式。

1994 年

2 月 22—26 日,1994 年全国气象局长会议在云南昆明举行。国务委员宋健给会议发来贺信。

4 月 24 日,中共中央总书记江泽民到北京民族文化宫参观"安徽经济成果展览",并在气象展板前听了讲解员对气象部门的介绍。江泽民总书记表示,气象部门要尽量搞好预报,避免和减轻灾害。

1995 年

4 月 6 日,中共中央政治局委员、国务院副总理姜春云到中国气象局视察指导工作。

8 月 22 日,中共中央总书记江泽民为人民气象事业创建 50 周年题词:"继承和发扬延安精神,促进气象事业迅速发展"。

8 月 31 日,国务院总理李鹏视察中国气象局,参观国家气象中心,看望延安时期部分老气象工作者并发表了重要讲话。

9 月 1 日,人民气象事业创建 50 周年纪念大会在北京举行。国务院副总理姜春云到会讲话,高度评价气象部门为经济建设和社会事业发展做出的重要贡献。

1996 年

1 月 17—20 日,中国气象局在北京召开全国气象科技大会。会议提出"科教兴气象"的发展战略和总体要求,讨论并原则通过《中国气象局关于贯彻落实〈中共中央、国务院关于加速科学技术进步的决定〉的意见》。大会开幕当日,中共中央总书记、国家主席、中央军委主席江泽民视察了中国气象局,接见全体会议代表,并作重要讲话。

1 月 21—24 日,1996 年全国气象局长会议在北京召开。国务院副总理姜春云发来贺信。闭幕式上,国务委员宋健、国务院副秘书长刘济民与中国气象局领导一同为 1995 年防汛抗旱气象服务先进集体和先进个人颁奖;宋健国务委员作了重要讲话。

1997 年

1 月 24 日,国务院副总理邹家华视察中国气象局,接见了出席全国气象局长会议的代表并作重要讲话。

1 月 25 日,中共中央政治局常委、全国人大常委会委员长乔石视察中国气象局,接见了出席全国气象局长会议的代表并作重要指示。

8月26日,根据第八届全国人民代表大会常务委员会第27次会议安排,中国气象局局长温克刚受国务院委托,向全国人大常委会报告气象工作情况。温克刚从气象在国计民生中的地位和作用、气候资源开发利用和保护、气象事业发展中面临的问题几个方面作了汇报。这是新中国成立以来气象部门第一次向全国人大常委会汇报工作。

1998 年

6月6日,国务院副总理温家宝在国务院第三会议室主持会议,专题听取中国气象局局长温克刚和副局长颜宏工作汇报并作了重要指示。

8月1日,全国人大常委会委员长李鹏在中国气象局报送的《长江流域的降雨可望近期结束,全国防汛形势仍不能乐观》上批示:"温克刚同志:您送来的气象分析我都看,希望继续努力,做出高质量预报,为防汛和经济发展做出应有的贡献。"

8月1日,国务院总理朱镕基在中国气象局局长温克刚写给他的信上(请求支持以新一代天气雷达网为主的防汛抗洪气象服务系统立项建设)批示温家宝副总理:"气象工作很重要,在这次防洪抢险中工作也很有成绩,所提雷达更新项目应予重视。"

1999 年

1月2日,国务院副总理温家宝在中国气象局工作情况汇报上批示:"气象工作对国民经济建设和社会发展具有非常重要的意义,经济和社会越发展,对气象工作的要求就越高,气象工作的责任就越大。气象工作要紧紧围绕国民经济和社会发展的目标和任务,以搞好防灾减灾的气象服务为中心,积极推进气象科学技术现代化,不断提高气象预报准确率和气象服务水平,准确、及时、主动地为现代化建设服务,为人民服务。1998 年气象工作取得了显著的成绩,为经济和社会发展,为抗洪抢险斗争的胜利,做出了重要贡献。1999 年气象工作面临新的重大任务,气象部门要进一步深化改革,加强队伍建设,努力做好旱涝趋势预测和防汛抗旱气象服务工作,为防灾减灾和经济社会发展做出更大贡献。"

12月3日,中共中央政治局委员、国务院副总理温家宝视察中国气象局,要求气象部门创一流的技术,一流的装备、一流的工作、一流的气象台站。

2000 年

1月4日,国务院副总理温家宝在中国气象局报送的《关于1999 年气象工作情况和2000 年气象工作安排的汇报》上作重要批示。

12月20日,国务院副总理温家宝视察中国气象局,听取中国气象局局长秦大河的工作汇报并作了重要指示。

2001 年

6 月 29 日,中国卫星气象事业 30 周年庆祝大会在国家卫星气象中心隆重举行。全国人大常委会副委员长、中国科协主席周光召出席了会议,全国人大常委会副委员长邹家华写了贺信。姜春云副委员长打电话表示祝贺。

12 月 16 日,国务院副总理温家宝在中国气象局上报的题为"我国渔港气象服务情况、问题和建议"的《专报信息》上批示:"大河同志,沿海气象台站建设要统筹规划,确定重点,分步实施。同时,要注意发挥现有台站的作用,改善预报和服务工作。"

2002 年

4 月 5—6 日,国家气候委员会在北京召开首届中国气候大会。中共中央政治局常委、全国人大常委会委员长李鹏向大会发来贺信,全国政协副主席胡启立出席大会并讲话。

10 月 18 日,中共中央政治局常委、国务院总理朱镕基,政治局委员、副总理温家宝一行视察中国气象局,并作重要讲话。

2003 年

3 月 31 日—4 月 3 日,国家气候委员会在北京召开气候变化国际科学讨论会。中共中央政治局委员、国务院副总理回良玉出席开幕式并讲话,世界气象组织秘书长奥巴西、国务院有关部委的领导出席了会议。

10 月 22 日,国务院副总理回良玉在国务院主持会议,听取中国气象局局长秦大河关于中国气象事业发展战略研究的汇报和中国科学院孙鸿烈院士等 9 位专家的发言。

2004 年

10 月 18 日,中国气象学会成立 80 周年庆祝大会在北京举行。国务委员陈至立、世界气象组织秘书长雅罗先生向大会发来贺信。

2005 年

9 月 14 日,国务委员、国务院秘书长华建敏视察中国气象局,听取中国气象局局长秦大河关于气象工作的汇报。

2006 年

1 月 4 日,国务院总理温家宝主持召开国务院常务会议,研究部署加快气象事业发展工作,会议原则通过《国务院关于加快气象事业发展的若干意见》。

12月28—29日,2007年全国气象局长会议在北京召开。国务院副总理回良玉在中国气象局局长秦大河呈报的《2007年全国气象局长会议工作报告》上作出重要批示,对2006年气象工作作了充分肯定,并对2007年的工作提出希望和要求。

2007年

2月18日,农历正月初一,中共中央总书记、国家主席、中央军委主席胡锦涛慰问甘肃省气象局节日值班的干部职工。

8月20日,中共中央政治局委员、北京市委书记、北京奥组委主席刘淇,国务委员、北京奥组委第一副主席陈至立视察中国气象局,听取中国气象局奥运气象服务筹备工作汇报。

9月18日,中国气象局在北京召开全国气象防灾减灾大会。中共中央政治局委员、国务院副总理回良玉出席会议并做重要讲话。国务院副秘书长主持会议,中国气象局局长郑国光作题为"积极应对气候变化,全面防御气象灾害,为构建社会主义和谐社会提供强有力的气象保障"的报告。会议总结近年来气象防灾减灾工作经验,研究气象灾害监测、预警、信息发布、应急管理和防御等方面工作。

2008年

2月8日,国务院总理温家宝连线中国气象局,慰问奋战在抗击低温雨雪冰冻灾害一线的气象工作者。

5月30日,中共中央总书记胡锦涛、国务院总理温家宝在中国气象局呈送的"风云三号"A气象卫星成功发射及第一张云图接收情况汇报上作出重要批示。胡锦涛总书记批示:"要依靠先进科学技术手段,提高气象预报预测能力,搞好各项气象服务,为经济社会发展和人民群众安全福祉做出更大的贡献。"温家宝总理批示:"抓紧'风云三号'A星业务运行和应用,做好气象保障和防灾减灾服务。"

11月27日,国务院副总理回良玉接见全国重大气象服务先进代表。

2009年

9月22日,联合国气候变化峰会在纽约联合国总部举行,国家主席胡锦涛出席峰会开幕式并发表了题为"携手应对气候变化挑战"的重要讲话。

12月8日,中国气象局成立60周年庆祝大会在北京隆重举行,胡锦涛总书记关于气象工作作了重要指示:"气象事业关系国计民生。随着全球气候变化加剧和我国经济社会快速发展,气象工作的作用日益突出,任务更加繁重。希望各级气象部门和广大气象工作者切实增强责任感和紧迫感,努力探索和掌握气候规律,大力推进气象科技创新,不断提高气象预测预报能力、气象防灾减灾能力、应对气候变化能力、开发利用气候资源能力,进一步推动我国气象事业实现更大发展,为全面建设小康社会、加快推进社会主义现代化提供有力保障,为改善全球气候环境、促进人类社会可持续发展做出积极贡献。"

12月11日,中共中央政治局常委、国务院总理温家宝到中国气象局考察,他强调,气象工作要坚持公共气象的发展方向,把提高气象服务水平放在首位,大力推进气象科技创新,加强一流装备、一流技术、一流人才、一流台站建设,构建整体实力雄厚、具有世界先进水平的气象现代化体系,为经济社会发展、人民生活和国家安全提供一流的气象服务。

2010 年

3月15日,中共中央政治局委员、国务院副总理回良玉考察湖北气象为农服务示范点,对气象为农服务工作给予充分肯定。

9月18日,中共中央政治局常委、中央书记处书记、国家副主席习近平等党和国家领导人来到2010年全国科普日活动现场,参观视察中国气象频道展区,并与全国各族气象节目主持人亲切交谈、合影留念。

2011 年

1月21—22日,国务院总理温家宝在河南省考察旱情和抗旱工作时,听取气象部门工作汇报,对气象现代化建设取得的成绩表示满意。

3月15日,在中国气象卫星事业40周年之际,中共中央政治局常委、国务院总理温家宝对气象卫星工作作出重要指示;中共中央政治局委员、国务院副总理回良玉向中国气象局发来贺信。

2012 年

5月22—23日,中共中央政治局委员、国务院副总理回良玉在北京出席第三次全国人工影响天气工作会议并作重要讲话。

5月31日,中共中央政治局委员、国务院副总理回良玉在安徽省寿县听取气象为农服务工作汇报。

2013 年

3月30日,中共中央政治局委员、国务院副总理汪洋到中国气象局调研,并看望干部职工。

7月26日,中共中央政治局委员、国务院副总理、国家防汛抗旱总指挥部总指挥汪洋到吉林省气象局天气预报预警中心了解当前汛情和天气形势,看望慰问一线气象工作人员,对气象防灾减灾、为农服务等工作提出明确要求。

2015 年

8 月 13 日,国务院副总理汪洋赴西藏那曲气象局调研指导工作,并看望慰问了那曲地区气象干部职工,他代表党中央、国务院感谢西藏气象人,并向坚守在边远地区、高山、海岛等艰苦地区默默奉献的广大基层气象干部职工表示崇高的敬意,向全国气象系统干部职工表示慰问。

8 月 31 日上午,中共中央政治局常委、国务院副总理张高丽率有关方面负责同志赴中国气象局,检查指导中国人民抗日战争暨世界反法西斯战争胜利 70 周年纪念活动期间气象服务保障工作。张高丽副总理听取了中国气象局副局长矫梅燕关于近期天气气候、空气质量及纪念活动气象服务保障工作等情况的汇报,并通过视频会商系统与北京、天津、河北等省(市)气象局连线,详细了解 9 月 3 日阅兵期间天气及空气质量等情况,向参加空气质量保障工作的广大气象干部职工和专家表示亲切慰问。

2016 年

10 月 17 日,中央气象台组织全国天气会商,围绕 2016 年第 21 号台风"莎莉嘉"、第 22 号台风"海马"发展趋势及影响分析研判。会商结束后,中国气象局局长郑国光传达国务院副总理汪洋关于应对台风"莎莉嘉""海马"重要批示精神。汪洋副总理批示强调,要高度重视台风防御工作,强化责任落实,确保人民生命财产安全,努力减轻灾害损失。

2017 年

10 月 13 日,国务院副总理汪洋在中国气象局值班信息上作出重要批示,要求切实做好台风"卡努"防御工作。中国气象局局长刘雅鸣要求立即贯彻落实汪洋副总理重要批示精神,加强 2017 年第 20 号台风"卡努"的监测预报预警,以高度责任感和使命感,做好台风防御气象服务工作,为党的十九大召开创造良好环境。

2018 年

9 月 14 日,人工影响天气工作座谈会在北京召开,中共中央政治局委员、国务院副总理胡春华出席会议并作重要讲话。

二、气象综合

1978 年

7 月 5—18 日,1978 年全国气象局长会议在黑龙江哈尔滨召开。会议审定气象部门红旗单位和标兵,研究全国气象部门"双学"代表会议的筹备工作,讨论气象事业、科研发展规划。

1979 年

12 月 19 日—1980 年 1 月 5 日,1980 年全国气象局长会议在北京召开。会议主要内容:研究在全国气象部门贯彻"调整、改革、整顿、提高"八字方针落实三年调整任务和相应措施;回顾 30 年发展历程,提出台站布局要行政区划与自然区划相结合和分两步实现"气象部门与地方政府双重领导,以气象部门领导为主"的双重领导体制改革。

1980 年

7 月 19 日,中央气象局决定成立长期规划领导小组,邹竞蒙、程纯枢任组长。长期规划领导小组负责审议气象发展长期规划和有关技术政策、技术体制、布局等重大问题。

12 月 1—10 日,1981 年全国气象局长会议在广西南宁召开。会议主要内容:总结贯彻中央"调整、改革、整顿、提高"方针的情况及各项任务的完成情况,总结气象部门管理体制改革的经验,研究部署 1981 年以调整为中心的各项任务。

1981 年

1 月 23 日,中央气象局向国务院呈报《关于巩固西藏气象工作的请示报告》(中气字〔1981〕2 号)。报告提出,针对西藏干部内调过多,大部分气象台站的业务工作受到严重影响的情况,建议:(1)解决轮换问题;(2)加速西藏气象技术干部的培训;(3)逐步改善生活和工作条件;(4)逐步改革管理体制。1 月 28 日国务院办公厅以国办发〔1981〕6 号文批准了此报告。

1982 年

3 月 5 日,国务院办公厅以国办函字〔1982〕24 号文函告中央气象局,《关于气象工作方针的请示报告》已经国务院领导同意,新的气象工作方针是:积极推进气象科学技术现代化,提高灾害性天气的监测预报能力,准确及时地为经济建设和国防建设服务,以农业服务为重点,不断提高服务的经济效益。

1983 年

1 月 8—15 日,1983 年全国气象局长会议在北京召开。会议主要内容:研究落实《国务院办公厅转发国家气象局关于气象部门管理体制第二步调整改革的报告的通知》精神,部署管理体制第二次调整改革工作。

1984 年

1 月 1—11 日,1984 年全国气象局长会议在北京召开。会议总结新中国成立以来气象工作取得的成就和经验,讨论通过《气象现代化建设发展纲要》,明确新时期气象工作的任务、目标战略重点,规划到 20 世纪末气象事业现代化建设的基本蓝图。

12 月 15—25 日,1985 年全国气象局长会议在吉林长春召开。会议的重点是贯彻党的十二届三中全会精神,回顾 1984 年的工作,部署 1985 年的任务。讨论了《关于气象部门改革的原则意见》,修改了《关于气象部门人事工作改革的意见》《关于气象部门计划财务管理工作改革的意见》和《关于气象物资工作改革的意见》。这次会议明确了气象部门改革的指导思想、基本原则、主要内容和基本步骤。

1985 年

2 月 16 日,国务院办公厅、中央军委办公厅以《关于做好云南、广西边境对越斗争气象保障工作有关问题的请示》(国办发〔1985〕11 号)转发总参谋部、国家气象局。

6 月 25 日,国家气象局副局长骆继宾主持召开第 32 次局长办公会议,决定编辑出版《中国气象年鉴》。

1986 年

1 月 8—16 日,1986 年全国气象局长会议在北京召开。会议主要内容:讨论修改《关于制定第七个五年气象发展计划的建议》;研究省级以下气象部门定编定员及干部队伍建设等问题。

12 月 10—17 日,1987 年全国气象局长会议在广东广州召开。会议审议《关于加强气象部门精神文明建设的实施规划》《气象业务技术体制改革方案》《全国气象事业发展第七个五年计划》,部署 1987 年气象工作任务。

1987 年

8 月 28 日—9 月 4 日,全国气象局长工作研讨会在北京召开。会议研究加强气象部门司局级后备干部的选拔和培养问题、人工影响局部天气工作的有关政策和 1988 年召开全国气象部门"双先"表彰会的有关问题。

1988 年

4 月 25 日—5 月 6 日,1988 年全国气象局长会议在北京召开。会议主要研究气象部门加快和深化改革的问题;通过了《全国气象部门加快和深化改革的总

体设想》及业务技术、气象服务、人事、计财、物资、科技、教育、综合经营等 8 个分
方案。

1989 年

4 月 10—16 日,1989 年全国气象局长会议在北京召开。会议总结气象部门
深化改革和各方面工作的情况、经验和问题,部署 1989 年重点工作,研究确定
"七五"后两年基本建设计划调整方案、省级以下气象部门机构改革以及气象行
业管理等问题。

1990 年

1 月 11—15 日,1990 年全国气象局长在上海召开。会议审议《国家气象局
关于气象部门进一步治理整顿和深化改革的意见》《国家气象局关于加强气象部
门思想政治工作的决定》《国家气象局关于气象部门廉政建设的若干规定》等
文件。

8 月 11—17 日,全国气象局长工作研讨会在山东青岛召开。会议的主要议
题是:研究进一步完善气象部门现行领导管理体制、制定"八五"气象事业发展计
划的建议、搞好结构调整、促进治理整顿和深化改革等问题。

1991 年

2 月 23—25 日,全国气象局长座谈会在北京举行。会议主要研究了加强领
导班子建设问题。国家气象局党组书记、局长邹竞蒙作了题为"加强各级领导班
子建设,保证气象事业持续稳定协调发展"的报告;党组成员、副局长温克刚在预
备会上讲话并作会议总结;人事部副部长张汉夫出席了会议闭幕式并讲话。

2 月 26 日—3 月 2 日,1991 年全国气象局长会议在北京召开。会议讨论通
过《国家气象局关于气象事业发展十年规划(1991—2000 年)的意见》和《全国气
象事业第八个五年计划(草案)》。

1992 年

1 月 18—22 日,1992 年全国气象局长会议在湖北武汉召开。会议审议通过
国家气象局关于贯彻党的十三届八中全会的决定和"八五"气象事业发展计划;
表彰 1991 年防汛减灾气象服务先进集体和先进个人。

5 月 2 日,国务院印发《国务院关于进一步加强气象工作的通知》(国发
〔1992〕25 号)。通知要求:继续加强气象科学研究和现代化建设,不断改进天
气气候监测预测和通信技术,提高服务能力;各级人民政府要进步加强对气象工作
的领导,积极推进气象科学技术现代化,积极发展主要为当地经济建设服务的地

方气象事业;建立健全与气象部门现行领导管理体制相适应的双重气象计划体制和相应的财务渠道;完善气象部门的管理体制,保持气象部门的机构、编制的相对稳定。

8月16—22日,全国气象局长工作研讨会在黑龙江哈尔滨召开。会议重点研讨了气象部门深化改革、加速发展的重点任务和主要改革措施,讨论修改气象事业发展纲要和十年规划,以及业务技术体制的有关问题;并通报和交流贯彻国务院〔1992〕25号文件的情况,提出了推进以事业结构调整为重点的改革。

1993 年

4月6—10日,1993年全国气象工作会议在北京召开。会议主要审议《气象事业发展纲要(1991—2020年)》《气象事业发展十年规划(1991—2000年)》。

8月25—31日,全国气象局长工作研讨会在山东青岛召开。会议主要研究如何进一步加快气象事业结构调整问题。

1994 年

1月28日,中国气象局下发《气象事业发展纲要(1991—2020年)》和《气象事业发展十年规划(1991—2000年)》。

2月22—26日,1994年全国气象局长会议在云南昆明召开。会议主要内容:审议通过《气象事业结构调整规划(1994—2000年)》《关于当前加强气象为农业和农村经济发展服务的若干措施意见》;表彰在1993年汛期和春秋季气象服务工作中做出突出成绩的先进集体和先进个人。

8月17—21日,全国气象局长工作研讨会在新疆乌鲁木齐召开。会议主要内容:分析基本气象系统特别是气象现代化管理工作中存在的主要问题,研究解决原则和措施;研讨地方气象事业和国家气象事业的关系及协调发展问题,探索将地方气象事业纳入统一规划;研究建立和优化现代化科学管理体系,明确各级事权,提高决策水平和办事效率。

1995 年

1月6—10日,1995年全国气象局长会议在北京召开。会议审议《中国气象局关于贯彻党的十四届四中全会精神的意见》,部署"九五"计划的编制工作,表彰气象部门1994年汛期服务先进集体和个人。

5月19日,中国气象局副局长温克刚主持召开第13次局长办公会议,审议气象事业费和教育事业费预算,研究干部援藏问题。会议决定,第一批援藏干部为20名。

1996 年

1 月 21—24 日,1996 年全国气象局长会议在北京召开。会议主要内容:总结全国气象部门"八五"期间取得的成就,确定今后 15 年气象事业发展的奋斗目标;部署"九五"期间的主要任务;审议《全国气象事业发展规划(1996—2010 年)》和《气象事业发展第九个五年(1996—2000 年)计划》;安排 1996 年的工作。

8 月 29 日—9 月 2 日,全国气象局长工作研讨会在山东威海召开。会议主要研分气象事业如何实现可持续发展问题。会上,中国气象局领导向气象系统荣获中宣部、司法部 1991—1995 年全国法制宣传教育先进集体和先进个人颁发了奖牌、奖章和证书。

1997 年

1 月 22—25 日,1997 年全国气象局长会议在北京召开。会议主要内容:学习贯彻党的十四届五中、六中全会和中央经济工作会议精神;总结 1996 年的工作,部署 1997 年的主要任务。

1998 年

1 月 11—15 日,1998 年全国气象局长会议在上海召开。会议结合研究深入贯彻落实党的十五大精神的措施和意见;审议《1998 年各省(自治区、直辖市)气象局工作目标》;总结 1997 年工作,部署 1998 年工作任务。

11 月 18 日,中国气象局局长温克刚主持机关机构改革动员大会。温克刚局长宣读了国务院机构改革主要精神,通报了中国气象局机构改革方案形成过程,并对机关近期工作提出了要求。

1999 年

1 月 13—15 日,1999 年全国气象局长会议在陕西西安召开。会议总结 1998 年气象工作经验,分析面临的形势;部署 1999 年重点任务和工作目标。

9 月 8—10 日,全国气象局长工作研讨会在山东青岛召开。会议主要学习党中央,国务院有关改革的文件精神,研讨气象部门事业单位改革、科技产业发展等问题。

2000 年

1 月 16—18 日,2000 年全国气象局长会议在安徽合肥召开。会议主要审议"十五"期间气象事业发展的基本思路;总结 1999 年气象工作,部署 2000 年的主要任务。

8 月 18—21 日,全国气象局长工作研讨会在宁夏银川召开。会议主要研究气象部门积极与西部大开发、加快西部气象事业发展和气象事业发展第十个五年计划等问题。

2001 年

1 月 5—7 日,2001 年全国气象局长会议在北京召开。会议主要贯彻国务院依法行政工作会议精神,检查《中华人民共和国气象法》颁布实施一年来的气象工作情况;总结 2000 年气象工作,部署 2001 年重点工作任务。

6 月 22 日,中国气象局下发《全国气象事业发展第十个五年计划》。

2002 年

1 月 7—9 日,2002 年全国气象局长会议在江西南昌召开。会议主要总结2001 年气象工作,分析气象事业发展形势;部署 2002 年气象工作任务。

2003 年

1 月 5—7 日,2003 年全国气象局长会议在北京召开。会议主要总结党的十三届四中全会以来 13 年气象事业发展的基本经验,明确 21 世纪前 20 年中国气象事业发展目标、工作思路和主要任务;总结 2002 年气象工作,部署 2003 年重点任务。

8 月 26—27 日,全国气象局长工作研讨会在河北廊坊召开。会议主要研讨中国气象事业发展战略。10 月 22 日,国务院副总理回良玉在国务院主持会议,听取中国气象局局长秦大河关于中国气象事业发展战略研究的汇报和中国科学院孙鸿烈院士等 9 位专家的发言。

2004 年

1 月 8—9 日,2004 年全国气象局长会议在北京召开。会议主要部署中国气象事业发展战略研究工作;总结 2003 年气象工作,部署 2004 年气象工作任务;表彰汛期气象服务工作先进集体和个人。

8 月 30 日—9 月 1 日,全国气象局长工作研讨会在北京召开。会议主要学习领会和应用中国气象事业发展战略研究成果,分析研究实施三大战略情况,研究进一步加强基层气象台站工作。

11 月 29 日,中共中央政治局委员、国务院副总理回良玉在人民大会堂主持召开《中国气象事业发展战略研究》成果汇报会议,来自全国人大、全国政协以及国务院有关部门的领导和专家共 300 余人参加会议。中国气象事业发展战略研究是在国务院直接领导下,由中国气象局牵头于 2003 年 4 月启动。战略研究成果于 2006 年国务院以《国务院关于加快气象事业发展的若干意见》(国发〔2006〕

3 号)下发,为 21 世纪气象事业发展奠定了基础。

2005 年

1 月 20—21 日,2005 年全国气象局长会议在北京召开。会议主要总结 2004 年气象工作,部署实施中国气象事业发展战略工作和 2005 年气象工作任务。

8 月 25—27 日,中国气象局党组夏季中心组学习会议在北京召开。会议的主要内容是:全面落实科学发展观,围绕构建社会主义和谐社会和在新时期保持共产党员先进性的具体要求,分析气象事业改革和发展所面临的新形势,大力推进中国气象事业发展战略研究成果的贯彻落实和气象业务技术体制改革方案设计工作;进一步提高领导发展气象事业的能力。党组书记秦大河主持会议并作了题为"始终站在时代前列 领导和谋划中国气象事业的改革与发展"的主题报告。

2006 年

1 月 12 日,国务院印发《国务院关于加快气象事业发展的若干意见》(国发〔2006〕3 号)。文件明确了气象事业发展的指导思想,未来发展目标:到 2010 年,初步建成结构合理、布局适当、功能齐备的综合气象观测系统、气象预报预测系统、公共气象服务系统和科技支撑保障系统,使气象整体实力达到 20 世纪末世界先进水平;到 2020 年,建成结构完善、功能先进的气象现代化体系,使气象整体实力接近同期世界先进水平,若干领域达到世界领先水平。

1 月 12—13 日,2006 年全国气象局长会议在北京召开。会议主要贯彻落实《国务院关于加快气象事业发展的若干意见》精神,总结"十五"计划成功经验,明确"十一五"计划主要任务;部署 2006 年重点工作。

9 月 20—22 日,全国气象局长工作研讨会在北京召开。会议主要贯彻《国务院关于加快气象事业发展的若干意见》精神,分析气象事业发展、改革、创新所面临的新形势和新任务,研讨气象为社会主义新农村建设服务、业务技术体制改革问题。

12 月 28—29 日,2007 年全国气象局长会议在北京召开。会议提出以深化业务技术体制改革为动力,推动气象事业又好又快发展;总结 2006 年气象工作,研究部署 2007 年重点任务。

2007 年

7 月 28 日,中国气象局、国家发展和改革委员会联合印发《关于印发〈气象事业发展"十一五"规划〉的通知》(气发〔2007〕253 号)。

8月31日—9月3日,全国气象局长工作研讨会在北京召开。会议主要内容:深入贯彻国务院3号文件和国办49号文件精神,研究气象事业发展所面临的系列重大现实课题和深入推进全国气象部门思想建设、文化建设和作风建设问题。

2008年

1月11—12日,2008年全国气象局长会议在北京召开。会议全面总结党的十六大以来中国特色气象事业发展的成就和经验,明确令后改革发展的目标和任务;部署2008年重点工作。

9月22—25日,全国气象局长工作研讨会在北京召开。会议主要内容:分析和把握气象事业科学发展面临的新形势、新要求和新任务,深入研讨影响和制约气象事业科学发展的思想观念、发展方式和体制机制问题,科学谋划当前和今后一个时期气象事业发展的重点、难点和突破点。

11月14日,中国气象局、国家发展和改革委员会联合印发《人工影响天气发展规划(2008—2012年)》(气发〔2008〕471号)。

2009年

1月6—7日,2009年全国气象局长会议在江苏南京召开。会议提出继续深化改革开放,全面推动气象事业科学发展;总结2008年气象工作,部署2009年重点工作。

12月6—7日,全国气象局长工作研讨会在北京召开。会议主要内容:分析推动气象事业发展面临的形势、任务和要求,研究"十二五"气象事业发展的思路、目标和举措,讨论现代气象业务体系建设的重点、难点和突破点,全面推动气象事业科学发展。

12月24日,中国气象局局长郑国光主持召开第13次局长办公会议,审议《现代天气业务发展指导意见》《气象卫星遥感应用发展专项规划(2010—2015年)》《综合气象观测系统发展规划(2010—2015年)》。

2010年

1月7—8日,2010年全国气象局长会议在北京召开。会议回顾新中国气象事业60年发展成就;总结2009年气象工作,部署2010年工作任务。

1月9日,中国气象局、国家发展和改革委员会联合印发《国家气象灾害防御规划(2009—2020年)》(气发〔2010〕7号),这是中国第一个由国家批准的气象防灾减灾专项规划,明确未来十年气象防灾减灾工作的指导思想、奋斗目标、主要任务和保障措施,是指导今后一个时期气象防灾减灾工作的纲领性文件。

9 月 10—13 日,全国气象局长工作研讨会在北京召开。会议研究推进现代气象业务体系、气象科技创新体系、气象人才体系建设的任务和措施。

2011 年

1 月 12—14 日,2011 年全国气象局长会议在广东东莞召开,会议总结"十一五"时期气象工作;科学谋划"十二五"时期气象事业发展;部署 2011 年气象工作。

9 月 23 日和 26 日,全国气象局长工作研讨会在北京召开。会议提出要牢牢把握科学发展主题和转变发展方式主线,努力推动气象现代化体系建设。

11 月 15 日,中国首部关于气象科学的专科性百科全书《中国气象百科全书》总编委会在北京召开第一次会议,标志着《中国气象百科全书》编纂工作正式启动。

12 月 5 日,中国气象局、国家发展和改革委员会联合印发《气象发展规划(2011—2015 年)》(气发〔2011〕100 号)。规划提出到 2015 年气象工作的指导思想、发展目标、重点任务、工程项目和政策措施。

2012 年

1 月 6—7 日,2012 年全国气象局长会议在北京召开。会议总结 2011 年气象工作,分析气象事业发展面临的形势;部署 2012 年主要气象工作。

8 月 24—27 日,全国气象局长工作研讨会在北京召开。会议总结党的十七大以来气象事业发展的成就和经验,深入研讨气象现代化、县级气象机构综合改革等事关全局发展的重大问题。

2013 年

1 月 14—15 日,2013 年全国气象局长会议在辽宁沈阳召开。会议主要贯彻落实党的十八大会议精神,为全面建成小康社会提供有力气象保障;部署 2013 年主要气象工作。

6 月 5 日,中国气象局印发《中国气象局关于全面推进气象现代化工作的通知》(气发〔2013〕48 号)。

11 月 18 日,国家发展和改革委员会、财政部、住房和城乡建设部、交通运输部、水利部、农业部、国家林业局、中国气象局、国家海洋局联合印发《关于印发国家适应气候变化战略的通知》(发改气候〔2013〕2252 号)。

2014 年

1 月 9—10 日,2014 年全国气象局长会议在北京召开。会议以全面深化改革,增强发展活力,大力提升气象服务能力和保障水平为主题;总结 2013 年全国气象工作,部署 2014 年任务。

5 月 13 日,全国气象局长工作研讨会议在北京召开。会议主要内容:深入学习贯彻习近平总书记系列重要讲话精神,围绕全面推进气象现代化,深入研讨全面深化气象改革重大问题。

5 月 20 日,《中共中国气象局党组关于全面深化气象改革的意见》印发,中国气象局对全面深化气象改革进行了全面部署。

2015 年

1 月 5 日,中国气象局与国家行政学院联合举办气象灾害应急管理培训班。

1 月 8 日,国家级气象现代化第四次推进会召开,就落实好国家级气象现代化目标任务和国家气象科技创新工程攻关任务、突破重大核心技术、带动全国气象现代化发展等问题进行研讨,并研究部署 2015 年推进国家级气象现代化相关工作。

1 月 22 日,2015 年全国气象局长会议在陕西西安召开,会议主要任务是全面贯彻落实党的十八大和十八届三中、四中全会精神,深入贯彻习近平总书记系列重要讲话精神,以及中央经济工作会议和中央农村工作会议精神;总结 2014 年气象工作,部署 2015 年任务。中国气象局局长郑国光作题为"适应新常态 加快转方式 全面提高气象事业发展的质量和效益"工作报告。

8 月 19 日,中国气象局印发《全国气象现代化发展纲要(2015—2030 年)》(气发〔2015〕59 号)。

9 月 14 日,中国气象局印发《气象部门创新工作管理办法》(气发〔2015〕62 号)。

2016 年

1 月 20 日,2016 年全国气象局长会议在北京召开,中国气象局局长郑国光作题为"践行发展理念 突出创新驱动 努力实现'十三五'气象事业发展良好开局"的工作报告。

8 月 26 日,中国气象局印发《中国气象局 国家发展改革委关于印发全国气象发展"十三五"规划的通知》(气发〔2016〕62 号)。

9 月 23 日,中国气象局在北京召开 2016 年全国气象局长工作研讨会,全面学习贯彻党的十八大和十八届三中、四中、五中全会精神,深入贯彻习近平同志系列重要讲话精神,协调推进"四个全面"战略布局,贯彻落实"五大发展理念",深入研讨如何全面推进新时期气象现代化。中国气象局局长郑国光作题为"发展智慧气象构建'四大体系'全面推进新时期气象现代化"的报告。

2017 年

1 月 12—13 日,2017 年全国气象局长会议在上海召开,会议主要任务是全面贯彻落实党的十八大、十八届三中、四中、五中、六中全会和十八届中央纪委七次全会、中央经济工作会议、中央农村工作会议精神,深入学习贯彻习近平总书记系列重要讲话精神,全面落实"十三五"气象发展规划,总结 2016 年工作,分析形势,明确思路,部署 2017 年重点任务。中国气象局局长刘雅鸣作题为"深化改革 创新发展 全面提升气象保障经济社会发展的能力"的工作报告。

2018 年

1 月 16 日,2018 年全国气象局长会议在北京开幕。会议全面贯彻党的十九大精神,以习近平新时代中国特色社会主义思想为指导,谋划气象发展新战略,总结 2017 年和过去五年工作,部署 2018 年任务,动员全体气象工作者凝心聚力、砥砺奋进,开启建设现代化气象强国新征程。

11 月 19—20 日,2018 年全国气象局长工作研讨会议在北京召开。会议围绕贯彻落实习近平新时代中国特色社会主义思想和党的十九大精神,结合党组重大调研成果,聚焦气象业务科技、服务、管理、发展保障等主题进行研讨,分析新时代气象事业发展面临的新形势、新任务、新挑战,为凝心聚力推动气象高质量发展谋划重点与方向。

三、气象服务

1979 年

12 月 8 日,水利部、中央气象局分别以水管字〔1979〕56 号、中气业字〔1979〕245 号文,联合印发《气象台站向水利(防汛)部门拍发汛期雨量报汛的组织办法》。

12 月 11 日,林业部、中央气象局分别以林护字〔1979〕24 号、中气业字〔1979〕255 号文,联合印发《关于恢复和加强森林火险预报工作的联合通知》。

1980 年

2 月 6 日,国务院、中央军委印发《关于从民兵高炮中拨出部分旧炮专门用于降雨防雹的通知》(国发〔1980〕40 号),通知要求:各省军区(北京卫戍区,上海、天津警备区)从民兵现有"三七"高炮中,拨出部分旧炮,交给省人民政府,专门作降雨防雹使用。

2月12日,财政部、中央气象局分别以财农字〔1980〕11号、中气计字〔1980〕20号文,联合印发《关于拍发航空天气报和危险天气报实行收费办法的通知》。

7月7日,中央气象台首次与中央电视台合作,由预报员在电视上播讲天气预报,中央电视台《新闻联播》开始播发中央气象台的天气预报。

1981年

9月12日,中央气象局向国务院呈报《关于确保龙羊峡水库安全进一步做好气象服务的报告》(中气字〔1981〕18号)。

1982年

11月13日,国家气象局下发《关于进一步加强专业气象服务工作的通知》(国气业字〔1982〕280号)。再次重申,沿海省(自治区、直辖市)气象部门,在做好陆地气象服务的同时,要积极开展海上石油勘探、交通运输、渔业捕捞、海滩救护等海洋气象服务工作;内陆省(自治区、直辖市)气象部门,在做好农业服务的同时,积极开展为工矿、铁路、航运、牧业、渔业、林业、副业、建筑业、水库以及各种大型工程等专业气象服务工作,力争取得好的经济效益。

12月29日,国家气象局下发《关于开展海上石油开发气象服务等有关问题的函》(国气业字〔1982〕319号)。根据国务院办公厅、中央军委办公厅〔1982〕6号文精神,今后渤海地区的气象服务均由气象部门承担。要求有关省(自治区、直辖市)气象局积极承担并切实做好我国所有海域的中外合作海区石油开发作业的气象服务工作,力争准确及时,保证海上作业安全。

1983年

1月1日,国家气象局在中央电视台开辟了《城市天气预报》节目。

7月上、中旬,长江流域普降暴雨,部分地区甚至超过1954年最大洪水水位,7月底川北、陕南连降暴雨,安康出现了罕见的特大洪水,各级气象部门准确预报了暴雨过程,为各地政府提供防汛抗洪救灾决策服务。

8月24日,广播电影电视部、国家气象局联合印发《关于进一步做好天气预报广播的联合通知》(广发地字〔1983〕649号)。

1984年

6月25日,国家气象局召开第22次局办公会议,研究长江三峡工程气象服务问题。会议决定成立长江三峡工程气象服务筹备领导小组,由副局长骆继宾任组长,程纯枢任顾问。

8月29日,国家气象局、轻工业部联合印发《关于加强对盐业气象台站的领导和技术业务指导等的联合通知》(国气业字〔1984〕154 号)。

1985 年

1 月,国家气象局与中央电视台合作,在《天气预报》节目制作、播出时次等问题上达成共识,确立了气象部门电视气象服务的主导地位。自此,中国成为国际上第一个在气象部门制作气象影视节目的国家。

3 月 29 日,国务院办公厅印发《国务院办公厅转发国家气象局关于气象部门开展有偿服务和综合经营的报告的通知》(国办发〔1985〕25 号)。报告对有偿专业服务的范围、收费的原则、收入的使用等作出规定。

7 月 23—26 日,全国农业气象工作会议在北京召开。会议系统总结了农业气象业务服务工作的历史经验,继续坚持以农业服务为重点,全面推进农业气象的改革与现代化建设,引导气象为农业服务向深、广、细、活方向发展。

8 月 16 日,国家气象局、财政部联合印发《关于气象部门开展专业服务收费及其财务管理的几项规定》(国气计字〔1985〕135 号)。

1986 年

4 月 1 日,中央气象台自 4 月 1 日和 15 日起分别在中央电视台和中央人民广播电台天气预报节目中增发海洋气象预报。

10 月 1 日,在中央电视台播发的由中央气象台制作的电视天气预报,即日起由静态改为动态形式。

1987 年

1 月 5 日,首次全国气象服务工作会议在广州召开。会议主题是“总结经验、开拓前进,再创气象服务工作新局面”。会议提出,在气象服务工作中要做到质量第一、用户第一、信誉第一,在“准”字、“专”字上下功夫,要求一手抓公众气象服务,一手抓专业有偿气象服务,不断拓宽专业气象服务领域。

5 月 6 日,黑龙江大兴安岭发生特大森林火灾,历时 28 天,损失惨重。国家卫星气象中心 8 日从卫星云图上最先发现大兴安岭发生森林火灾,国家气象局领导第一时间向国务院领导报告火情,在扑灭这起特大森林大实中提供了大量云图信息服务,组织了人工增雨灭火工作,为扑灭大火做出了重要贡献,得到了国务院的表彰。

1988 年

11 月 1 日,国家气象局、广播电影电视部、邮电部联合印发《关于加强灾害性天气预报警报的制作、传输和广播的通知》(国气专发〔1988〕66 号)。

12月,中央气象台海洋气象导航中心成立,开展海洋气象导航服务,结束了中国没有自己远洋气象导航的历史。

1989 年

2月1日,国家气象局下发为夺取农业丰收加强气象服务的通知,要求各级气象部门切实把农业服务放在十分重要的位置上。

1990 年

2月12日,国家气象局、中国人民保险公司联合印发《关于加强保险与气象部门合作的联合通知》(国气天发〔1990〕2 号)。

6月,国家气象局印发《关于通过中央电视台播发气象信息的通知》(国气天发〔1990〕17 号)。

10月16日,第二次全国气象服务工作会议在上海召开。会议提出:要紧密结合国民经济发展的需要,将做好决策服务和公益服务作为气象服务工作的主要职责,进一步提高服务能力,拓宽服务领域。

12月4日,国家气象局、财政部印发《关于气象部门专业服务收费及其财务管理的补充规定》(国气计发〔1990〕179 号)。

12月,中央气象台海洋气象导航中心与中国远洋运输总公司联合开展三大洋气象导航船岸通信联络试验取得成功,使服务领域扩大到全球海域。

1991 年

5—7月,江淮流域出现持续性特大暴雨洪涝。梅雨期内江淮一带总雨量普遍在 500 毫米以上,江苏、安徽、湖北和河南部分地区的雨量达 700～1200 毫米。特大暴雨洪涝给江河湖泊安全和受影响地区的人民生命财产造成严重威胁。气象部门对梅雨时间、多次重大暴雨天气过程做出准确预报,为抗洪救灾决策,特别是为蒙洼蓄洪区推迟 7 小时分洪提供了科学依据和气象保障。

10月,国家气象局在山东青岛召开全国气象科技兴农会议,提出气象科技兴农是以农业服务为重点的方针在新时期的深化和发展。

1992 年

3月17日,国家气象局重大天气气候联合服务小组正式成立。该小组是为党中央、国务院等领导部门提供决策服务与综合气象信息服务的联合实体。小组的成员由国家气象中心、国家卫星气象中心、中国气象科学研究院等单位主要领导及有关专家组成。

6月4日,国家气象局《气象信息》节目在中南海闭路电视系统中试播。

1993 年

3 月 1 日,中央电视台《天气预报》节目开始上主持人,面向公众直播天气预报。

7 月 1 日,国务院办公厅印发《国务院办公厅关于公开发布天气预报有关问题的复函》(国办函〔1993〕45 号),要求:国家对公开发布天气预报和灾害性天气警报实行统一发布制度,由中国气象局管辖的各级气象台(站)负责发布。其他部门、单位及个人未经省级或省级以上气象部门同意,均不得向社会公开发布各类天气预报和灾害性天气警报;其他部门所属的气象台(站)或机构,只负责向本部门发送天气预报;通过广播、电视、报刊、电话等手段向社会公开发布的天气预报和灾害性天气警报,一定要利用气象部门提供的适时气象信息。

1994 年

3 月 23 日,中国气象局决定从当年起每年向社会及有关部门发布《中国气候公报》。

5 月 1 日,中央电视台《天气预报》节目中增加播出南沙群岛的天气预报。

5 月 27 日,国务院办公厅印发《国务院办公厅关于同意建立人工影响天气协调会议制度的通知》(国办通〔1994〕25 号),同意建立人工影响天气协调会议制度。由中国气象局作为牵头单位,中国气象局局长任召集人;国家计委、国家经贸委、国家科委、财政部、民政部、农业部、水利部、民航总局、中国气象局、中国科学院、中国人民解放军总参谋部、中国人民解放军空军司令部为协调会议制度成员单位。

10 月 18 日,全国人工影响天气协调会议成立会议暨第一次全体会议在北京召开。会议审议通过《全国人工影响天气协调会议的组成、主要任务和会议制度》。

1995 年

3 月 22 日,全国人工影响天气工作会议在北京召开。会议主题是:贯彻落实中央农村工作会议精神,回顾和总结中国人工影响天气工作取得的主要进展和经验,明确工作方针和发展目标,促进人工影响天气工作上一个新台阶的措施。

4 月 19 日,第三次全国气象服务工作会议在湖北宜昌召开。会议提出:坚持在公益服务与有偿服务中把公益服务放在首位,在决策服务和公众服务中把决策服务放在首位,在为国民经济各行各业服务中,以农业服务为重点的"两首位一重点"气象服务理念。

7 月 10 日,国家气象中心首次发布《中国责任海区(XI-1OR)海洋气象公报》,并正式投入业务运行。

1996 年

1 月 8 日,中国气象局、广播电影电视部联合印发《关于进一步加强电视天气预报工作的通知》(中气候发〔1996〕3 号)。

9 月,中国气象局成立决策气象服务的业务协调机构——中国气象局决策气象服务中心。

12 月 17 日,国家环境保护局、中国气象局联合印发《关于加强大中型建设项目环境影响评价中气象资料使用管理的通知》(环监〔1996〕980 号)。

1997 年

5 月 5 日,中央电视台增加凌晨《天气预报》节目和经济栏目《气象信息》节目,增加早间《气象服务》节目,由主持人播讲。

6 月 19 日,国务院副秘书长崔占福在国务院主持会议,专题研究部署香港回归期间气象保障服务工作,中国气象局局长温克刚汇报了有关情况。

1998 年

4 月 2—4 日,由国家发展计划委员会和国务院三峡工程建设委员会办公室共同委托,中国国际工程咨询公司主持召开的"长江三峡工程气象保障服务系统专项设计报告"审查会在中国气象局举行。会上,"长江三峡工程气象保障服务系统专项设计报告"通过专家审查。

6—8 月,长江流域、嫩江流域发生特大暴雨洪涝灾害,期间降水量之多,流域洪峰水位之高、持续时间之长属历史罕见。长江流域大部地区 6—8 月频降暴雨、大暴雨,沿江及江南部分地区总降水量 1000 毫米,比历史同期偏多 6 成以上。受灾人口超过 1 亿,造成的经济损失超过 1500 亿元。嫩江流域 6—8 月不断受低压槽和冷涡影响,出现大面积、持续不断的大到暴雨天气,都分地区降水量达 500～700 毫米,松花江、嫩江水位超警戒水位和历史最高水位,出现百年一遇特大洪水,受灾人口 1000 余万,造成的经济损失近 500 亿元。气象部门为抗洪救灾提供了及时有效的气象保障服务。

8 月 6 日,中国气象局召开第三次电话会议,温克刚局长传达了国家防汛抗旱总指挥部第 3 次全体会议精神,要求各地全力以赴,夺取防汛抗台气象服务工作的全面胜利。

8 月 16—21 日,中国气象局党组派出由温克刚局长,邹竞蒙名誉局长,马鹤年、刘英金副局长带队的 4 个慰问检查组,分赴湖北、黑龙江、湖南、江西 4 省重灾区的气象台站,慰问奋战在第一线的干部职工,检查指导抗灾气象服务工作。

1999 年

4 月,中央气象台正式开展森林火险气象等级预报。

8 月 10 日,"全球航海智能系统"发布会召开,该系统由中央气象台、英国海军水文局、中远集团合作开发,为航海和航运提供有效的导航技术保障。

12 月 30 日,公安部、中国气象局联合印发《关于加强公安机关和气象部门工作配合积极预防高速公路交通事故的通知》(公通字〔1999〕103 号)。

2000 年

1 月 1 日,中央气象台发布热带气旋警报增加使用台风委员会命名的热带气旋名称。

5 月 1 日,第四次全国气象服务工作会议在上海召开。会议提出气象服务是立业之本,要努力做到"一年四季不放松,每个过程不放过"。

2001 年

3 月 1 日,中国沙尘预警系统投入业务运行。中央气象台在中央电视台(第一频道)《天气预报》节目中正式发布了中国首期沙尘暴预报。

7 月 30 日,中央电视台(第十频道)《今日气象》节目开播。

2002 年

1 月 15 日,中国气象局印发《气象部门领导干部任期经济责任审计暂行规定》(气发〔2002〕4 号)、《关于将气象有偿服务费转为经营服务性收费(价格)的通知》(气发〔2002〕5 号)和《中国气象局大气探测技术中心组建方案》(气发〔2002〕6 号)。

4 月 12 日,中国气象局下发《关于开展省会城市紫外线预报业务服务工作的通知》(气发〔2002〕87 号),决定于 2002 年 7 月 1 日起发布省会城市紫外线指数预报。

2003 年

3 月 3 日,中央气象台在中央电视台《新闻联播》后播出的《天气预报》节目新版面世,全国和城市天气形势预报延长至 72 小时。

8 月 6 日,中宣部副部长兼国家广电总局局长徐光春与中国气象局副局长李黄进行了工作会谈。双方就如何进一步加强合作,发展电视天气预报服务工作交换了意见,在电视天气预报制作和播出、电视气象节目改进、筹建气象频道等问题上,达成了积极共识。

2004 年

2 月 23 日,中国气象局在北京举行"世界天气信息服务中文网"开通仪式。中国气象局局长秦大河,世界气象组织主席亚历山大·别得里茨基(Alexander Bedritsky)、秘书长米歇尔·雅罗(Michel Jarraud)出席了开通仪式。

8 月 17 日,中国气象局开通"中国气象科学数据共享服务网",标志着由国家和省两级组成的、覆盖全国、连通世界的公益性气象数据共享服务网络正式形成。

2005 年

1 月 4 日,中国气象局、中国电信集团公司联合印发《关于进一步加强气象信息服务合作的通知》(气发〔2005〕2 号)。

4 月 4 日,国务院办公厅印发《国务院办公厅关于加强人工影响天气工作的通知》(国办发〔2005〕22 号),通知要求充分认识人工影响天气工作的重要性,总结经验,完善机制,不断提高人工影响天气的效益和水平。

2006 年

5 月 18 日,中国气象频道正式开播,这是一个全天候提供权威、实用、细分的各类气象信息和其他相关生活服务信息的专业化电视频道。

7 月 5 日,国务院办公厅印发《国务院办公厅关于进一步做好防雷减灾工作的通知》(国办发明电〔2006〕28 号)。通知要求:切实做好雷电天气预测预报工作,提高雷电天气的预报警报水平,及时发布雷电灾害预警信息,认真落实防雷安全措施,进一步加强防雷减灾管理等。

2007 年

1 月 29 日,公安部、中国气象局联合印发《关于建立道路交通安全气象信息交换和发布制度的通知》(公交管〔2007〕22 号)。

5 月 25 日,中国气象局、教育部联合印发《关于加强学校防雷安全工作的通知》(气发〔2007〕152 号)。

6 月 14 日,中国气象局、铁道部联合印发《关于做好铁路运输安全气象保障工作的通知》(气发〔2007〕196 号)。

7 月 5 日,国务院办公厅印发《国务院办公厅关于进一步加强气象灾害防御工作的意见》(国办发〔2007〕49 号)。通知要求:大力提高气象灾害监测预警水平,切实增强气象灾害应急处置能力,全面做好气象灾害防范工作,进一步完善气象灾害防御保障体系,加强气象灾害防御工作的组织领导和宣传教育,努力提高全社会对气象灾害的防范意识。

9月28日,中国气象局、中国科学技术协会联合印发《关于进一步加强气象防灾减灾和气候变化科普宣传工作的通知》(气发〔2007〕333号)。

9月30日,中国气象局、信息产业部联合印发《关于进一步做好气象灾害应急预警信息发布和传播工作的通知》(气发〔2007〕357号)。

10月29日,中国气象局、国家广播电影电视总局联合印发《关于进一步加强广播电视气象灾害预警信息发布工作的通知》(气发〔2007〕378号)。

12月9日,国务院办公厅印发《国务院办公厅关于加强抗旱工作的通知》(国办发〔2007〕68号),通知要求:充分认识加强抗旱工作的重要性;明确指导思想、基本原则和目标任务;加强抗旱工作的主要任务;加强抗旱工作的保障措施;加强对抗旱工作的组织领导。

12月21日,国务院办公厅发出《国务院办公厅关于做好防范大雾天气影响交通安全工作的紧急通知》(国办发明电〔2007〕54号)。通知指出:要高度重视大雾天气的防范应对工作;切实加强监测、预报、预警工作;加强科学管理,落实应对措施,防范和减轻大雾天气对交通安全的影响;加大宣传和培训工作力度,提高全社会应对大雾天气的意识和能力。

2008年

1月7日,中国气象局、科学技术部联合印发《关于加强气候变化和气象防灾减灾科学普及工作的通知》(气发〔2008〕3号)。

1月10日—2月2日,中国大部地区,尤其是南方地区连续出现了持续的大范围低温雨雪冰冻天气,给人民群众的生产生活带来严重影响。1月25日中国气象局启动重大气象灾害预警应急预案Ⅲ级应急响应命令,27日又启动了Ⅱ级应急响应命令。

5月8日,中国气象局公共气象服务中心成立。

5月12日,四川汶川发生8级地震,中国气象局启动地震灾害气象服务Ⅱ级应急响应命令,要求各级气象部门及时组织开展抗震救灾的各项气象服务工作,为抗震救灾提供科学数据和气象保障服务。

6月11日,国务院办公厅发出《关于做好强降雨防范工作的通知》(国办发明电〔2008〕32号),通知指出:5月下旬以来,南方大范围强降雨天气造成严重人员伤亡和财产损失,要高度重视强降雨防范工作;切实加强预测预报;确保水库、江河防洪安全;严密防范山洪、滑坡、泥石流等灾害;全面落实各项防汛避险措施;全力以赴做好各项救灾工作。

7月22日,中国气象局召开奥运气象赛时服务动员誓师电视电话会议。27日,奥运会开闭幕式人工消(减)雨工作协调会议在北京召开。

8月8日,第29届夏季奥林匹克运动会开幕式在北京举行。面对复杂多变的天气形势,中国气象局按照党中央、国务院关于全力办好奥运会的部署和要求,围绕"有特色、高水平"奥运气象服务目标,为奥运火炬接力珠峰传递和境内外134个城市的传递、奥运会开闭幕式、奥运会体育赛事、城市运行保障、公众出行观赛等提供了出色的气象服务。气象部门在奥运史上首次成功实施人工消(减)雨作业,保障了开幕式、闭幕式顺利进行。

9月7日,中国气象局印发《现代农业气象业务发展专项规划(2009—2015年)》。

9月26日,第五次全国气象服务工作会议在北京召开。会议提出:要坚持公共气象的发展方向,建设公共气象服务体系,明确了公共气象服务的定位、内涵、属性和发展思路,坚持把气象服务作为立业之本,坚持公共气象服务引领气象事业发展,不断提高决策气象服务、公众气象服务、专业气象服务和气象灾害防御的能力和水平,努力实现公共气象服务机构实体化、队伍专业化、业务现代化。

2009 年

11月12日,国务院办公厅发出《关于做好强降雪防范应对工作的通知》(国办发明电〔2009〕25号),通知要求:要高度重视强降雪防范应对工作,确保城乡群众正常生活秩序,努力保障交通运输安全畅通,切实保证工农业生产正常运行,进一步加强监测预警和信息发布,切实安排好值班工作。

11月20日,中国气象局、国家电网公司联合印发《关于做好灾害性天气预警和应对工作确保电网安全的通知》(气发〔2009〕418号)。

12月11日,国务院办公厅以国办函〔2009〕120号文印发《国务院办公厅关于印发〈国家气象灾害应急预案〉的通知》,通知明确:发生跨省级行政区域大范围的气象灾害,并造成较大危害时,由国务院决定启动相应的国家应急指挥机制,统一领导和指挥气象灾害及其次生、衍生灾害的应急处置工作;高温、沙尘暴、雷电、大风、霜冻、大雾、霾等灾害由地方人民政府启动相应的应急指挥机制或建立应急指挥机制负责处置工作,国务院有关部门进行指导。

12月27—28日,中央农村工作会议明确提出"要加强农业气象服务体系和农村气象灾害防御体系建设"。

2010 年

3月11日,上海市气象局成立"世博气象服务中心运行指挥部"。世博会期间上海市气象局开展 1～3 天逐日天气预报。

7月7日,国土资源部、中国气象局联合印发《关于进一步推进市(地、州)、县(市、区)地质灾害气象预警预报工作的通知》(国土资发〔2010〕101号)。

7月29日,国家旅游局、中国气象局联合印发《关于做好旅游气象服务工作的通知》(旅办发〔2010〕108号)。

8月7日,甘肃舟曲县突降特大暴雨,引发特大山洪地质灾害,泥石流长约5千米,平均宽度300米。地质灾害发生后,中国气象局紧急召开应急工作协调会,就甘肃舟曲气候条件、未来天气发展趋势等提供气象保障服务提出要求。

8月31日,交通运输部、中国气象局联合印发《关于进一步加强公路交通气象服务工作的通知》(交公路发〔2010〕108号)。

2011年

3月11日,日本发生里氏9级地震,引发海啸并导致福岛核泄漏。中国气象局首次启动世界气象组织和国际原子能机构北京区域环境紧急响应中心的核应急响应系统,率先向国务院及相关部门提供核事故环境影响服务材料。15日,中国气象局召开紧急会议,进一步研究部署做好应对日本福岛核事故应急响应及气象保障服务工作。

7月11日,国务院办公厅印发《国务院办公厅关于加强气象灾害监测预警及信息发布工作的意见》(国办发〔2011〕33号)。意见要求:提高监测预报能力,加强预警信息发布,强化预警信息传播,有效发挥预警信息作用,加强组织领导和支持保障,推进气象灾害科普宣教。

11月22日,国务院新闻办公室发布白皮书《中国应对气候变化的政策与行动(2011)》。

2012年

4月9日,财政部、中国气象局联合印发《关于印发〈中央财政人工影响天气补助资金管理暂行办法〉的通知》(财农〔2012〕21号)。

5月22—23日,全国人工影响天气协调会议在北京召开第三次全国人工影响天气工作会议。中共中央政治局委员、国务院副总理回良玉出席会议作重要讲话,并接见了全国人工影响天气工作先进单位代表和先进个人。会议总结了2004年以来全国人工影响天气工作取得的成绩与经验,明确今后一个时期人工影响天气发展的目标与任务;讨论修改《国务院办公厅关于进一步加强人工影响天气工作的意见》(代拟稿)。

7月21—22日,北京出现1951年以来最强的一次全市性特大暴雨过程,暴雨过程历时短、雨势强,局部地区造成比较严重的灾害。北京市气象台提前 48 小时作出预报,及时向市政府、防汛办等决策部门报送了《重要天气报告》,并通过电视、广播、网络等发布渠道及时发布预报预警信息、降雨实况。

8 月 26 日,国务院办公厅印发《关于进一步加强人工影响天气工作的意见》(国办发〔2012〕44 号)。要求:到 2020 年,建立较为完善的人工影响天气工作体系,基础研究和应用技术研发取得重要成果,基础保障能力显著提升,协调指挥和安全监管水平得到增强,服务经济社会发展的效益明显提高。

2013 年

3 月 20 日,国家能源局、中国气象局联合印发《国家能源局、中国气象局关于做好风能资源详查和评价资料共享使用的通知》(国能新能〔2013〕147 号)。

4 月 16 日,中国气象局印发《中国气象局关于成立中国气象局气象影视中心的通知》(中气函〔2013〕100 号)。

4 月 20 日,四川省雅安市芦山县发生里氏 7.0 级地震,中国气象局通过视频会商系统与四川省气象局进行视频连线,传达习近平总书记、李克强总理对抗震救灾的重要批示精神及汪洋副总理主持的国务院雅安地震抗震救灾紧急工作会议精神,部署气象部门抗震救灾工作。

7 月 11 日,为应对强热带风暴"苏力"的影响,中国气象局启动重大气象灾害(台风)Ⅱ级应急响应命令(2013—21 号),福建、浙江、上海、江苏等省(直辖市)气象局根据实际研判进入应急响应状态。

7 月 30 日,为应对高温对安徽、江苏等地带来的影响,中国气象局启动重大气象灾害(高温)Ⅱ级应急响应命令(2013—21 号),安徽、江苏、湖南、湖北、浙江、江西、福建、重庆、上海等省(直辖市)进入应急响应状态。

8 月 12 日,为应对第 11 号台风"尤特"的影响,中国气象局启动重大气象灾害(台风)Ⅲ级应急响应命令(2013—26 号),13 日提升为 Ⅱ级应急响应命令(2013—27 号)。广东、广西、海南等省(自治区)气象局根据实际研判提升相应应急响应状态。

9 月 19 日,为应对第 19 号台风"天兔"的影响,中国气象局启动重大气象灾害(台风)Ⅲ级应急响应命令(2013—34 号)。21 日提升为 Ⅱ级应急响应命令(2013—35 号)广东、福建、海南等省气象局根据实际研判提升相应应急响应状态。

9 月 27 日,环境保护部、中国气象局联合印发《关于印发〈京津冀及周边地区重污染天气监测预警方案(试行)〉的通知》(环发〔2013〕11 号)。

10 月 4 日,为应对第 23 号台风"菲特"的影响,中国气象局启动重大气象灾害(台风)Ⅲ级应急响应命令(2013—39 号),5 日提升为Ⅱ级应急响应命令(2013—40 号)。浙江、江苏、上海、福建等省(直辖市)气象局根据实际研判进入相应应急响应状态。

2014 年

1 月 5 日,中国气象局官方微博"@中国气象局"在新浪微博正式上线运行。

1 月 15 日,中国气象局印发《关于印发加强城市气象防灾减灾和公共气象服务体系建设指导意见的通知》(气发〔2014〕5 号)。

3 月 7 日,中国气象局与吉林、辽宁、黑龙江、内蒙古 4 省(自治区)政府联合印发《东北区域人工影响天气作业管理试行办法》。

7 月 16 日,为应对第 9 号台风"威马逊"的影响,中国气象局启动重大气象灾害(台风)Ⅲ级应急响应命令(2014—10 号)。17 日提升为Ⅱ级应急响应命令(2014—11 号)。18 日提升为Ⅰ级应急响应命令(2014—12 号)。中国气象局派工作组前往一线组织开展气象保障服务工作。

9 月 15 日,为应对第 15 号台风"海鹏",中国气象局启动重大气象灾害(台风)Ⅱ级应急响应命令(2014—23 号),广东、海南、广西等地气象部门进入应急响应状态。

10 月 31 日,第六次全国气象服务工作会在北京召开。中国气象局局长郑国光出席会议并讲话。国土资源部副部长汪民、水利部副部长刘宁、农业部副部长余欣荣应邀到会并讲话。这次会议总结了 6 年来气象服务的成绩与经验,明确了新时期气象服务体系的内涵、特征,提出了气象服务体系的建设思路以及目标任务。

2015 年

2 月 16 日,中央编办印发《中央编办关于中国气象局公共气象服务中心加挂国家预警信息发布中心牌子的批复》(中央编办复字〔2015〕24 号)。28 日,中国气象局印发《关于中国气象局公共气象服务中心加挂国家预警信息发布中心牌子的通知》(中气函〔2015〕53 号)。

3 月 30 日,全国气象服务体制改革试点方案研讨会在浙江召开,会议贯彻落实中国气象局党组关于全面深化气象改革决策部署、推进气象服务体制改革各项要求,研讨交流气象服务体制改革试点工作面临的形势、推进思路,部署推进各项改革重点任务。

4 月 7 日,中国气象服务协会成立大会召开。

5月1日,《气象预报发布与传播管理办法》正式施行。

5月18日,国家预警信息发布中心正式启动,标志着我国突发事件预警信息发布工作进入常态化运行阶段。

6月1日,《气象信息服务管理办法》正式施行。

6月30日,国务院办公厅印发《国家突发事件预警信息发布系统运行管理办法(试行)》(国办秘函〔2015〕32号)。

7月7日,为应对台风"灿鸿""莲花",中国气象局签发启动重大气象灾害(台风)Ⅲ级应急响应命令,9日8时30分,局长郑国光签发提升重大气象灾害(台风)Ⅲ级为Ⅱ级应急响应命令,10日9时,局长郑国光签发提升重大气象灾害(台风)Ⅱ级为Ⅰ级应急响应命令,中国气象局相关单位及福建、广东、江西、浙江、上海、江苏等省(直辖市)气象局分别进入应急响应状态。

7月10日,中国气象局印发《气象灾害风险管理业务建设(2015—2016年)实施方案》(气发〔2015〕46号)。

9月29日,中国气象局《基本气象资料和产品共享目录》正式实施,《目录》所列的5类17种基本气象资料和产品正式提供共享服务,公众可以免费获取和使用《目录》所列的气象资料和产品。

10月9日,中国气象局印发《中国气象局重大气象服务表彰办法》(气发〔2015〕70号)。

11月26日,中国气象局与国家林业局合作框架协议签署,协议双方将协同推进森林防火、沙尘暴监测、林业有害生物防治、应对气候变化等工作,提高林业与气象的科学化、现代化、信息化水平。

12月2日,遥感应用服务中心成立暨遥感应用服务业务改革与发展座谈会召开。

2016年

4月20日,《中国气象局关于印发京津冀协同发展气象保障规划的通知》(中气函〔2016〕62号)印发。

4月25日,《中国气象局关于印发长江经济带气象保障协同发展规划的通知》(中气函〔2016〕65号)印发。

4月27日,《中国气象局关于印发打赢脱贫攻坚战气象保障行动计划(2016—2020年)的通知》(气发〔2016〕32号)印发。

8月25日,《中国气象局中国民用航空局关于做好气象资料共享工作的通知》(气发〔2016〕61号)印发。

8 月 29 日，中国气象局与中华全国供销合作总社签署合作协议。

10 月 28 日，中国民用航空局、中国气象局、中国香港特别行政区政府香港天文台关于联合建设亚洲航空气象中心的协议签字仪式举行。

12 月 23 日，《中国气象局关于印发〈气象预报传播质量评价管理办法〉和〈气象信息服务企业备案管理办法〉的通知》（气发〔2016〕92 号）印发。

2017 年

3 月 24 日，中国气象局局长刘雅鸣主持气象服务保障国家重大战略专项设计工作启动会。

4 月 19 日，气象服务保障国家综合防灾减灾救灾专项设计启动会召开。

5 月 2 日，全国人工影响天气业务现代化工作推进会及东北区域人工影响天气能力建设工程检查总结会在吉林召开。

5 月 3 日 18 时 00 分，为做好内蒙古自治区大兴安岭毕拉河林业局北大河林场森林扑火救灾气象服务工作，中国气象局启动森林火灾气象服务Ⅳ级应急响应。中国气象局应急办、减灾司、预报司、观测司，气象中心、气候中心、卫星中心、信息中心、公共气象服务中心、气科院、宣传与科普中心、中国气象报社立即进入Ⅳ级应急响应状态。内蒙古自治区气象部门根据实际启动或调整相应应急响应级别。各单位严格按照气象服务应急响应工作流程做好各项工作，全力做好扑火救灾气象服务工作。

5 月 11—15 日，为做好"一带一路"国际合作高峰论坛气象保障服务工作，中国气象局进入"一带一路"国际合作高峰论坛气象保障服务特别工作状态。中国气象局办公室、减灾司、预报司、观测司，气象中心、气候中心、卫星中心、信息中心、探测中心、公共服务中心、气科院、宣传与科普中心、中国气象报社，北京、天津、河北省（直辖市）气象局立即进入特别工作状态。特别工作状态期间，各单位执行 24 小时负责人领班、专人值班制度，根据服务方案认真组织做好加密观测、滚动预报、及时预警、跟进服务、空气质量保障等技术支持，做好后勤保障及科普宣传等工作。

5 月 25 日，《中国气象局关于印发"十三五"生态文明建设气象保障规划的通知》（中气函〔2017〕114 号）印发。

6 月 13 日，中国气象局与水利部长江水利委员会签订合作协议。

6 月 30 日，《中国气象局中国电子科技集团公司深化合作框架协议》签署。

8 月 2 日，《中国气象局国务院扶贫办关于共同做好贫困地区气象信息服务工作的通知》（气发〔2017〕45 号）印发。

8月11日,《中国气象局办公室 农业部办公厅关于推进特色农业气象服务中心创建工作的通知》(气办发〔2017〕20号)印发。

9月3日16时00分,中国气象局启动突发核生化环境污染事件气象应急保障预警应急响应。

9月18日,西北区域人工影响天气中心成立。

11月17日,中国气象局召开专题会议研究气象卫星和雷达服务保障军民融合发展战略。

12月12日,《中国气象局关于加强生态文明建设气象保障服务工作的意见》(气发〔2017〕79号)印发。

12月15日,长江水利委员会和中国气象局技术合作协议签字仪式举行,双方将开展研发合作与技术交流,为提升长江流域防汛抗旱能力提供更有力支撑。

12月27日,《中国气象局办公室 农业部办公厅关于认定第一批特色农业气象服务中心的通知》(气办发〔2017〕36号)印发。

12月29日,《中国气象局关于加强气象防灾减灾救灾工作的意见》(气发〔2017〕89号)印发。

2018 年

5月29日,中国气象局召开全国突发事件预警信息发布工作发展研讨会,总结预警信息发布工作经验,研究进一步做好预警信息发布工作。据悉,国家突发事件预警信息发布系统目前已汇集16个行业的76类预警信息,连接国家、省、市、县四级政府相关部门,实现了多灾种综合预警信息的权威发布,近三年全国共发布预警信息83万余条,2018年获中国应急管理信息化卓越成就奖。

5月29日,中国气象局组织召开全国气象部门电视电话会议,传达贯彻国务院防汛工作座谈会精神,对汛期气象服务进行再动员、再部署、再落实。会议强调,要提高站位、认清形势,聚焦重点流域、重大灾害、重点地区、重点对象、重大风险,努力做到精细监测、精准预报、精确预警、精心服务,有力有序有效保障防汛抗旱各项工作。

9月14日,人工影响天气工作座谈会在北京召开,中共中央政治局委员、国务院副总理胡春华出席会议并讲话。他强调,要深入学习贯彻习近平新时代中国特色社会主义思想,按照党中央、国务院的决策部署,坚持基础性、公益性定位,加强基础设施和装备现代化建设,完善体制机制,强化创新驱动,推动人工影响天气事业发展再上新台阶,为经济社会发展和人民群众安全福祉提供有力保障。

9 月 19—20 日,全国气象为农服务工作会议在安徽合肥召开。会议的主要任务是以习近平新时代中国特色社会主义思想为指引,全面贯彻党的十九大和十九届二中、三中全会精神,切实落实乡村振兴战略总体部署,紧密围绕我国农业农村现代化、综合防灾减灾、建设美丽中国和坚决打赢脱贫攻坚战对气象工作的新要求,坚持公共气象发展方向,大力发展智慧气象,加快构建现代气象为农服务体系,全面提高气象为农服务质量和效益,充分发挥气象在乡村振兴战略中的趋利避害作用。

四、气象业务

1978 年

4 月 14 日,李先念等中央领导同志批准中央气象局《关于气象卫星资料接收处理系统工程建设问题的报告》。报告提出:建设卫星气象中心及 3 个地面接收站(北京、广州、乌鲁木齐),卫星气象中心为司局级机构。

7 月 28 日,国家出版事业管理局以出版字〔1978〕349 号文件通知,经中央宣传部批准,中央气象局成立气象出版社。

1979 年

2 月 16 日,国家计委批准将气象卫星资料处理系统工程纳入 1979 年基本建设大中型规划设计项目。

7 月 4 日,交通部、中央气象局、国家海洋局分别以交水运字〔1979〕1671 号、中气业字〔1979〕194 号、国海科字〔1979〕660 号文,联合印发《关于我国海上船舶水文气象辅助观测情报参加国际交换的通知》。

1980 年

1 月 1 日北京气象通信枢纽系统(BQS)正式投入业务运行。

1981 年

8 月 24 日,中央气象局以中气计字〔1981〕201 号文,上报国家计委请求批准"气象卫星资料接收处理系统工程"继续建设的报告。12 月 15 日,国务院清理基本建设在建项目办公室以清办字〔1981〕4 号复文,同意"气象卫星资料接收处理系统工程"恢复建设,并列入 1982 年基本建设计划。

1982 年

7 月 28 日,机械工业部、中央气象局分别以机仪联字〔1982〕412 号、中气物字〔1982〕11 号文,联合印发《关于改变气象仪器归口分配的通知》。

1983 年

2 月 28 日,国家气象局召开第 9 次局办公会议,讨论筹建中期数值天气预报系统问题。决定将该系统的建设作为重点项目,列入国家气象局 1990 年以前的事业建设计划。成立领导小组,由章基嘉任组长。

1984 年

4 月 25 日,国家气象局以国气计字〔1984〕83 号文向国家计委报送《北京气象中心扩建工程(增设中期数值预报业务系统)项目建议书》。国家计委于 5 月 25 日批准了该建议书。

7 月 28 日,国家气象局决定参加世界气象组织南极气象工作组,副局长骆继宾为工作组成员。

10 月 8 日,中国首次南极洲考察队组成,气象科学研究院 4 位同志参加。

1985 年

1 月 31 日,国家气象局以国气业字〔1985〕16 号文件通知,决定在地面气象测报业务中推行 PC-1500 袖珍计算机的应用。

1986 年

11 月 10 日,北京—武汉高速气象电路投入使用,这是国内第一条高速气象电路。

12 月 26 日,国家重点建设项目——气象卫星资料接收处理中心通过竣工验收。

1987 年

1 月 10 日,北京—广州中、高速气象电路开通并投入业务使用。

12 月 26 日,国家"六五"和"七五"期间,重点建设项目——气象卫星资料接收处理系统通过国家级验收并投入试运行。26 日下午,国家主席李先念出席气象卫星资料接收处理系统工程竣工仪式并剪彩,国务委员、国家科委主任宋健参加了剪彩仪式,国家气象局局长邹竞蒙在竣工仪式上致辞。

1988 年

5 月 20 日,上海区域气象中心成立。

9 月 7 日,中国第一颗气象卫星"风云一号"试验气象卫星在山西太原卫星发射中心发射成功。"风云一号"为太阳同步轨道气象卫星。

10 月 20 日,国家技术监督局、国家气象局联合发布通告:从 1989 年开始,中国台风预报将采用国际热带气旋名称和等级标准。

1989 年

2 月 17 日,武汉区域气象中心成立。

10 月 28 日,人事部批准"北京气象中心"更名为"国家气象中心"。

1990 年

4 月 26 日,国家气象局以国气计发〔1990〕88 号文向国家计委报送了关于增列"静止气象卫星工程(552-5 工程)"和"中期数值天气预报系统工程"为 1990 年国家大中型新开项目的请示。此件 9 月 21 日经国家计委批准。

9 月 3 日,中国第二颗"风云一号"试验气象卫星在太原卫星发射中心发射成功。

12 月,中央气象台海洋气象导航中心与中国远洋运输总公司联合开展三大洋气象导航船岸通信联络试验取得成功,使服务领域扩大到全球海域。

1991 年

6 月 15 日,中国第一个中期数值预报业务系统正式建成,并投入业务运行,预报时效由 3 天延长至 5 天。

7 月 7 日,广州区域气象中心成立。

1992 年

5 月 25 日,国家气象局至中南海的光纤通信业务开通。

6 月 22 日,国家气象局决定在青海省海南州共和县瓦里关山建立中国大气本底基准观象台。

9 月 25 日,"风云一号"气象卫星资料接收处理应用系统在北京通过鉴定。这是继美国之后,世界上第二个由多个地面站和资料处理中心组成的现代化的大型气象卫星应用系统。

10 月 30 日,国家气象局召开第 56 次局长办公会议,会议原则同意《气象卫星综合应用业务系统》工程组织实施方案,并确定该工程代号为"9210 工程"。

11 月 18 日,中国自行研制的"银河-Ⅱ"巨型计算机国家鉴定会在湖南长沙召开,国家气象中心与国防科技大学合作开发的中期数值天气预报软件系统在"银河-Ⅱ"计算机上试算成功,气象部门成为第一个用户。

1993 年

10 月 14 日,中国首台"银河-Ⅱ"巨型计算机中期数值天气预报新业务系统运行庆典在北京举行。中央政治局常委、中央军委副主席刘华清发来贺信,国务院副总理邹家华等领导同志出席庆典并接见了国家气象中心、国防科技大学等单位的科技人员。

10月21日,沈阳区域气象中心成立。

1994 年

2月21日,国务院办公厅印发《关于组建国家气候中心有关问题的通知》(国办通〔1994〕10号),同意组建国家气候中心,为中国气象局直属司局级事业单位。

9月17日,位于青海省瓦里关山的全球第一个大陆型基准观象台——中国大气本底基准观象台正式开始业务运行。

10月18日,全国人工影响天气协调会议成立会议暨第一次全体会议在北京召开。会议审议通过《全国人工影响天气协调会议的组成、主要任务和会议制度》。

12月30日,成都区域气象中心成立。

1995 年

1月10日,国家气候中心正式成立。

12月10日,国家气象中心与农业部信息中心的无线微波网正式开通。

1996 年

3月18日,国务院办公厅转发《中国气象局〈关于加强人工影响天气工作的请示〉》(国办发〔1996〕6号)。请示中要求,各级政府要进一步加强和完善对人工影响天气工作的领导,各有关部门要加强协作,逐步建立有效的协作制度;各级气象部门要积极拓展服务领域,做好人工影响天气的组织、管理、指导与服务工作。

12月17日,国家环境保护局、中国气象局联合印发《关于加强大中型建设项目环境影响评价中气象资料使用管理的通知》(环监〔1996〕980号)。

1997 年

6月10日,中国第一颗静止气象卫星"风云二号"A星(试验卫星)在四川西昌卫星发射中心成功发射。

7月4日,全球气候观测系统中国委员会在北京成立。中国委员会由中国气象局牵头,国家环保局、国家海洋局、中国科学院和国家计委、国家科委、外交部、国家教委、财政部、农业部、林业部、水利部、中国民航总局等13个单位的领导和专家组成。委员会办公室设在中国气象局。

1998 年

1 月 1 日,"风云二号"气象卫星投入业务运行,开始向国内外播发云图。

10 月 27 日,中国气象局购买曙光 1000A 并行计算机签约仪式在国家气象中心举行,这标志着这种具有 8 个计算结点和 1 个服务结点、浮点计算峰值可达每秒 36 亿次的民族高科技产品正式在中国气象局落户。

1999 年

4 月 6 日,中国气象局印发《短期气候预测质量评定暂行办法》(中气预发〔1999〕15 号)。

5 月 10 日,山西太原卫星发射中心成功将气象卫星"风云一号"C 星送入太阳同步轨道。

2000 年

6 月 25 日,四川西昌卫星发射中心成功将气象卫星"风云二号"B 星送入地球同步轨道。"风云二号"B 星于 2001 年 1 月 1 日正式投入业务应用,标志着中国的卫星气象事业向前迈进了重要一步。

12 月 24 日,中国自行生产的第一部 CINRAD-CC(3830)多普勒天气雷达在昆明通过验收并交付云南省气象局使用。

2001 年

1 月 1 日,我国发射的第二颗地球同步轨道气象卫星——"风云二号"B 星投入业务应用。

2 月 24 日,由国家并行计算机工程技术研究中心和国家气象中心研制的神威集合数值天气预报系统正式投入业务使用。

2002 年

3 月 12 日,中国气象局印发《沙尘天气预警业务服务暂行规定》(气发〔2002〕43 号)。

5 月 15 日,山西太原卫星发射中心成功将气象卫星"风云一号"D 星送入太阳同步轨道。

2003 年

5 月 23 日,中央编制办公室以中央编办复字〔2003〕18 号文批准成立中国气象局大气探测技术中心。

2004 年

7月1日,中国气象局国家空间天气监测预警中心投入业务运行,正式发布空间天气预报。

10月19日,中国第一颗业务型地球静止轨道气象卫星——"风云二号"C星,在四川西昌卫星发射中心发射成功,于2005年6月1日正式投入业务运行。

2005 年

1月18日,国家气候中心成立10周年庆祝大会暨我国第一代气候动力模式系统正式运行发布会在北京召开。

3月17日,中央机构编制委员会同意中国气象局信息中心更名为国家气象信息中心。

2006 年

5月11—12日,第三届全国气象部门卫星遥感工作会议在陕西西安召开。中国气象局副局长张文建作了题为"以科学发展观指导支撑多轨道气象业务的全国卫星遥感体系建设,促进气象业务技术体制改革和气象事业的发展"的报告。

12月8日,中国第二颗业务型地球静止轨道气象卫星——"风云二号"D星,在四川西昌卫星发射中心成功发射,实现了中国静止气象卫星双星观测。

2007 年

1月12日,"风云二号"D星第一套图像获取观摩仪式暨空间天气业务发展战略报告会在中国气象局举行。

1月12日,气候变化专家委员会成立暨第一次工作会议在中国气象局召开。

6月1日,"风云二号"静止气象卫星("风云二号"C星和"风云二号"D星)正式启动双星加密观测模式,每隔15分钟可获取一张卫星云图资料。

6月3日,国务院印发《国务院关于印发中国应对气候变化国家方案的通知》(以下简称《国家方案》)(国发〔2007〕17号)。通知要求:充分认识应对气候变化的重要性和紧迫性,明确实施《国家方案》的总体要求,落实控制温室气体排放的政策措施,增强适应气候变化的能力,充分发挥科技进步和技术创新的作用等。

2008 年

4月2日,中央编制办公室以中央编办复字〔2008〕43号文批准,中国气象局大气探测技术中心更名为中国气象局气象探测中心。

5 月 27 日,中国新一代极轨气象卫星"风云三号"A 星在山西太原卫星发射中心发射成功。

7 月 2 日,中国民用航空局、中国气象局联合印发《关于加强天气会商与资料共享合作的通知》(民航发〔2008〕60 号)。

12 月 23 日,中国第三颗业务静止气象卫星"风云二号"E 星在四川西昌卫星发射中心发射成功。

2009 年

5 月 26 日,中国气象局印发《关于区域气象中心更名的通知》。中国气象局北京、沈阳、上海、武汉、广州、成都、兰州区域气象中心分别更名为中国气象局华北、东北、华东、华中、华南、西南、西北区域气象中心;中国气象局乌鲁木齐区域气象中心名称不做变更。

11 月 25 日,静止气象卫星"风云二号"E 星成功接替"风云二号"C 星,投入业务运行。

2010 年

1 月 9 日,中国气象局、国家发展和改革委员会联合印发《国家气象灾害防御规划(2009—2020 年)》(气发〔2010〕7 号)。这是中国第一个由国家批准的气象防灾减灾专项规划,明确未来十年气象防灾减灾工作的指导思想、奋斗目标、主要任务和保障措施,是指导今后一个时期气象防灾减灾工作的纲领性文件。

3 月 12 日,中国气象局印发《天气研究计划(2009—2014 年)》《气候研究计划(2009—2014 年)》《应用气象研究计划(2009—2014 年)》和《综合气象观测研究计划(2009—2014 年)》。

11 月 5 日,第二颗极轨气象卫星"风云三号"B 星在山西太原卫星发射中心发射成功。

12 月 28 日,依托中国气象局气象探测中心成立中国气象局气象探测工程技术研究中心。

2011 年

1 月 5 日,《中国气象局关于印发现代气候业务发展指导意见的通知》(气发〔2011〕1 号)印发。

11 月 18 日,中国气象局工程咨询中心揭牌仪式在北京举行。中国气象局总体规划研究设计室正式更名为中国气象局工程咨询中心。

2012 年

1 月 13 日,四川西昌卫星发射中心成功将业务型静止气象卫星"风云二号"F 星发射升空。8 月 20 日,"风云二号"F 星正式交付使用。

9 月 11 日,中央气象台在国内城市预报中增加钓鱼岛及周边海域天气预报。

2013 年

9 月 23 日,山西太原卫星发射中心成功将第三颗气象卫星"风云三号"C 星发射升空,卫星顺利进入预定轨道。2014 年 5 月 5 日正式交付中国气象局使用,6 月 10 日"风云三号"C 星及地面应用系统正式投入业务运行。

11 月 26 日,中国气象局印发《中国气象局关于印发〈综合气象观测系统发展规划(2014—2020 年)〉的通知》(气发〔2013〕108 号)。

2014 年

5 月 20 日,中国气象局印发《省级气象现代化直播体系和评价实施办法(试行)》。

12 月 31 日,气象卫星"风云二号"G 星在四川西昌卫星发射中心发射成功。至此,中国共有极轨气象卫星"风云三号"A 星、B 星、C 星,静止轨道气象卫星"风云二号"D 星、E 星、F 星、G 星,七星同时在轨运行,实现了"多星在轨、统筹运行、互为备份、适时加密"的观测格局,大大地提高了中国气象监测预报预警的水平。

2015 年

3 月 15 日,《中国极端天气气候事件和灾害风险管理与适应国家评估报告》在联合国第三届世界减灾大会期间发布。

8 月 11 日,中国气象局印发《〈国家级气象业务现代化指标体系和监测评价实施办法(修订版)〉和〈省级气象现代化指标体系和评价实施办法(修订版)〉》(气发〔2015〕55 号)。

8 月 11 日,"风云二号"卫星组网观测业务布局调整工作顺利完成。"风云二号"G 星在东经 105 度、E 星在东经 86.5 度正式业务运行,"风云二号"D 星在东经 123.5 度在轨备份,实现了"风云二号"汛期加密观测模式下卫星业务切换无缝衔接的目标。

8 月 21 日,中国气象局印发《气象信息化行动方案(2015—2016 年)的通知》(气发〔2015〕60 号)。

9月14日,中国气象局印发《关于规范全国数值天气预报业务布局的意见》(气发〔2015〕63号)。

11月27日,国家空间天气预报台成立暨空间天气业务改革发展座谈会举办。

12月6日,第七次全国气象预报工作会议在北京召开。会议的主题是总结2010年以来气象预报业务发展的成就和经验,研究部署"十三五"时期全面推进气象预报业务现代化的重点任务。

2016年

1月22日,《中国气象局关于加强气候变化工作指导意见的通知》(气发〔2016〕10号)印发。

1月26日,《中国气象局关于现代气象预报业务发展规划(2016—2020年)》(气发〔2016〕1号)印发。

6月1日,我国自主研发的新一代全球数值预报系统GRAPES_GFS正式业务化运行并面向全国下发产品。

8月12日,高分辨率对地观测系统西藏数据与应用中心在拉萨挂牌成立。

9月13日,《中国气象局气象现代化领导小组关于推进气象现代化"四大体系"建设的意见》(气办发〔2016〕20号)印发。

9月30日,第三届国家气候变化专家委员会成立大会在中国气象局举行,并召开第一次工作会议。第三届国家气候变化专家委员会名誉主任由解振华、杜祥琬担任,主任由刘燕华担任,副主任由中国科学院副院长丁仲礼院士、国家气候中心丁一汇院士、清华大学何建坤教授担任。

12月11日,"风云四号"01星的成功发射,正式拉开中国静止轨道气象卫星升级换代的序幕。它是我国首颗静止轨道上三轴稳定的定址遥感卫星,代表当今气象卫星最先进水平,在多方面实现重大技术突破。"风云四号"01星观测数据将广泛应用于数值天气预报、气候变化分析、生态环境监测等。

2017年

2月27日,国防科工局召开"风云四号"卫星首批图像与数据发布会。

3月27日,全球气象预警系统建设推进会召开。

5月4日,《中国气象局关于印发〈气象探测资料汇交管理办法〉的通知》(气发〔2017〕31号)印发。

6月19日,《中国气象局关于印发实施〈气象雷达发展专项规划(2017—2020年)〉有关工作的通知》(中气函〔2017〕139号)印发。

6月27日,《中国气象局关于印发〈卫星遥感综合应用体系建设指导意见〉的通知》(气发〔2017〕42号)印发。

9月25日,静止气象卫星"风云四号"A星在轨交付使用。

11月6日,《气候变化绿皮书》在北京发布。同日,第四届风云卫星发展国际咨询会召开。

11月15日,我国"风云三号"D星搭乘长征四号丙运载火箭,在山西太原卫星发射中心成功发射。作为我国第二代极轨气象卫星"风云三号"系列的第4位成员,"风云三号"D星将帮助人们更早获知未来天气状况,降低自然灾害对社会经济的影响。它所具备的对气溶胶、温室气体探测能力,将在应对气候变化,服务生态文明建设、"一带一路"等方面发挥积极作用。

11月17日,中国气象局召开专题会议研究气象卫星和雷达服务保障军民融合发展战略。

12月26日,《中国气象局关于印发〈气象信息化发展规划(2018—2022年)〉的通知》(气发〔2017〕86号)印发。

2018年

4月2—3日,全国气象信息化工作会议在福建福州召开。会议聚焦落实国家信息化发展战略,重点围绕气象事业发展全局,谋划和部署新时代气象信息化工作。会议强调,要坚持创新驱动发展战略,以信息化推进现代化,推动业务转型升级和技术体制变革。力争到2020年建成集约高效、功能齐全、绿色安全的气象信息化体系,推动综合观测、预报预测和气象服务创新协调发展,全面支撑"智慧气象",气象信息化达到国内先进水平。

6月5日,"风云二号"H星发射升空,其观测范围西至中非,东至大洋洲,可24小时不间断为"一带一路"参与国开展专属服务,提供天气预报、防灾减灾救灾所需数据支撑。由于部分"一带一路"参与国气象资料匮乏、自然灾害严重,世界气象组织及亚太空间合作组织向我国提出,希望中国能将新发射的"风云二号"H星定点位置向西部布局,扩大风云系列静止轨道气象卫星监测范围。此要求提出后,国防科工局、中国气象局与亚太空间合作组织签署风云气象卫星应用合作意向书,正式确定将"风云二号"H星定点位置西移7.5度。

10月18日,中国气象事业发展咨询委员会正式成立。作为气象高端智库,咨询委员会今后将围绕气象事业改革发展和科技创新、气象参与和服务国家重大战略等方面开展高水平战略谋划与决策咨询,为推动气象事业高质量发展献计出力。这一"智囊团"是国家气象战略与决策高级专家咨询机构,也是国家新型智库体系的重要组成部分,将成为加强气象与社会联系、把握国家重大战略方向和政策导向的重要渠道,促进气象决策科学化、民主化的重要参谋。

11月22日,中国气象局党组书记、局长刘雅鸣主持召开气候变化工作研讨部署会议,贯彻落实习近平生态文明思想,分析梳理党的十九大以来气象部门应对气候变化工作形势,研讨推进部门应对气候变化工作。

11月30日,中国航天科技集团有限公司正式将"风云二号"H星及"风云三号"D星交付给中国气象局。这标志着凝聚我国自主创新最新成果的两颗"新星"正式"上岗",可进一步增强我国气象卫星的综合观测能力与应用服务能力。同时,作为全球观测业务卫星序列中的成员,它们将在服务"一带一路"倡议和构建人类命运共同体过程中发挥重要作用,并确保我国气象卫星连续稳定运行,有效支撑"全球观测、全球预报、全球服务"。

12月21日,全球二氧化碳监测科学实验卫星(以下简称"碳卫星")发射两周年工作座谈会召开,来自科技部、中国气象局、中国科学院、中国西安卫星测控中心等单位的专家学者交流碳卫星研发至今的成果、讨论未来发展。据悉,碳卫星于会上正式在轨交付主用户使用。

五、气象科教

1978 年

2月17日,国务院国发〔1978〕27号文件批准,将南京气象学院列为全国重点高等学校,实行教育部和中央气象局、以中央气象局为主的双重领导。

4月14日,国务院同意将成都气象学校改为成都气象学院,实行教育部和中央气象局、以中央气象局为主的双重领导。

4月21日,邓小平、李先念等中央领导同志批准中央气象局《关于成立中央气象局气象科学研究院的报告》。报告提出:气象科学研究院为司局级机构,下设天气气候、大气探测、人工局部影响天气、气象科学情报、气象计量检定、气象仪器、台风、热带气象、高原气象等研究所。

7月28日,国家出版事业管理局以出版字〔1978〕349号文件通知,经中央宣传部批准,中央气象局成立气象出版社。

12月8—18日,中国气象学会在河北邯郸召开1978年年会暨全国会员代表大会,会议提出了实现气象事业现代化的几项原则性意见。

1979 年

2 月 7 日经国务院批准,恢复北京气象专科学校和湛江气象学校。

2 月 9 日,中央气象局以〔1979〕2 号文件通知,经国务院批准恢复北京气象专科学校。

3 月 27 日,中央气象局召开第 18 次局办公会议,会议决定:集中办好《气象》《气象科技》《气象知识》《气象学报》等四种刊物和《气象工作情况》《气象科技动态》两种简报。

1980 年

4 月 15 日,国家基本建设委员会和中央气象局联合下发《关于保护气象台站观测环境的通知》(中气字〔1980〕10 号)。通知要求各地对气象台站的观测场地列入城建规划,采取有效措施,切实加以保护。

1981 年

3 月 25 日,中央气象局党组召开会议,研究决定成立中央气象局对台工作领导小组,邹竞蒙同志任组长。

1982 年

10 月 25 日—11 月 1 日,中国气象学会在四川成都召开 1982 年年会暨全国会员代表大会。会议选举产生了第 20 届理事会,叶笃正任理事长。

1983 年

4 月 15 日,国家气象局决定,北京气象专科学校改为北京气象学院。北京气象学院的主要任务是培养中、高级气象业务骨干,以在职培训为主。

5 月 12 日,国家气象局下发《关于〈中国气象〉出刊、建立通联网的通知》(国气办字〔1983〕11 号)。决定恢复《中国气象》刊物,年内试刊,1984 年 1 月正式出刊,在国内公开发行。

1984 年

10 月 13—17 日,中国气象学会成立 60 周年纪念大会在江苏南京召开。全国气象系统 293 人出席了这次盛会,日本气象学会代表团、香港皇家天文台气象学家以及美籍华人气象学家 14 名来宾应邀到会祝贺。国家气象局顾问薛伟民、江苏省副省长凌启鸿出席了会议。

1985 年

1 月 10 日,国家气象局以国气办字〔1985〕2 号文通知:决定建立全国气象工作信息反馈系统,创办《气象信息参考》。

1986 年

1 月 25 日,国家科委批准成立中期数值天气预报及灾害性天气预报研究领导小组。国家气象局副局长章基嘉任组长,中国科学院科技局副局长杨生和、国家教育委员会科技司综合处副处长陈清龙任副组长。

8 月 13 日,国家气象局荣获国家科委组织的全国首次科技普查工作一等奖。

1987 年

2 月 5 日,国家气候委员会成立大会在北京举行,国务委员、国家科委主任宋健代表国务院到会祝贺并讲话。会议决定邹竞蒙同志任主任委员,章基嘉(兼秘书长)、叶笃正、曾庆存、杨文鹤、王绍武任副主任委员。气候委员会是一个非独立性机构,挂靠国家气象局,另设 4 个分委员会和 1 个专业委员会。

1988 年

3 月 23 日,国家气象局、中国气象学会在北京联合举行记者招待会纪念世界气象日。1988 年世界气象日主题是"气象与宣传媒介"。招待会由国家气象局局长邹竞蒙主持,副局长章基嘉作报告。全国人大常委会副委员长周谷城应邀出席并讲话。

1989 年

12 月 15 日,国务委员宋健为新中国气象事业创建 40 周年题词:"加强气象科学的研究与技术开发,为社会主义现代化建设和保护生态环境而奋斗"。

1990 年

2 月 28 日,国家气候变化协调小组成立暨第一次会议在北京召开。气候变化协调小组是国务院环境保护委员会有关气候变化评价、对策和外事活动的协调领导机构。国务委员宋健任组长,国家科委副主任李绪鄂、国家气象局局长邹竞蒙、国家环保局局长曲格平任副组长。气候变化协调小组办公室设在国家气象局。

3 月 7 日,中国科学技术协会、中国科学院、国家自然科学基金委员会、国家气象局和浙江大学在北京联合举行我国卓越的地理学家、气象学家、教育家竺可桢诞辰 100 周年纪念大会。全国人大常委会副委员长习仲勋代表中共中央、国务院作了重要讲话。全国政协副主席、中国科协主席钱学森作了题为"一代楷模风范永存"的报告。国家气象局局长邹竞蒙,副局长章基嘉、骆继宾及原局领导卢鋆、程纯枢等出席了会议。

11月4—6日，国家科技进步奖评审会议在北京举行。气象科学研究院"华北平原作物水分胁迫和干旱"获国家科技进步二等奖；国家气象中心"省级天气预报信息收集与实时处理系统"和气象科学研究院"有线遥测辐射仪"获国家科技进步三等奖。

1991 年

2月6—9日，"七五"期间国家科技攻关课题——短时灾害性天气预报研究(75-09-02)长江三角洲片验收会在上海召开。该课题通过了国家计委、国家科委派出的专家组(陶诗言为组长，章基嘉为副组长)的验收。

9月2日，金鸿祥以及重大气象科技成果获奖代表李泽椿在国家"七五"科技攻关总结表彰大会上接受了江泽民总书记的颁奖。

10月28日，国家气象局举行涂长望诞辰85周年纪念会，中国气象学会理事长章基嘉主持会议，国家气象局副局长骆继宾代表局党组作了题为"气象事业先驱鞠躬尽瘁楷模"的报告。九三学社中央副主席赵伟之也作了报告。全国政协副主席、九三学社中央主席周培源，学部委员钱伟长、叶笃正、周立三、黄秉维、施雅风、金善宝、谢义炳、陶诗言、王淦昌、袁翰青、程纯枢、曾庆存以及其他有关人员300多人出席了大会。

12月12日，1991年度国家科学技术奖励大会在北京人民大会堂举行，全国气象部门有4项科技成果获国家科技进行奖。中国气象科学研究院和航空航天工业部二院联合研制的"UHF多普勒测风雷达系统"获一等奖；福建省气象局、江西省气象局等10个单位共同完成的"中国亚热带东部丘陵山区农业气候资源及其合理利用研究"和中国气象科学研究院、国家卫星气象中心等7个单位联合研制的"北方冬小麦气象卫星动态监测及估产系统"获二等奖；乌鲁木齐气象卫星地面站研制的"极轨气象卫星资源微机处理系统"获三等奖。

1992 年

4月15日，国家气象局以国气人发〔1992〕24号文批复南京气象学院，原则同意南京气象学院机构编制清理调整方案。清理调整后的南京气象学院下设处级机构19个，人员编制684人，院领导职数6～7人，处级职数不超过52人。同日，国家气象局以国气人发〔1992〕25号文批复成都气象学院，原则同意成都气象学院机构编制清理调整方案。清理调整后的成都气象学院下设处级机构18个，人员编制477人，院领导职数5人，处级职数不超过45人。

4月30日,国家气象局以国气人发〔1992〕29号文批复北京气象学院,原则同意北京气象学院机构编制清理调整方案。清理调整后的北京气象学院下设处级机构13个,人员编制270人,院领导职数5人,处级职数不超过32人。

12月8—14日,亚太经社会/世界气象组织台风委员会第25届会议在广东珠海举行。国家气象局局长邹竞蒙、珠海市市长梁广大出席开幕式并讲话。国家气象局副局长颜宏当选为台风委员会主席并主持了本届会议。会议决定1993年在中国召开台风转向和异常运动特殊试验第三次技术会议。国家气象中心获1992年台风委员会减灾奖。

1993 年

1月6—19日,台湾气象学会理事长、台湾大学大气科学系教授、"交通部"顾问陈泰然教授来大陆访问。这是台湾气象界第一位应邀正式来访的学者。

4月5日,国家气象局下发《关于高等气象院校深化改革扩大办学自主权的若干意见》(国气科发〔1993〕4号)。

1994 年

8月23日,中国气象局、中国科学院、国家自然科学基金委员会和中国气象学会联合在北京召开大气科学基础研究战略研讨会,会议审议并原则通过《关于加强中国大气科学基础研究工作的意见和建议》。

9月14日,世界气象组织南京区域气象培训中心在南京气象学院成立。

1995 年

9月8日,国务委员宋健为北京气象学院建校40周年题词:"发展气象教育事业,为科教兴国作贡献"。

1996 年

1月17—20日,中国气象局在北京召开全国气象科技大会。会议提出"科教兴气象"的发展战略和总体要求,讨论并原则通过《中国气象局关于贯彻落实〈中共中央、国务院关于加速科学技术进步的决定〉的意见》。大会开幕当日,中共中央总书记、国家主席、中央军委主席江泽民视察了中国气象局,接见全体会议代表,并作重要讲话。

3月2日,中国气象局气候咨询与评议委员会在北京成立,叶笃正、周秀骥分别担任主席、副主席。

12月13日,经国务院批准,中国气象局设立"中华气象人才基金"(基金来源于中国气象局原局长邹竞蒙担任世界气象组织主席期间津贴),奖励对中国气象事业做出突出贡献的杰出气象科技人才。

1997年

1月3日,中国气象局以中气科发〔1997〕1号文批复南京气象学院,同意南京气象学院大气探测与大气遥感、农业气象学和气候学学科为中国气象局局级重点学科。

4月23日,中国气象局第一届气候咨询与评议委员会第一次全会暨中国"九五"重大气候计划科学研讨会在北京召开。

9月10—12日,全国气象科普工作会议在北京召开。会议讨论并通过了《中国气象局、中国气象学会关于加强气象科学技术普及工作的意见》。

1998年

5月3日,科学技术部、中国气象局在广州联合召开四大气象科学试验(第二次青藏高原大气试验、南海季风试验、华南暴雨试验和淮河流域能量与水分循环试验)新闻发布会,四大气象科学试验正式启动。

1999年

1月20日,北京气象学院转建为中国气象局培训中心。

2000年

9月28日,经国家教育部批准,成都气象学院更名为成都信息工程学院。

2001年

9月19日,"十五"国家重点科技攻关项目——"中国气象数值预报系统技术创新研究"课题通过专家评审。

12月12日,中国气象局印发《中国气象局科研改革实施方案》,明确提出了重组八个中国气象局专业气象研究所,建设国内一流,并具有较大国际影响的中国气象科学研究院。

12月29日,科技部和中国气象局联合举办的"十五"国家科技攻关计划"中国气象数值预报技术创新研究"项目启动新闻发布会在国家气象中心举行。

2002年

4月5—6日,国家气候委员会在北京召开首届中国气候大会。会议讨论了国家气候委员会提交的《中国国家气候计划纲要(2001—2010年)》和全球气候观测系统中国委员会提交的《中国气候系统观测计划》，审议并通过了《关于加强我国气候工作的建议》。

7月18日,中国气象局与北京大学、南京大学、浙江大学、中山大学、兰州大学、云南大学、北京师范大学、中国科技大学、青岛海洋大学等高等院校的合作全面启动。

2003 年

3月23日,著名气象学家、地理学家竺可桢先生铜像揭像仪式在江苏省南京市北极阁举行。周光召院士为铜像题名。

3月31日—4月3日,国家气候委员会在北京召开气候变化国际科学讨论会。中共中央政治局委员、国务院副总理回良玉出席开幕式并讲话,世界气象组织秘书长奥巴西(G. O. P. Obasi)、国务院有关部委的领导出席了会议,来自45个国家和地区及国际组织的代表,国内有关部门、大学、科研院所400余名代表参加了这一科学盛会。会议主题为"气候变化——科学与可持续发展"。会议交流了气候变化的科学问题,气候变化涉及的相关政治、经济、环境等问题。

2004 年

2月24日,第48届国际气象组织奖颁奖仪式在人民大会堂举行。中国科学院资深院士、中国气象学会名誉理事长叶笃正荣获该奖。中共中央政治局委员、国务院副总理回良玉出席了颁奖仪式,并会见了世界气象组织主席别得里茨基、世界气象组织秘书长米歇尔·雅罗及叶笃正先生等。

8月17日,中国气象局开通"中国气象科学数据共享服务网",标志着由国家和省两级组成的、覆盖全国、连通世界的公益性气象数据共享服务网络正式形成。

2005 年

1月18日,中国杰出的气象学家、新中国气象事业的创始人、卓越的社会活动家涂长望先生铜像落成仪式在中国气象局举行。

5月14日,为期一周的2005年全国科技活动周暨北京科技周在北京拉开帷幕。

12月22日,中国气象局印发《关于加强国家科技计划课题经费使用和监管有关工作的通知》(气发〔2005〕309号)。

2006 年

5月18日,中国气象局、中国气象学会在人民大会堂湖北厅举行涂长望同志诞辰100周年纪念座谈会。中国科协书记处第一书记邓楠、九三学社中央副主席王志珍等出席。

5月18—19日,以"合作、创新、发展"为主题的全国气象科学技术大会在北京召开。会议由中国气象局、科技部、国防科工委、中国科学院国家自然科学基金委员会联合主办,是国内首次由多部门共同主办的全国气象科技盛会。中共中央政治局委员国务院副总理回良玉出席开幕式并作重要讲话,中国气象局局长秦大河主持开幕式,并作了工作报告;其他主办部门领导出席会议并致辞。会议为荣获"全国气象科技工作先进集体""全国气象科技先进工作者"称号的单位和个人颁奖。会议讨论修改了《气象科学和技术发展规划纲要》。

2007 年

1月11—13日,首届全国气象行业地面气象测报技能竞赛在江苏省苏州市举行。竞赛组委会主任、中国气象局副局长张文建出席开幕式并讲话。来自各省(自治区、直辖市)气象局和新疆生产建设兵团气象局的32支代表队、96名选手参加了竞赛。

4月16日,中国气象局印发《关于印发〈气象软科学管理办法〉的通知》(气发〔2007〕111号)。

9月22日,由北京大学物理学院大气科学系和中国气象学会共同举办的谢义炳院士诞辰90周年纪念会在北京举行。会上宣读了2006—2007年谢义炳青年气象科技奖获奖名单,举行了谢义炳先生铜像揭幕仪式和《谢义炳院士纪念文集》首发仪式。

11月5日,中国气象局、科学技术部、教育部、国防科学技术工业委员会、中国科学院、国家自然科学基金委员会联合印发《国家气象科技创新体系建设意见》(气发〔2007〕385号)。

2008 年

1月7日,中国气象局、科学技术部联合印发《关于加强气候变化和气象防灾减灾科学普及工作的通知》(气发〔2008〕3号)。

12月28日,由科学技术部、中国气象局和中国科学院联合牵头组织的第2次《气候变化国家评估报告》编写启动会暨工作会议在北京召开。

2009 年

2月16日,首届邹竞蒙气象科技人才奖颁奖仪式在北京举行,叶成志等5人获奖。

6月17日,中国社会科学院—中国气象局气候变化经济学模拟联合实验室成立揭牌仪式在中国气象局举行。

2010 年

3 月 26 日,中国科学院、中国气象局、国家自然科学基金委员会、中国科协等单位在北京联合主办纪念竺可桢先生诞辰 120 周年座谈会。

3 月 28 日,中国北极阁气象博物馆开馆仪式在江苏南京举行。

2011 年

8 月 22 日,中央机构编制委员会办公室批复,同意中国气象局培训中心更名为中国气象局气象干部培训学院。

2012 年

8 月 31 日,中国气象局气象宣传与科普中心在北京成立。

12 月 26 日,中国气象局印发《气象科普发展规划(2013—2016 年)》(气发〔2012〕110 号)。

2013 年

11 月 26 日,中国气象局印发《中国气象局关于印发〈气象部门青年英才培养计划实施办法(试行)〉的通知》(气发〔2013〕109 号)。

2014 年

1 月 13—15 日,第八届全国气象行业职业技能竞赛在北京举行。

3 月 18 日,全国首届大学生气象科普动漫创作大赛在南京信息工程大学启动。中国气象局副局长许小峰,南京信息工程大学校长李廉水,中国科技馆副馆长郑浩峻,中国高等教育学会副秘书长康凯,中国气象学会副理事长、解放军理工大学气象海洋学院院长费建芳共同开启大赛主页。

4 月 9 日,第三次青藏高原大气科学试验领导小组第一次会议在北京召开。试验领导小组组长、中国气象局局长郑国光,试验领导小组副组长、中国科学院副院长丁仲礼,领导小组副组长、中国气象局副局长宇如聪,以及周秀骥、丑纪范、李泽椿、许健民、陈联寿、丁一汇等院士出席会议。

2015 年

2 月 3 日,中国气象局、教育部联合印发《关于加强气象人才培养工作的指导意见》(教高〔2015〕2 号)。

3 月 8 日,中国气象局与华东师范大学签署战略合作协议,推进双方在科学研究、学科建设以及人才培养方面的合作。

4 月 13 日,中国气象局印发《中国气象局气象科技骨干海外培养项目实施办法(试行)》(气发〔2015〕23 号)。

4 月 20 日,气象教育工作座谈会暨中国气象人才培养联盟(CMEC)成立大会召开。21 日,中国气象人才培养联盟理事会第一次会议在北京召开,会议表决通过了《中国气象人才培养联盟章程》。

5 月 27 日,中国气象局办公室印发《国家气象科技创新工程支持保障措施》的通知》(气办函〔2015〕128 号)。

7 月 10 日,中国气象局印发《中国气象局科学技术成果认定办法(试行)》(气发〔2015〕47 号)。

7 月 23 日,中国气象局和中国地质大学(武汉)在北京签署战略合作协议,推进双方在气象现代化建设、人才培养、学科发展、科学研究和资源共享等方面的合作。

2016 年

8 月 23 日,中国气象局办公室印发《关于加强气象科技成果转化指导意见的通知》(气办发〔2016〕19 号)。

9 月 22 日,中国气象局在北京召开全国气象科技创新大会,分析气象科技发展新形势,研究加快推进国家气象科技创新体系建设基本思路和主要任务,提升气象科技创新能力,为全面推进气象现代化提供有力的科技支撑。

2017 年

2 月 28 日,中国科学技术史学会气象科技史委员会成立。

4 月 7 日,《中国气象局关于印发〈气象部门事业单位专业技术二级岗位管理办法(试行)〉的通知》(气发〔2017〕19 号)印发。

9 月 14 日,中国气象局党组书记、局长刘雅鸣主持召开 2017 年第 14 次党组会。会议审议了《中国气象局职称评定管理办法(试行)》和《气象正高级职称评审条件》。

11 月 16 日,《中国气象局办公室关于印发进一步深化省级气象科学研究所改革的意见的通知》(气办发〔2017〕28 号)印发。

12 月 1 日,第一届全国气象服务创新大赛颁奖典礼暨创新发展论坛举办。

2018 年

5 月 20 日,中国气象局与河海大学签署全面合作协议,共同促进气象与水利、海洋、信息等学科的交叉研究和应用,进一步推动气象现代化建设和水科学发展,以满足国家防灾减灾、水安全保障、"一带一路"建设等领域需求。中国气象局党组书记、局长刘雅鸣,副局长宇如聪,河海大学党委书记唐洪武、校长徐辉等出席协议签署仪式并座谈。

6月15日,中国气象局与中国科学技术协会签署战略合作协议,旨在进一步弘扬科学精神,普及科学知识,统筹利用双方优势资源,共同推进全民气象科学素质提升,促进气象为我国经济社会发展提供更好保障。中国气象局党组书记、局长刘雅鸣,中国科协党组书记、常务副主席、书记处第一书记怀进鹏代表双方签署合作协议。

10月17日,中国气象局与广东海洋大学在湛江签署全面合作协议,共同推进气象现代化建设,促进大气科学和海洋科学的交叉融合,加强海洋气象防灾减灾的科学研究。

六、气象开放合作

1979 年

3月7日,国务院批准,任命中央气象局负责人吴学艺为世界气象组织的第二任常任代表。

4月30日—5月26日,以中央气象局副局长、世界气象组织中国常任代表吴学艺为团长的中国气象代表团,出席世界气象组织在日内瓦召开的第8次世界气象大会。会上吴学艺当选为执委。

1981 年

4月29日,国务院批准中央气象局副局长邹竞蒙为世界气象组织第三任中国常任代表。

11月5—18日,应美国国家海洋与大气管理局的邀请,以中央气象局局长薛伟民为团长的中国气象代表团,赴美参加中美大气科技领域合作工作组第三次会议,商谈和落实1982年及近期的合作项目。

1982 年

2月16日,世界气象组织秘书处会议、语言、出版司司长塔巴应邀来我国进行友好访问。访问期间,中央气象局副局长邹竞蒙、程纯枢会见了外宾,双方就有关问题进行了交谈。

5月1日,应国家气象局邀请,世界气象组织主席金特纳博士来我国参观访问,在北京期间,受到国务院副总理万里接见。国家气象局领导邹竞蒙、薛伟民会见了客人,并就有关问题进行了会谈。

10月25—27日,世界气象组织在浙江杭州举行"台风预报讲习班"。参加讲习班的有前苏联、英国、中国、菲律宾、泰国、日本等国家和地区的气象工作者。

1983 年

5 月 2—27 日,以邹竞蒙为首席代表、骆继宾为副首席代表一行 11 人的中国气象代表团,出席了在日内瓦召开的第 9 届世界气象大会。在此次会议上邹竞蒙当选为世界气象组织第二副主席。

10 月 2—9 日,应国家气象局邀请,澳大利亚气象局局长齐尔曼博士访华,国家气象局局长邹竞蒙、副局长骆继宾与齐尔曼博士就中澳两国气象科技合作问题交换了意见。5 日上午,全国人民代表大会常务委员会副委员长严济慈在人民大会堂会见了齐尔曼博士。

1984 年

2 月 3—15 日,国家气象局局长、中美大气科技合作工作组中方组长邹竞蒙率代表团一行 8 人出席了在美国科罗拉多州波尔德举行的中美大气科技合作工作组第五次会议。会议商定了 1984—1985 年度合作项目。

3 月 11 日,应国家气象局邀请,世界气象组织秘书长奥巴西教授访问我国。14 日下午,国务院副总理李鹏在人民大会堂会见了奥巴西教授,国家气象局领导邹竞蒙、章基嘉、骆继宾参加了会见。

3 月 20—24 日,国际青藏高原和山地气象学术讨论会在北京举行。参加会议的有中国、美国、奥地利、缅甸、朝鲜、芬兰、法国、联邦德国、印度、日本、尼泊尔、前苏联、英国和欧洲中期天气预报中心等 14 个国家和国际组织的气象专家共 96 人。国家气象局副局长章基嘉参加会议并致开幕辞。20 日下午,国务院副总理李鹏会见了部分与会的外国专家,会见时邹竞蒙、章基嘉、叶笃正、谢义炳、陶诗言等在座。

6 月 6—22 日,国家气象局局长邹竞蒙以世界气象组织第二副主席的身份出席了在日内瓦召开的世界气象组织执行理事会第 36 届会议。

12 月 4—10 日,国家气象局副局长骆继宾率代表团一行 5 人,出席了在菲律宾马尼拉举行的世界气象组织亚太经社会台风委员会第 17 届会议。会议选举菲律宾气象局局长金特纳博士为该委员会主席,国家气象局副局长骆继宾任副主席兼任起草委员会主席。

1985 年

2 月 6—9 日,世界气象组织主席团 1985 年度会议分别在我国上海和北京举行。8 日,国务院总理赵紫阳在中南海会见了世界气象组织主席金特纳、秘书长奥巴西、第一副主席以斯列尔、第三副主席布鲁斯及其他与会代表。会见时在座的还有世界气象组织第二副主席、国家气象局局长邹竞蒙及副局长章基嘉、骆继宾等。

5月24日,国家气象局副局长骆继宾赴日内瓦参加全球天气试验成果及对世界天气监视网影响会议。

5月26日,国家气象局局长邹竞蒙赴日内瓦参加世界气象组织第37届执行理事会,并以世界气象组织第二副主席的身份主持该会的B委员会会议。在参加会议之前,邹竞蒙局长访问了德意志民主共和国。

8月17日,应世界气象组织主席金特纳博士的邀请,国家气象局局长邹竞蒙启程去日本东京参加8月20—23日召开的台风地区区域合作计划专家会议。

1986年

2月3—6日,国家气象局局长邹竞蒙赴塔什干参加世界气象组织第13届主席团会议。

5月12—16日,叶笃正、章基嘉率团参加在日内瓦召开的世界气候研究计划政府间非正式计划会议。

6月2—13日,国家气象局局长邹竞蒙率代表团参加在日内瓦召开的世界气象组织执行理事会第38届会议。邹竞蒙局长以世界气象组织第二副主席的身份主持了世界天气监测网计划及实施计划、航空气象、农业气象等议题的讨论和审议工作。会议期间,邹竞蒙局长还同加拿大环境部副部长助理弗格森签订了中加气象合作项目谅解备忘录。

9月29日—10月17日,国家气象局副局长章基嘉率代表团参加在保加利亚首都索非亚召开的国际长期天气预报会议和大气科学委员会第9届会议。

10月28日—11月3日,国家气象局副局长骆继宾率代表团一行5人出席在泰国曼谷举行的台风委员会第19届会议。

1987年

2月10—22日,国家气象局局长邹竞蒙以世界气象组织第二副主席的身份出席了世界气象组织在菲律宾马尼拉召开的主席团会议,并赴澳大利亚参加了中澳科技合作第2次工作组会议。

2月24日—3月5日,世界气象组织亚洲区协主席马吉德(AL. Majed)和世界气象组织秘书处亚洲和西南太平洋区协办事处主任何东源(Ho Tonyuan)应国家气象局局长邹竞蒙的邀请访问我国。

4月27日—6月8日,以国家气象局局长邹竞蒙为团长的中国气象代表团出席在日内瓦召开的世界气象组织第十次大会。邹竞蒙局长当选为世界气象组织主席。这是中国在联合国机构中首次担任主席职务。

9月2—16日,由巴西、哥斯达黎加、秘鲁、委内瑞拉、加勒比气象组织的气象局长和高级气象官员以及世界气象组织秘书长代表组成的气象考察组,来华进行题为"气象为国民经济发展服务"的考察。2日下午,国家气象局局长邹竞蒙在考察组开幕式上致辞,副局长骆继宾介绍了中国气象工作概况。5日下午,国务院副总理李鹏在中南海会见了考察组全体成员。

9月26日—10月3日,国家气象局局长邹竞蒙以世界气象组织主席的身份前往日内瓦世界气象组织总部视事。

10月18—27日,国家气象局副局长骆继宾率团赴泰国出席亚太经社会/世界气象组织台风委员会第20届会议。会上,骆继宾副局长当选为本届会议主席。

11月24日—12月21日,国家气象局局长邹竞蒙以世界气象组织主席的身份访问了多哥、尼日利亚、尼日尔、肯尼亚、埃塞俄比亚和科特迪瓦等6国。

1988年

1月18日—2月8日,国家气象局副局长骆继宾赴日内瓦参加自愿合作计划(VCP)主要捐赠国非正式计划会议和基本系统委员会(CBS)第9届会议。

2月8—12日,国家气象局局长邹竞蒙以世界气象组织主席的身份赴英国主持世界气象组织主席团第18届会议。

4月8—17日,世界气象组织名誉秘书长戴维斯(A. Davies)爵士应国家气象局局长邹竞蒙的邀请来华访问。11日,国务委员姬鹏飞会见并宴请戴维斯。

5月29日—6月29日,国家气象局局长邹竞蒙赴日内瓦主持世界气象组织执行理事会第40届会议,并率中国气象代表团访问芬兰。

9月5—16日,世界气象组织第二(亚洲)区协第9届会议在北京举行。5日,国务委员宋健代表李鹏总理到会讲话;10日,李鹏总理在人民大会堂会见了区协代主席马吉德、世界气象组织秘书长代表何东源及有关代表团的主要成员。会见时,国家气象局局长邹竞蒙,副局长章基嘉、骆继宾、温克刚在座。会议期间(7—9日),邹竞蒙局长陪同世界气象组织秘书长奥巴西(G. O. P. Obasi)访问了上海。

9月6—14日,国家气象局在北京举办气象仪器展览,国内33个单位和美国、英国、芬兰3个国外厂商参展。

9月25日—10月1日,中澳气象合作联合工作组第3次会议在北京召开。澳大利亚气象局局长齐尔曼(J. W. Zilman)和冈特利特(D. J. Gauntlett)来华与会。9月30日下午,国务委员宋健在钓鱼台会见代表团全体成员,会见时国家气象局局长邹竞蒙,副局长骆继宾、温克刚在座。

11 月 20—29 日,国家气象局局长邹竞蒙率中国气象代表团出席在菲律宾马尼拉举行的亚太经社会/世界气象组织下属台风委员会第 21 届年会。

11 月 26 日—12 月 2 日,由联合国开发计划署中央评价室高级官员戈德费林(J. Godfrin)和技术顾问皮特森(G. Petersen)组成的评价团,对我国进行考察。国家气象局副局长骆继宾会见了评价团成员。

1989 年

1 月 28 日—2 月 6 日,国家气象局副局长骆继宾一行 4 人赴美国参加世界气象组织召开的政府间气候专门变化委员会(IPCC)第 3 工作组(气候变化对策)会议。

3 月 1—28 日,国家气象局局长邹竞蒙赴阿根廷主持世界气象组织主席团会议并访问阿根廷、巴西、智利气象局和加勒比气象组织。

5 月 3—15 日,国家气象局副局长骆继宾赴日内瓦,出席世界实验室会议和政府间气候变化专门委员会第 3 工作组指导委员会会议。

5 月 8—12 日,世界气象组织第 5 次人工影响天气和应用云物理科学会议在北京召开。来自美、日、法、英等 25 个国家的 87 名代表和 120 名中国代表出席了会议。世界气象组织主席、国家气象局局长邹竞蒙在开幕式上致辞。

5 月 15—18 日,世界气象组织秘书长奥巴西访华。

5 月 28 日—6 月 27 日,国家气象局局长邹竞蒙一行赴日内瓦世界气象组织办公并主持召开世界气象组织第 41 届执委会;赴肯尼亚参加世界气象组织/联合国环境署的政府间气候变化专业委员会第 2 次会议。

11 月 11—23 日,应国家气象局局长邹竞蒙邀请,乌干达气象局局长 P. C. 奥克特、莫桑比克气象局局长 S. 弗雷拉、加纳气象局副局长 J. P. 丹克瓦、津巴布韦气象局副局长 C. H. 马塔里拉及 WMO 非洲办公室主任 S. 查克利组成的非洲气象考察团对我国进行气象考察。12 日下午,国务委员宋健在人民大会堂会见了考察团全体成员。

1990 年

5 月 7—21 日,应国家气象局局长邹竞蒙邀请,由非洲毛里求斯、肯尼亚、苏丹、利比亚、布隆迪、几内亚、马达加斯加、马里等 8 国气象局局长和世界气象组织代表组成的代表团对我国气象工作进行了考察。5 月 19 日,国务委员宋健会见了非洲气象考察团。

5 月 7—25 日,世界气象组织卫星气象讲习班在国家卫星气象中心举办。

参加讲习班的 27 名学员来自中国、缅甸、斐济、菲律宾、新加坡等 14 个国家。国家气象局局长邹竞蒙、副局长骆继宾分别在开幕式和结业式上致辞。

10 月 10 日—11 月 11 日,国家气象局局长邹竞蒙赴美国参加业务气象卫星国际会议,然后赴日内瓦主持第 2 次世界气候大会。

11 月 19 日,国务委员宋健会见阿根廷、巴西、埃及、印度、肯尼亚、马来西亚、塞内加尔等国参加北京发展中国家环境与发展会准备会的代表。国家气象局局长邹竞蒙参加了会见。

1991 年

1 月 28 日—2 月 1 日,世界气象组织第 24 届主席团会议在北京、珠海举行。世界气象组织主席、国家气象局局长邹竞蒙出席并组织了会议,世界气象组织第一副主席、澳大利亚气象局局长齐尔曼博士和第三副主席、英国气象局局长约翰·霍顿博士出席了会议。国务院总理李鹏 29 日下午在北京会见了主席团会议全体成员,邹竞蒙局长,章基嘉、骆继宾副局长参加了会见。

1 月 29 日,"中英大气科学技术合作备忘录"签字仪式在北京举行,国家气象局局长邹竞蒙和英国气象局局长约翰·霍顿博士分别在备忘录上签字。

1 月 30 日,国家气象局副局长骆继宾赴美国参加联合国召开的气候变化框架公约的第一轮谈判。

5 月 1—23 日,以国家气象局局长邹竞蒙为团长的中国气象代表团参加在日内瓦召开的世界气象组织第十一次大会,邹竞蒙再次当选为世界气象组织主席。

8 月 11—21 日,以道斯威尔(Dowdeswell)女士为团长的加拿大气象代表团一行 7 人应邀对我国气象部门进行友好访问,并参加中加气象科技合作工作组第 3 次会议。14 日,国务院副总理田纪云会见了代表团全体成员。国家气象局局长邹竞蒙,副局长温克刚、马鹤年会见了代表团全体成员。

1992 年

1 月 13—15 日,世界气象组织政府间气候变化专门委员会(IPCC)第一工作组第 3 次会议在广州举行。会议研讨全球气候变化大趋势,为气候变化框架公约提供新的科学依据,会议确认全球气温呈变暖趋势。来自 50 多个国家和世界气象组织的 110 多名专家参加会议。世界气象组织主席、国家气象局局长邹竞蒙,政府间气候变化专门委员会第一工作组组长、前英国气象局局长霍尔顿爵士,政府间气候变化专门委员会主席、世界著名气象专家、瑞典王国副首相科学顾问波林教授,国家气象局骆继宾、马鹤年副局长以及有关部门的代表出席了会议。

2月2—17日,国家气象局局长邹竞蒙赴日内瓦办公,并赴法国图卢兹主持世界气象组织第26届主席团会议。

2月16—29日,国家气象局副局长马鹤年一行4人赴泰国出席国际台风委员会会议。

8月3—15日,应国家气象局局长邹竞蒙邀请,由非洲埃塞俄比亚、莱索托、津巴布韦、冈比亚、塞拉里昂、斯威士兰、坦桑尼亚、纳米比亚、布隆迪、喀麦隆等10国气象局局长和世界气象组织的代表共11人组成的多国别气象考察团来华进行访问。国家气象局局长邹竞蒙、副局长骆继宾与气象考察团的成员进行了会谈。8月6日下午,国务院副总理田纪云在北京会见了非洲气象考察团一行。

8月6—18日,应国家气象局邀请,俄罗斯联邦水文气象与环境监测委员会全球气候与生态研究所所长、前苏联国家水文气象委员会主席依兹拉尔教授一行2人来我国访问。

8月24—29日,国家气象局副局长骆继宾率团赴日内瓦出席IPCC第三工作组主席团会议和IPCC结构专门工作组会议。

8月25日—9月6日,国家气象局副局长马鹤年赴美国参加国际空间年活动。

8月31日,应国家气象局邀请,美国控制数据系统公司总裁奥斯雷一行5人来我国参加超大型计算机赛伯992引进运行一周年成果发布会。发布会由国家气象局副局长温克刚主持,局长邹竞蒙和奥斯雷在会上致辞。当天下午,国务委员宋健在人民大会堂会见了奥斯雷一行。

1993年

1月10—16日,日本气象厅长官新田尚率日本气象代表团来我国访问、考察。11日,国务委员宋健在人民大会堂会见日本气象代表团。

3月8—12日,世界气象组织第28届主席团会议在阿根廷首都布宜诺斯艾利斯举行。国家气象局局长邹竞蒙出席并主持会议。会后,邹竞蒙局长和世界气象组织第一副主席、澳大利亚气象局局长齐尔曼博士签署了中澳联合工作组第六次会议纪要的中文文本。

3月11—14日,日本季风代表团来华参加在北京举行的第一次工作组会谈。国家气象局副局长马鹤年接待了日本代表团。

5月12—22日,由俄罗斯、乌克兰、捷克等18个国家的气象局局长和世界气象组织代表一行19人来华进行考察。国家气象局局长邹竞蒙,副局长温克刚、颜宏接待了考察团。21 日,国务委员宋健在人民大会堂会见了考察团。

5 月 13—27 日,国家气象局副局长李黄率中国气象代表团一行 6 人赴伊朗访问。

5 月 18—22 日,俄罗斯联邦水文气象及环境监测委员会主席祖波夫随世界气象组织多国别考察团来华访问。国家气象局副局长温克刚与其进行会谈,局长邹竞蒙与其签署了中俄气象科技合作备忘录。

5 月 30 日—7 月 2 日,邹竞蒙局长赴日内瓦出席世界气象组织第四十五届执行理事会。会后率团赴德国访问,并出席在日内瓦召开的 IPCC 第九次全会。

12 月 7—14 日,俄罗斯联邦水文气象及环境监测局局长别得里茨基先生率代表团一行 6 人访华,考察了中国气象业务工作情况,签署了中俄气象科技合作第一次会谈纪要。参观了国家气象中心、卫星气象中心、气象科学研究院及上海市气象局等。国务委员陈俊生会见了俄罗斯气象代表团一行。

12 月 13—21 日,越南气象水文总局副局长郑文书率越南气象代表团一行 5 人来华访问。双方商定中越气象科技合作联合工作组第二次会议将于 1994 年 5 月在中国举行。

12 月 17—24 日,朝鲜国家环境保护委员会副委员长张基奉率朝鲜气象代表团一行 3 人来华参加中朝第七次气象科技合作会谈,双方签署了会谈纪要。

1994 年

5 月 24—28,越南气象水文总局局长阮德语率领越南气象代表团一行 4 人来华访问,并举行了中国气象局和越南气象水文总局气象科技合作联合工作组第二次会议。中国气象局局长邹竞蒙率中国气象代表团参加并主持会谈,签署了中越气象科学技术合作谅解备忘录,副局长李黄参加了会谈。

1995 年

1 月 18—22 日,以澳大利亚气象局局长齐尔曼为团长的澳大利亚气象代表团出席了在北京举行的中澳气象科技合作第七次联合工作组会议。19 日,中国气象局副局长颜宏率中国气象代表团同澳大利亚气象代表团举行工作组会谈。21 日,中国气象局局长邹竞蒙和齐尔曼局长在会谈纪要上签字并举行中澳气象科技合作十周年庆祝仪式。

1 月 23—27 日,第 32 届世界气象组织主席团会议在北京召开,世界气象组织主席、中国气象局局长邹竞蒙主持会议。24 日下午,国务院总理李鹏在人民大会堂会见了出席会议的全体成员,希望世界气象组织在加强各国气象合作,为世界各国经济、社会的发展等方面做出更大贡献。26—27 日,会议移至海南省三亚市继续进行。

1996 年

5 月 13—23 日,中国气象局利用世界气象组织自愿合作计划项目,组织拉美地区 14 个国家的气象局局长或副局长及世界气象组织代表来华进行考察。13 日,中国气象局副局长温克刚、颜宏会见了考察团成员。15—20 日,颜宏副局长陪同考察团成员赴湖北、福建考察。21 日,邹竞蒙局长主持了考察总结座谈会。22 日下午,国务院副总理姜春云在人民大会堂会见了考察团成员。

1997 年

2 月 26 日—3 月 5 日,法国气象局局长让·皮埃尔·贝松率法国气象代表团一行 4 人访问我国,商谈了中法气象科技合作谅解备忘录草案。3 月 2—4 日,中国气象局名誉局长邹竞蒙陪同法国气象局局长贝松赴广东考察。

3 月 4—8 日,以印度气象局局长恩·森罗伊博士为首的印度气象代表团一行 4 人来华访问。5 日,国务委员宋健会见了恩·森罗伊一行。双方签署了中国气象局和印度气象局气象科技合作谅解备忘录。

5 月 24—30 日,应中国气象局的邀请,以美国国家海洋大气局(NOAA)首席科学家艾尔·比顿博士为团长的美国 NOAA 代表团一行 3 人来华访问。这是 NOAA 首次派团访问中国气象局。29 日,中国气象局副局长颜宏会见了客人。

1998 年

3 月 23 日—4 月 2 日,中国气象局组织世界气象组织热带气旋专家组代表团 11 人前往北京、上海、广州等地进行气象业务考察。3 月 30 日,中国气象局副局长颜宏会见考察团成员,主持了总结讨论会。

12 月 9—11 日,中国和加拿大大气观测系统研讨会在北京召开。来自中国、加拿大、日本、韩国、马来西亚气象局和中国香港天文台、澳门地球物理气象台的专家围绕大气观测长期计划、高空和地面观测自动化、新一代雷达及中尺度基地建设、特种观测计划进行了交流与研讨。

1999 年

6 月 16—20 日,第三届国际全球能量和水循环计划(GEWEX)科学研讨会在北京举行。本次会议是在亚洲召开的第一次大型的国际 GEWEX 科学会议,来自世界各地 25 个国家和地区的代表及国内专家近 300 人出席了大会。中国气象局局长温克刚,中国科协副主席、世界气候计划(WCRP)中国委员会主席曾庆存及 GEWEX 科学指导委员会前任主席和现任主席等在开幕式上致辞。本次会议交流论文 292 篇。

8 月 24 日—9 月 3 日，由世界气象组织和非洲 15 个国家的气象局局长、副局长或高级官员组成一行 16 人的考察团，在华进行为期 10 天的考察。这是我国通过世界气象组织 VCP 项目为发展中国家举办的第 27 次多国别考察活动。25 日，国务院副总理温家宝在中南海紫光阁会见考察团成员。中国气象局局长温克刚，副局长颜宏、刘英金、郑国光参加了会见。

2000 年

9 月 12—18 日，应中国气象局局长温克刚邀请，世界气象组织秘书长奥巴西教授偕夫人等一行 3 人来华访问。13 日上午，国家主席江泽民在中南海会见了世界气象组织秘书长奥巴西教授和夫人。会见时中国气象局局长温克刚，副局长李黄、颜宏在座。同日，中国气象学会在北京授予奥巴西教授名誉会员称号。

10 月 23—27 日，世界气象组织气象和环境仪器及观测方法技术研讨会在北京召开。中国气象局局长温克刚代表中国政府、中国气象局表示祝贺，来自 30 多个国家的 150 余名专家参加了会议。副局长李黄代表中国气象局出席会议。

2001 年

6 月 5—15 日，中国气象局局长秦大河、副局长颜宏率中国气象代表团一行 8 人赴日内瓦出席世界气象组织执行理事会代理成员。颜宏副局长被任命为世界气象组织助理秘书长。

10 月 13—15 日，第二届中国环境与发展国际合作委员会第 5 次会议在北京召开，国务院副总理温家宝主持开幕式并代表中国政府讲话。会议还向因工作变动不再担任委员的温克刚等同志多年来为国合会所做的工作表示感谢，并通过了秦大河等同志担任新委员的决议。

2002 年

6 月 11—13 日，政府间气候变化专门委员会(IPCC)举办的极端天气和气候事件变化研讨会在北京开幕。来自中国、美国、英国、加拿大、德国、荷兰等近 40 个国家的 150 名代表参加了这次研讨会。中国气象局局长、政府间气候变化专门委员会第一工作组联合主席秦大河，中国科技部副部长邓楠出席研讨会并讲话。中国气象局副局长许小峰、IPCC 第一工作组联合主席苏珊·索罗门女士、前任主席丁一汇和约翰·霍顿先生出席研讨会。

6月11—21日,世界气象组织执行理事会第54次届会在日内瓦世界气象组织总部举行。经国务院批准,中国气象局局长秦大河、副局长郑国光率中国气象代表团一行7人出席了会议。

2003 年

2月19—25日,中国气象局局长秦大河、副局长郑国光率中国气象代表团一行16人出席在法国巴黎召开的政府间气候变化专门委员会(IPCC)第20次全会。会议结束后,秦大河局长、郑国光副局长一行5人顺访法国气象局,秦大河与法国气象局局长贝松签署了中法气象科技合作协议。

5月26—28日,世界气象组织执行理事会第55次届会在瑞士日内瓦举行,世界气象组织中国常任代表、中国气象局局长秦大河参加了会议。27日,世界气象组织执行理事会举行会议,决定第48届国际气象组织奖获奖人。著名气象学家、中国大气科学和气象业务的奠基人之一,中国科学院资深院士叶笃正荣获第48届国际气象组织奖。这是中国科学家第一次获此殊荣。此外,中国气象局国家气象中心张祖强获得了2003年度青年科学家奖。

2004 年

2月23日,中国气象局举行世界天气信息服务中文网开通仪式。中国气象局副局长郑国光主持仪式。中国气象局局长秦大河,世界气象组织主席别得里茨基、秘书长米歇尔·雅罗出席了开通仪式。

7月12—23日,中美大气科技合作第14次联合工作组会议在北京召开。以负责美国国家天气局的美国国家海洋大气局新任助理局长约翰逊将军为团长的美国气象代表团一行12人应邀来华出席会议。16日下午,国务院副总理回良玉在中南海紫光阁会见了美国气象代表团。中国气象局局长秦大河,副局长刘英金、郑国光、许小峰,纪检组组长孙先健,党组成员萧永生参加了会见。

2005 年

1月17—20日,应中国气象局局长秦大河院士的邀请,以芬兰气象局局长佩蒂瑞·塔拉斯教授为团长的芬兰气象代表团访华,并出席中芬气象科技合作第8次联合工作组会议。

4月11—15日,第一届气候与冰冻圈计划(CliC)国际科学大会在中国气象局召开。会议由世界气候研究计划和南极研究科学委员会发起,中国气象局主办,科学技术部、中国科学院、国家海洋局极地考察办公室、CliC 国际项目办公室、加拿大环境部、国家自然科学基金委员会、挪威极地研究所等单位协办。中国气象局局长秦大河作为 CliC 计划科学指导委员会成员、本次会议的联合主席主持会议并作报告。中国科协主席、原全国人大常委会副委员长周光召出席开幕式并致辞。世界气候研究计划（WCRP）主席戴维·卡森博士、CliC科学委员会主席巴里·古迪森、中国科学院院士施雅风等多位气候与冰冻圈领域国际著名科学家应邀作主题报告。

5月3—4日，政府间全球对地观测组织（GEO）第一次全会在瑞士日内瓦召开。以中国气象局副局长郑国光为团长，科学技术部、中国气象局和驻日内瓦代表团有关人员组成的中国代表团参加会议。会议确定了由中国、美国、俄罗斯、法国、南非、欧盟等12个国家和国际组织组成的执行委员会，以及由美国商务部副部长兼国家海洋大气局局长劳腾巴赫尔（C. Lautenbacher）中将、南非科技部部长亚当（R. Adam）博士、中国气象局副局长郑国光博士和欧盟研究总司司长米佐斯（A. Mitsos）博士担任GEO联合主席。

5月23—25日，由中国气象局、国家自然科学基金委员会和甘肃省人民政府共同主办的"干旱气候变化与可持续发展国际学术研讨会（ISACS）"在兰州召开。中国气象局局长秦大河、甘肃省副省长陆武成、澳大利亚气象局副局长迈克尔·曼顿、加拿大气象局环境部主任唐麦基弗、美国国家大气研究中心教授迈克尔·格兰斯等出席会议开幕式。中国气象局副局长郑国光在开幕式上致辞，局长秦大河作了题为"关于中国西部气候变化与环境演变及其对策"的专题学术报告。

2006年

2月20日，中巴两国政府关于扩大和深化双边经济贸易合作的协定等13项双边合作文件的签字仪式在北京举行。国家主席胡锦涛、巴基斯坦总统穆沙拉夫出席了签字仪式。中国气象局局长秦大河、巴基斯坦伊斯兰共和国驻中国特命全权大使萨尔曼·巴希尔分别代表本国政府，签署了《中华人民共和国中国气象局与巴基斯坦伊斯兰共和国巴基斯坦气象局气象科技合作谅解备忘录》。

4月6—8日，第二届亚洲区域气候监测、预测和影响评估论坛在北京召开。论坛由中国气象局和世界气象组织联合主办，中国科学技术部、外国专家局、国家自然科学基金委协办。中国气象局局长秦大河、副局长许小峰，世界气象组织气候司司长布鲁哈尼·尼恩齐（Buruhani. s. Nyenzi）博士，厄瓜多尔国际El Nino研究中心（Camacho）卡马乔博士，南非发展共同体津巴布韦哈拉雷干旱监测中心拉德韦尔·加朗甘加（Radwell Garanganga）博士，英国哈德利（Hadley）中心克里斯·戈登（Chris Gordon）博士，日本气象厅小市栗原（Koichi Kurihara）博士，肯尼亚东非政府间发展组织气候预测和应用中心克里斯托弗·奥卢德（Christopher Oludhe）博士，美国（IRI）切特·罗普列夫斯基（Chet Roplewski）

博士,以及印度气象局斯里尼瓦桑博士和CPC/NOAA(NOAA's Climate Prediction Center)的宋杨(Song Yang)博士出席了论坛。

2007年

5月5—25日,世界气象组织(WMO)第15次世界气象大会在瑞士日内瓦召开。中国常驻日内瓦代表团及其他国际组织大使沙祖康在会议开幕式上宣读了国务院副总理回良玉致大会的贺信。中国气象局党组成员沈晓农出席了会议。13—19日,中国气象局局长郑国光出席会议。18日,在世界气象组织第十五次世界气象大会第十次全会上,世界气象组织中国常任代表、中国气象局局长郑国光当选为世界气象组织执行理事会成员。24日,在第15次世界气象大会第17次全会上,中国气象局副局长张文建博士作了题为"全球综合观测系统:科学远景和未来业务需求"的特邀科学报告。

10月10—11日,由中国和地球观测组织联合举办的"亚太区域GEOSS(全球综合地球观测系统)数据共享研讨会"在中国气象局召开。中国气象局副局长张文建出席研讨会并代表GEO联合主席、GEO中国首席代表、中国气象局局长郑国光向大会致辞。10日,"风云卫星数据广播系统接收站"赠送仪式在中国气象局举行。这是中国政府第二次向亚太地区发展中国家赠送这一系统。

11月27日—12月2日,中国气象局局长、GEO联合主席郑国光博士率中国代表团赴南非出席地球观测组织(GEO)第11次执委会、第四次全会及地球观测部长级峰会。中国气象局副局长张文建、中国气象局原局长温克刚出席会议。28日,中国和巴西在南非开普敦联合举行新闻发布会。中国气象局局长、中国地球观测组织(GEO)首席代表、国际地球观测组织联合主席郑国光代表中国政府郑重宣布中巴地球资源卫星数据对非洲国家完全共享。在29日召开的GEO第四次全会上,中国再次成为地球观测组织执委会成员,中国气象局局长郑国光连任地球观测组织联合主席。

2008年

9月22日,联合国气候变化峰会在纽约联合国总部举行,国家主席胡锦涛出席峰会开幕式并发表了题为"携手应对气候变化挑战"的重要讲话。

10月13日,世界气象组织加强国家气象水文部门对外关系研讨会暨多国别考察开幕式在北京举行。

2009年

12月15日,中国气象局局长郑国光和科技部副部长刘燕华在哥本哈根气候变化大会中国新闻与交流中心召开新闻发布会,就中国科技应对气候变化进行了宣介。

2010 年

5 月 6 日,第 39 期多别国考察开幕式在北京举行。

9 月 15 日,中加气象科技合作联合工作组第 12 次会议在加拿大渥太华召开。

2011 年

6 月 22—23 日,中国气象局、中国澳门地球物理气象局、葡萄牙气象局第六次气象技术会议在陕西西安召开。

2012 年

7 月 18 日,世界气象组织副秘书长耶利米·伦戈萨(Jeremiah Lengoasa)先生到访中国气象局。

9 月 10—11 日,中国气象局与加拿大环境部气象局关于气象学、水文学、环境预测和气候变化的科学和技术合作联合工作组第十三次会议在北京举行。世界气象组织主席、加拿大环境部助理副部长、加拿大气象局局长戴维·格莱姆斯,加拿大环境部助理副部长、加拿大科技局局长克伦·道兹,中国气象局局长郑国光,副局长沈晓农出席会议。

2013 年

5 月 16 日,中国驻日内瓦代表团和中国气象局在日内瓦联合举办"国家气象和水文部门在经济社会发展中的作用"主题活动。

12 月 10 日,中国—法国气候变化高级专家研讨会在北京召开。

2014 年

4 月 23—24 日,中国气象局与欧洲中期天气预报中心(ECMWF)首次双边会议在英国里丁举行。

5 月 22 日,国际气象卫星协调组织(CGMS)第 42 次全会在广州开幕。中国气象局局长郑国光出席会议。一同出席的还有来自欧洲气象卫星开发组织、美国国家航空航天局、美国国家海洋和大气管理局、欧洲空间局、世界气象组织、欧洲中期天气预报中心等 18 个成员组织和观察员代表约 80 位。

2015 年

5 月 29 日—6 月 7 日,第十七次世界气象大会在日内瓦召开,中国气象局局长郑国光成功连任世界气象组织执行理事会成员。

8 月 31 日,中美大气科技合作联合工作组第 19 次会议在美国马里兰州举行。

9 月 3 日,中加气象科技合作联合工作组第 14 次会议在加拿大举行,双方共同签署了《中加气象科技合作联合工作组第 14 次会议会谈纪要》。双方将继续在健康与安全、地球观测、气候变化、可持续发展及高级管理和业务培训等 5 个领域展开合作。

9 月 7 日,中韩气象合作联合工作组第 13 次会议在韩国首尔举行,双方回顾中韩气象合作联合工作组第 12 次会议以来的合作项目执行情况,审议通过未来两年的合作计划,并签署会谈纪要。

10 月 4—10 日,政府间气候变化专门委员会(IPCC)第 42 次全会在克罗地亚举行,在会议上,中国气象科学研究院研究员翟盘茂当选 IPCC 第一工作组联合主席。

2016 年

3 月 23 日,中法气象科技合作联合工作组第六次会议召开。会议总结上一次联合工作组会议以来的气象科技合作活动,讨论未来的合作计划,并重点就各自的气象事业发展经验、发展战略、业务服务、面临挑战等交换意见。

4 月 12 日,中越气象科技合作联合工作组在越南河内举行第 11 次会议,审议通过未来两年的合作项目,签署更新后的中越气象科技合作谅解备忘录和第 11 次会议纪要。

6 月 17 日,世界气象组织执行理事会第 68 次届会审议世界气象组织秘书长关于助理秘书长的任命,同意任命张文建为世界气象组织助理秘书长。

9 月 10 日,中国气象局与印度尼西亚气象、气候和地球物理局(BMKG)气象和气候领域合作联合工作组第一次会议在广西南宁举行。讨论确定中印尼气象、气候领域合作联合工作组的工作机制,审议批准未来合作计划。

11 月 15 日,中国澳大利亚气象科技合作联合工作组第 16 次会议举行。

11 月 22 日,中国气象局局长郑国光在广州分别会见世界气象组织主席戴维·格莱姆斯和秘书长佩特里·塔拉斯。

2017 年

3 月 16 日,中国气象局局长刘雅鸣会见欧洲气象卫星开发组织(EUMET-SAT)阿兰·雷迪尔主任一行。

3 月 27 日,全球气象预警系统建设推进会召开。

4 月 25 日,中蒙气象科技合作联合工作组第 15 次会议及会谈纪要签字仪式举行。

5 月 14 日,中国气象局局长刘雅鸣参加"一带一路"国际合作高峰论坛。会议期间,中国气象局和世界气象组织签订了《中国气象局与世界气象组织关于推进区域气象合作和共建"一带一路"的意向书》。

9月20—22日,2017年欧亚经济论坛和丝绸之路经济带气象服务论坛在陕西西安举行。

10月31日,中美大气科技合作联合工作组第20次会议和会谈纪要签署仪式举行。

11月6日,第四届风云卫星发展国际咨询会召开。

12月5日,中韩气象合作联合工作组第14次会议在北京召开,中国气象局局长刘雅鸣、韩国气象厅厅长南在哲分别代表双方签署会谈纪要。

2018年

11月20—22日,高影响天气国际研讨会在北京召开。期间,世界气象组织高影响天气国际协调办公室正式在中国气象局启用,它主要为高影响天气项目的规划和实施提供支持,在参与项目的世界气象组织会员间进行协调,帮助其与世界气象组织其他相关研究计划和国际计划开展合作。

11月8日,中英大气科技合作联合工作组第10次会议在北京举行。双方就进一步深化气象科技合作、增强气候服务能力、提升风云卫星资料应用水平、加强人员互访交流及培训等议题进行了讨论,并签署了更新的中英大气科学技术合作谅解备忘录及联合工作组第10次会议会谈纪要。中国气象局局长刘雅鸣主持会议,英国气象局首席业务官菲利普·埃文斯、中国气象局副局长余勇等出席会议。根据会谈纪要,中英两国气象部门将在数值天气预报、资料同化技术、高分辨区域气候模式应用及城市气候服务、气候科学向气候服务转化、卫星资料同化全球应用、教育培训、高级管理人员交流等9方面深化合作。

七、气象管理

1979年

4月17日,中央组织部干任字〔1979〕76号文通知,经中央批准:饶兴同志任中央气象局局长、党组书记;薛伟民同志任中央气象局第一副局长、党组第一副书记;吴学艺、邹竞蒙同志任中央气象局副局长、党组副书记;王瑞琪同志任中央气象局副局长、党组成员;左明同志任中央气象局副局长、党组成员兼北京气象中心主任;戈锐同志任中央气象局副局长、党组成员兼气象科学研究院院长;程纯枢同志任中央气象局副局长兼总工程师;高侠、刘国璋同志任中央气象局党组成员;江滨、卢鋈同志任中央气象局顾问。

5月28日,国家标准局批复中央气象局《关于申请气象仪器标准代号及办理归口移交手续的函》,确定气象标准代号为QX。

1980年

1月17日,国务院印发《关于中央气象局机构编制的批复》(国发〔1980〕19号),同意中央气象局行政编制288人。

3月28日,中央气象局、国务院科技干部局分别以中气字〔1980〕11号、国科干字〔1980〕74号文,联合印发《气象科技干部技术职称实施办法》。

4月15日,国家基本建设委员会和中央气象局联合下发《关于保护气象台站观测环境的通知》(中气字〔1980〕104号)。通知要求,各地对气象台站的观测场地列入城建规划,采取有效措施切实加以保护。

4月21日,中央批准饶兴任中央气象局顾问,薛伟民任中央气象局代理局长、代理党组书记。

5月17日,国务院印发《国务院批转中央气象局关于改革气象部门管理体制的请示报告的通知》(国发〔1980〕130号)。国务院同意,全国气象工作实行统一领导,分级管理,由地方政府领导为主改为气象部门与地方政府双重领导,以气象部门领导为主的管理体制。实施步骤分两步:第一步,在1981年前,经省、直辖市、自治区人民政府批准,省级以下气象部门逐步改为以省、市、自治区气象局为主的双重领导;第二步,全国气象部门自上而下改为以气象部门领导为主。

1981年

1月28日,国务院办公厅印发《国务院办公厅转发中央气象局关于巩固西藏气象工作的请示报告的通知》(国办发〔1981〕6号)。报告提出:解决轮换问题;加速西藏气象技术干部的培养;逐步改善生活和工作条件;逐步改革管理体制。

2月22日,中共中央通知,薛伟民任中央气象局局长、党组书记。

1982年

4月24日,中共中央以中任字〔1982〕39号文通知,中央气象局改称国家气象局,邹竞蒙任国家气象局局长、党组书记。

7月28日,机械工业部、中央气象局分别以机仪联字〔1982〕412号、中气物字〔1982〕11号文,联合印发《关于改变气象仪器归口分配的通知》。

8月12日,国务院印发《国务院关于国家气象局机构编制的复函》(国函字〔1982〕163号),同意国家气象局下设办公室、计划财务司、仪器设备司、科技教育司、人事司、外事司、技术发展司、业务管理司。机关行政编制260人。同意设立行政管理局(事业单位)。

11 月 9 日,国务院办公厅印发《国务院办公厅转发国家气象局关于气象部门管理体制第二步调整改革的报告的通知》(国办发〔1982〕76 号)。通知明确:在全国实现自上而下的以气象部门为主的双重领导,省(自治区、直辖市)及以下气象部门既是上级气象部门的下属单位,又是同级人民政府的工作部门;国家气象局负责制定气象业务方针、政策,统一领导管理全国气象部门业务服务、科研教育、人员编制、机构设置、职工管理、事业计划、事业和基建经费、劳动工资、物资器材等工作;各级地方党政部门负责领导和布置地方气象服务和地方气象事业建设,监督和检查气象部门贯彻执行方针、政策情况,负责气象部门政治思想、党团行政、生活管理。

1983 年

1 月 20 日,国家气象局印发《关于广东省深圳、珠海市气象台管理体制问题的通知》(国气办字〔1983〕1 号),同意深圳、珠海两市气象台仍维持当地政府与省气象局双重领导,以当地政府领导为主的管理体制。

3 月 29 日,国务院办公厅印发《国务院办公厅转发国家气象局关于全国气象部门机构改革方案的报告的通知》(国办发〔1983〕22 号)。全国气象部门从1983 年起将进行管理体制第二步调整改革,实行气象部门与地方政府双重领导,以气象部门为主的管理体制。

4 月 12 日,中央组织部干任字〔1983〕381 号文通知,中共中央同意章基嘉任国家气象局党组副书记。

1984 年

1 月 9 日,国家气象局与财政部联合下发《关于提高航空天气报和危险天气报收费标准的通知》(国气计字〔1984〕4 号)。明确从 1983 年 12 月 1 日起,航危报按邮电部门新的收费标准收费。

1985 年

12 月 18 日,国务院办公厅印发《国务院办公厅转发国家气象局基准气候站观测环境保护规定的通知》(国办发〔1985〕87 号)。规定对基准气候站周围环境的保护、基准气候站的搬迁等提出了要求。

1986 年

2 月 17 日,国家气象局、财政部联合以国气计字〔1986〕266 号文印发《气象部门预算外资金管理试行办法》。该办法就预算外资金的范围、收入的分配与使用、管理及会计制度和报表等做了明确规定。

1987 年

6 月 16 日,劳动人事部以劳人编〔1987〕94 号文批复国家气象局《关于全国气象事业单位的请示》(国气人发〔1986〕346 号),同意国家气象局设立机关直属事业单位 20 个,连同地方气象局(台、站),全国气象事业单位人员编制总数共6.6117 万人。机关直属事业单位 20 个,事业编制共 4668 人。

1988 年

8 月 15 日,国务院批准国家计委、财政部、国家气象局《关于请地方财政合理分担部分气象经费的请示》。请示要求:各级地方政府要把为当地服务的气象事业发展建设列入本地社会经济发展规划和计划,在国家计委和中央财政继续分别承担全国气象事业主要基建投资和事业费的同时,请地方计划部门解决主要为地方城乡经济建设服务需要而新增加项目的基建投资;请地方财政部门尽量酌情解决主要为地方城乡经济建设需要而新增加项目的事业经费和其他开支。

9 月 10 日,国务院总理李鹏主持召开国家机构编制委员会第六次会议,审议通过了国家气象局"三定"方案。国家气象局机构设置为:办公室、天气预报警报管理司、气候监测应用管理司、科技教育司、计划财务司、人事劳动司、技术装备司、外事司、政策法规司,行政编制为 260 人。

10 月 6 日,国家机构编制委员会印发《国家气象局"三定"方案》(国机编〔1988〕31 号)。

10 月 26 日—11 月 2 日,全国气象局长工作研讨会在江苏宜兴召开,会议讨论修改了《中华人民共和国气象法》草案。

1990 年

3 月 24 日,国家气象局下发《气象部门有突出贡献的中青年科学、技术、管理专家选拔管理试行办法》(国气人发〔1990〕38 号)。

4 月 26 日,国家气象局以国气计发〔1990〕88 号文向国家计委报送了关于增列"静止气象卫星工程(552-5 工程)"和"中期数值天气预报系统工程"为 1990年国家大中型新开项目的请示。此件 9 月 21 日经国家计委批准。

1991 年

3 月 22 日,国家气象局以国气人发〔1991〕38 号文批复国家气象中心机构编制清理调整方案,清理整顿后的国家气象中心下设办公室等 10 个处级机构。人员编制 790 人,中心领导职数 5 人,处级职数 39 人。

4 月 16 日,国家气象局印发《关于实施行业管理的意见》(国气法发〔1991〕9 号)。

1992 年

7 月 11 日,国家气象局发布一号令《发布天气预报管理暂行办法》。

1993 年

4 月 19 日,国务院印发《关于国务院机构设置的通知》(国发〔1993〕25 号)。通知指出,国家气象局由国务院直属机构改为国务院直属事业单位,改称"中国气象局",为 8 个国务院直属事业单位之一。

6 月 14 日中央机构编制委员会办公室通知,国家气象局更名为中国气象局,继续履行原国家气象局的职能。

1994 年

4 月 26 日,国务院办公厅印发《中国气象局机构编制方案》(国办发〔1994〕61 号)。方案决定:将国家气象局更名为中国气象局,为国务院直属事业单位,经国务院授权,继续承担全国气象工作的政府行政管理职能;强化对气象事业宏观管理的职能,完善以部门为主的双重领导管理体制,完善与双重领导体制相适应的双重计划财务体制,推进气象事业结构调整。中国气象局机构设置为:办公室、业务发展与天气司、气象服务与气候司、科技教育司、计划财务司、人事劳动司、政策法规司、产业发展与装备部、国际合作部共 9 个职能司(室、部),机关编制为 252 名。

5 月 13 日,人事部、中国气象局联合印发《气象事业单位贯彻〈事业单位工作人员工资制度改革方案〉的实施意见》(人薪发〔1994〕21 号)。

8 月 18 日,国务院总理李鹏签发中华人民共和国国务院第 64 号令,发布《中华人民共和国气象条例》,自发布之日起施行。

8 月,根据《国家公务员暂行条例》,经人事部批准,中国气象局人事劳动司印发《中国气象局推行国家公务员制度的实施意见》和《中国气象局机关实施国家公务员制度人员过渡办法》(中气人发〔1994〕238 号),中国气象局机关依照国家公务员制度管理。

1995 年

10 月 26 日,中央机构编制委员会办公室印发《全国各地气象部门机构编制方案》(中编发〔1995〕13 号)。方案明确:省级气象局内设机构由原来的平均 11

个减少到 9 个左右,直属单位一般设置 8 个左右;地、州、市气象局内设机构一般控制在 5 个左右;县(市)气象机构不设内设机构,实行一专多能;气象部门的人员编制总数为 61132 人(不含海南省)。

1996 年

6 月 16 日,中央组织部以组任字〔1996〕84 号文,任命温克刚为中国气象局党组书记。8 月 1 日,国务院以国人字〔1996〕69 号文,任命温克刚为中国气象局局长。10 月 8 日,国务院以国人字〔1996〕89 号文,任命邹竞蒙为中国气象局名誉局长。

11 月,人事部印发《关于同意各省(区、市)气象局依照国家公务员制度管理的批复》(人函〔1996〕268 号),省(自治区、直辖市)气象局机关依照国家公务员制度管理。

1997 年

5 月 24—28 日,全国气象局长工作研讨会在山东青岛召开。会议对气象事业性质的法律定位等 6 个重大问题进行了讨论,并对《中华人民共和国气象法(讨论稿)》进行修改。

11 月 27 日,国务院办公厅转发《中国气象局〈关于加快发展地方气象事业的意见〉》(国办发〔1997〕43 号)。意见主要内容:发展地方气象事业,建立与国家财政体制相适应的地方气象投入体制,地方各级人民政府要充分考虑到气象部门的特殊性,切实采取措施改善气象职工的工作和生活条件。

12 月 27 日,重庆市气象局成立。

1998 年

3 月 11 日,国家技术监督局、中国气象局以技监局评发〔1998〕37 号文下发关于对各级防雷检测机构开展计量认证工作的通知。

10 月 19 日,国务院办公厅印发《中国气象局职能配置、内设机构和人员编制规定》(国办发〔1998〕137 号)。规定指出,中国气象局是经国务院授权、承担全国气象工作政府行政管理职能的国务院直属事业单位。中国气象局设办公室、监测网络司、预测减灾司、科技教育司、计划财务司、人事劳动司、政策法规司、外事司 8 个职能司(室)和机关党委,机关事业编制 200 名。离退休干部工作机构、后勤服务机构及编制按有关规定另行核定。中国气象局新的机构于 1999 年 1 月 1 日起运行。

1999 年

1 月 1 日,根据国务院批准的《中国气象局职能配置、内设机构和人员编制规定》,中国气象局开始按新机构运行。

3月23日,经中国气象局党组决定,重组中国气象局行政管理局和机关服务中心,实行后勤管理职能和服务分开。

3月25日,中国气象局下发《关于加强议事协调机构和临时机构管理问题的通知》(中气人发〔1999〕19号)。

10月31日,经第九届全国人大常委会第十二次会议审议通过,由国家主席江泽民签发第23号主席令公布《中华人民共和国气象法》,自2000年1月1日起施行。这是中国第一部气象法律。

2000年

1月1日,《中华人民共和国气象法》开始施行。

11月23日,中央组织部在中国气象局全体干部大会宣布党中央、国务院的任命:秦大河任中国气象局局长、党组书记。

2001年

7月14日,中央机构编制委员会印发《地方国家气象系统机构改革方案》(中编发〔2001〕1号)。方案主要明确管理机构新增和加强的职能以及调整后的主要职责;国家气象系统地方编制由原来的61132名(不含海南省)减为54032名。

11月9日,人事部批复副省级市及地(市)气象管理机构依照公务员制度管理,同意地方国家气象系统副省级市及地(市)级气象管理机构列入依照国家公务员制度管理范围。同日,科技部体改司召开包括中国气象局在内的4部门有关单位负责人会议,对改革作了具体部署。中国气象局全面启动所属科研机构分类改革。

12月14日,中国气象局下发《气象部门基本建设管理办法》(气发〔2001〕220号)。

12月27日,中国气象局印发《中国气象局所属国有企业人事劳动管理暂行办法》(气发〔2001〕242号)。

2002年

3月19日,国务院总理朱镕基签署中华人民共和国国务院第348号令,公布《人工影响天气管理条例》,自2002年5月1日起施行。

7月10日,中国气象局印发《气象部门财政国库管理制度改革试点资金支付管理办法实施细则》(气发〔2002〕119号)和《气象部门财政国库管理制度改革试点会计核算暂行办法》(气发〔2002〕220号)。

7月22日,中国气象局印发《气象部门项目支出预算管理办法(试行)》(气发〔2002〕239号)和《气象部门基本支出预算管理办法(试行)》(气发〔2002〕240号)。

11月20日,中国气象局下发《关于加强对编制外聘(雇)用人员管理的通知》(气发〔2002〕375号)。

11月25日,中国气象局印发《中国气象局非营利性科研机构科学支出管理办法(暂行)》(气发〔2002〕384号)。

2003年

5月23日,中央编制办公室以中央编办复字〔2003〕18号文批准成立中国气象局大气探测技术中心。

6月30日,中国气象局党组印发《关于印发〈气象部门领导班子后备干部工作办法〉的通知》(中气党发〔2003〕34号)。

2004年

5月17日,中国气象局、国家安全生产监督管理局、中国民用航空总局、国务院中央军委空中交通管制委员会办公室联合印发《关于加强对气球和风筝等升空物体管理确保航空飞行安全的通知》(气发〔2004〕126号)。

10月8日,中国气象局、建设部联合印发《关于加强气象探测环境保护的通知》(气发〔2004〕247号)。

2005年

8月16日,中国气象局印发《关于印发〈气象部门财政国库管理制度改革资金支付管理办法实施细则〉的通知》(气发〔2005〕186号)。

8月17日,中国气象局印发《关于印发〈气象部门财政国库管理制度改革会计核算办法〉的通知》(气发〔2005〕192号)和《关于印发〈气象部门财政国库管理制度改革年终预算结余资金管理暂行办法〉的通知》(气发〔2005〕193号)。

2006年

7月10日,中国气象局、中国民用航空总局、国务院中央军委空中交通管制委员会办公室联合印发《关于进一步加强施放气球安全管理工作的通知》(气发〔2006〕184号)。

7月26日,中国气象局、国家安全生产监督总局联合印发《关于进一步加强防雷安全管理工作的通知》(气发〔2006〕199号)。

2007年

3月22日,中国共产党中央委员会通知:郑国光任中国气象局党组书记。

4月4日,国务院通知:任命郑国光为中国气象局局长。

6月27日,《中国气象局关于印发〈气象部门事业单位岗位设置管理实施意见(试行)〉的通知》(气发〔2007〕212号)印发。

8月30日,《中国气象局关于印发〈气象科技服务财务管理暂行办法〉的通知》(气发〔2007〕302号)印发。

10月3日,《中国气象局关于印发〈中国气象局工作规则〉的通知》(气发〔2007〕371号)印发。

10月26日,《中国气象局关于开展艰苦气象站运行机制改革试点工作的通知》(气发〔2007〕376号)印发。

2008年

12月1日,中国气象局下发《气候可行性论证管理办法》,自2009年1月1日起施行。

2009年

4月16日,中国气象局印发《中国气象局内设机构调整实施方案》(气发〔2009〕140号)。

8月27日,第十一届全国人民代表大会常务委员会第十次会议审议通过《全国人大常委会关于积极应对气候变化的决议》。

2010年

1月20日,国务院总理温家宝主持召开国务院第98次常务会议,审议并原则通过《气象灾害防御条例(草案)》。27日,国务院总理温家宝签发国务院第570号令,公布《气象灾害防御条例》。

4月26日,全国气象部门第五次西藏工作会议在四川成都召开。会议主要贯彻落实中央第五次西藏工作座谈会精神,总结2001年以来西藏气象事业发展取得的成绩和经验,分析西藏气象工作面临的形势,明确推进西藏气象事业又好又快发展的目标任务,对推动四川、云南、甘肃、青海省藏区气象事业实现更大发展做出部署。

5月11日,人力资源和社会保障部、财政部发出《关于同意提高艰苦气象台站津贴标准的函》(人社部函〔2010〕145号)。

9月21日,中央机构编制委员会办公室批复,同意海南省气象局实行中国气象局与海南省人民政府双重领导,以中国气象局领导为主的管理体制。

10月22日,全国气象部门新疆工作会议在乌鲁木齐召开。会议主要贯彻落实中央有关新疆工作座谈会精神以及中央领导同志关于气象工作的重要指示精神,全面总结新疆气象工作取得的成绩和经验,深刻分析推动新疆跨越式发展和长治久安对气象工作提出的新要求。

2011 年

7 月 21 日,中国气象局令第 20 号发布《防雷减灾管理办法》,自 2011 年 9 月 1 日起施行。

8 月 1 日,中国气象局印发《关于印发全面推进气象依法行政规划(2011—2015 年)的通知》(气发〔2011〕62 号)。

2012 年

1 月 13 日,中央机构编制委员会办公室批复,同意中国气象局行政管理局更名为中国气象局资产管理事务中心。

8 月 29 日,国务院总理温家宝签署国务院第 623 号令,公布《气象设施和气象探测环境保护条例》,自 2012 年 12 月 1 日起正式施行。

2013 年

5 月 31 日,中国气象局以第 24 号令,公布《中国气象局关于修改〈防雷减灾管理办法〉的决定》,以第 25 号令,公布《中国气象局关于修改〈防雷工程专业资质管理办法〉的决定》。

8 月 2 日,中国气象局印发《中国气象局关于印发〈防雷工程专业资质认定细则〉的通知》(气发〔2013〕68 号)。

9 月 10 日,中国气象局、国家标准化管理委员会联合印发《中国气象局、国家标准化管理委员会关于印发〈气象标准化管理规定〉的通知》(气发〔2013〕82 号)。

2014 年

7 月 25 日,中国气象局发布行业标准通告,发布《雾的预警等级》(QX/T 227—2014)、《区域性高温天气过程等级划分》(QX/T228—2014)、《风预报检验方法》(QX/T229—2014)等 13 项气象行业标准,并于 2014 年 12 月 1 日起实施。

8 月 31 日,第十二届全国人民代表大会常务委员会第十次会议通过《全国人民代表大会常务委员会关于修改〈中华人民共和国保险法〉等五部法律的决定》(第 14 号主席令公布),对《中华人民共和国气象法》作出修改,将第二十一条修改为:"新建、扩建、改建建设工程,应当避免危害气象探测环境;确实无法避免的,建设单位应当事先征得省(自治区、直辖市)气象主管机构的同意,并采取相应的措施后,方可建设。"

9 月 3 日,国家质量监督检验检疫总局、国家标准化管理委员会发布 2014

年第 21 号国家标准公告,颁布《小型水力发电站汇水区降水资源气候评价方法》(GB/T31153—2014)等 13 项气象领域国家标准,并于 2015 年 1 月 1 日起实施。

9 月 30 日,国家质量监督检验检疫总局、国家标准化管理委员会发布中华人民共和国第 22 号公告,批准《气象探测环境保护规范·地面气象观测站》(GB 31221—2014)等 4 项强制性国家标准正式发布,并于 2015 年 1 月 1 日起实施。

10 月 24 日,中国气象局发布行业标准通告,发布《光化学烟雾判识》(QX/T240—2014)、《光化学烟雾等级》(QXT241—2014)、《城市总体规划气候可行性论证技术规范》(QXT242—2014)等 15 项气象行业标准,并于 2015 年 3 月 1 日起实施。

11 月 4 日,中国气象局党组印发《关于加强新疆气象工作保障新疆社会稳定和长治久安的意见》。

11 月 30 日,人力资源社会保障部、财政部印发《人力资源社会保障部、财政部关于同意部分气象台站列入艰苦台站津贴执行范围及调整部分艰苦气象台站津贴类别的函》(人社部函〔2014〕201 号),同意从 2015 年 1 月 1 日起将 208 个气象台站列入艰苦台站津贴执行范围。

2015 年

1 月 14 日,中国气象局党组印发《关于全面推进气象法治建设的意见》(中气党发〔2015〕1 号)。

4 月 2 日,中国气象局印发《气象行政审批制度改革实施方案》(气发〔2015〕19 号)。

5 月 26 日,中国气象局办公室下发《关于取消第一批行政审批中介服务事项的通知》(气办发〔2015〕22 号),取消"雷电灾害风险评估""防雷产品测试""新建、扩建、改建建筑工程与气象探测设施或观测场布局图"和"新迁建气象站现址现状图、新址规划图"等 4 项行政审批中介服务事项。

5 月 27 日,中国气象局办公室印发《关于做好取消非行政许可审批事项衔接落实工作的通知》(气办发〔2015〕25 号)。

10 月 16 日,中国气象局印发《中国气象局关于认真落实国务院第一批取消中央指定地方实施行政审批事项和清理规范第一批行政审批中介服务事项有关要求的通知》(气发〔2015〕72 号)。

11 月 12 日,中国气象局防雷减灾体制改革研讨会在北京召开,会议听取试点省关于防雷减灾体制改革试点工作推进情况汇报,研讨推进防雷减灾体制改革的具体举措,分析重点、难点问题,进一步统一思想,落实具体改革措施。

12月17日,中央编办印发《中央编办关于调整中国气象局监察机构编制的通知》(中央编办发〔2015〕16号),要求中国气象局不再保留内设监察机构,相应核减机关财政补助事业编制1名。

12月21日,中国气象局党组印发《关于防雷减灾体制改革的意见》(中气党发〔2015〕53号)。

2016年

1月23日,中国气象局党组书记郑国光主持召开中国气象局党组全面深化气象改革领导小组2016年第2次会议。研究明确全面实施防雷减灾体制改革、继续深化气象服务体制改革、扎实推进气象业务体制改革、完善气象科技创新体制机制、完善气象管理体制改革、继续推进气象行政审批制度改革、做好国家相关改革政策研究和落实的重点推进任务及时间进度。

3月7日,中国气象局召开防雷减灾体制改革推进会。主要任务是:贯彻落实中央关于全面深化改革的总体部署和《国务院关于第二批清理规范192项国务院部门行政审批中介服务事项的决定》,贯彻落实《中共中国气象局党组关于防雷减灾体制改革的意见》,交流防雷减灾体制改革试点单位经验和成果,全面推进防雷减灾体制改革工作。

4月2日,以中国气象局第28号令,公布《气象专用技术装备使用许可管理办法》,自2016年6月1日起施行。

4月7日,中国气象局局长郑国光签署中国气象局令第29号、第30号、第31号,公布《新建扩建改建建设工程避免危害气象探测环境行政许可管理办法》(中国气象局令第29号)和《气象台站迁建行政许可管理办法》(中国气象局令第30号),自2016年9月1日起施行。公布《雷电防护装置检测资质管理办法》(中国气象局令第31号),自2016年10月1日起施行。

4月8日,中国气象局党组印发《关于全面推进西藏气象现代化保障西藏经济社会发展和长治久安的意见》,贯彻落实中央第六次西藏工作座谈会精神,结合西藏气象工作实际,就新形势下全面推进西藏气象现代化、保障西藏经济社会发展和长治久安提出要求。同日,中国气象局党组印发《关于加强四川云南甘肃青海省藏区气象工作保障四省藏区经济社会发展和长治久安的意见》,贯彻落实中央第六次西藏工作座谈会精神,就新形势下四川、云南、甘肃、青海省藏区加强气象工作、保障四省藏区经济社会发展和长治久安提出指导意见。

7月8日,《中国气象局关于贯彻落实国务院关于优化建设工程防雷许可决定精神的通知》(气发〔2016〕48号)印发。

11月15日,中国气象局等11部委印发《关于贯彻落实国务院关于优化建设工程防雷许可的决定的通知(气发〔2016〕79号)。

12月5日,中国气象局召开干部大会。受中央领导同志委托,中共中央组织部副部长邓声明在会上宣布中共中央关于中国气象局主要领导调整的决定:刘雅鸣任中国气象局党组书记、局长,免去郑国光中国气象局党组书记、局长职务,郑国光任中国地震局党组书记、局长。

2017年

1月18日,《中国气象局关于废止部分部门规章的决定》(中国气象局令第32号)公布。《气象行政许可实施办法》(中国气象局令第33号)公布,《气象行业管理若干规定》(中国气象局令第34号)公布,均自2017年5月1日起施行。

2月10日,《中国气象局关于发布〈厄尔尼诺/拉尼娜事件判别方法〉等5项气象行业标准的通告》(气发〔2017〕11号)印发。

3月2日,中国气象局党组全面深化气象改革领导小组2017年第1次会议召开,会议深入学习中央全面深化改革领导小组第三十二次会议精神和习近平总书记有关全面深化改革的重要讲话精神,听取2017年全面深化气象改革工作部署情况汇报,审议《中国气象局关于进一步贯彻落实国务院优化建设工程防雷许可决定的实施意见》。

3月19—24日,全国人大农委有关领导赴海南省开展《中华人民共和国气象法》执法检查工作。

3月27日,《中国气象局关于进一步贯彻落实〈国务院关于优化建设工程防雷许可的决定〉的实施意见》(气发〔2017〕16号)印发。

5月4日,《中国气象局关于印发〈气象探测资料汇交管理办法〉的通知》(气发〔2017〕31号)印发。

6月11日,《中国气象局关于发布〈气象信息服务监督检查规范〉等10项气象行业标准的通告》(气发〔2017〕36号)印发。

9月19—20日,全国防雷减灾体制改革现场推进会在浙江召开。会议通报了中国气象局发展研究中心防雷改革评估情况和中央纪委驻农业部纪检组调研报告。浙江、安徽、广东、云南省气象局介绍了防雷减灾体制改革的相关经验和做法,北京等27个省(自治区、直辖市)气象局分别汇报了防雷减灾体制改革推进情况。

10月30日,《中国气象局关于发布〈穿衣气象指数〉等17项气象行业标准的通告》(气发〔2017〕71 号)印发。

10 月 31 日,《中国气象局办公室关于印发〈中国气象局法律顾问管理办法〉的通知》(气办发〔2017〕26 号)印发。

12 月 29 日,《中国气象局关于发布〈防雷安全检查规程〉等 14 项气象行业标准的通告》(气发〔2017〕90 号)印发。

2018 年

8 月 17 日,中国气象局党组印发《中共中国气象局党组关于适应新时代要求大力发现培养选拔优秀年轻干部的实施意见》(中气党发〔2018〕77 号)。

9 月 4 日,中国气象局党组印发《中共中国气象局党组关于进一步激励气象干部新时代新担当新作为的实施意见》(中气党发〔2018〕89 号)。

八、党的建设和文化建设

1978 年

10 月 7—20 日,中央气象局在天津和北京召开全国气象部门学大寨学大庆先进集体先进工作者代表会议。

1979 年

12 月 28 日,国务院发出关于表彰农业、财贸、教育、卫生、科研战线全国先进单位和全国劳动模范的决定。在决定中被授予全国气象系统先进单位的有:广西壮族自治区桂平县气象站,福建省同安县莲花公社农科站气象哨,江西省奉新县气象站,山西省五台山气象站。被授予全国气象系统劳动模范的有 9 个人。

1980 年

5 月 26 日,根据中共中央组织部〔1980〕9 号文件精神,中央气象局决定撤销局政治部,成立直属机关党委,下设办公室、组织处、宣传处。同时,决定撤销北京气象中心、气象科学研究院、卫星气象中心政治处,分别成立党委办公室和人事处;撤销六四二管理处政工组,成立党委办公室(含人事工作)。遵照中央纪委和中央组织部 1979 年 3 月 17 日通知,决定成立中央气象局党组纪律检查组,下设办公室,6 月正式成立。

1981 年

9 月 17 日,中央气象局以中气〔1981〕22 号文件发出通知,要求全国气象部门广泛深入开展向共产党员隋金堂(吉林省长白山天池气象站副站长)、田志发(吉林省通化县气象站站长)学习的活动。

1982 年

9 月 12 日,邹竞蒙同志在中国共产党第十二次代表大会上当选为中央候补委员。

1983 年

2 月 3 日,国家气象局召开机关全体干部和直属单位处以上干部会议。国家气象局局长邹竞蒙传达胡耀邦同志在全国职工政治思想工作会议上关于改革的重要讲话。

1984 年

国家气象局党组召开扩大会议(司局级干部参加),传达胡耀邦同志关于"振奋精神、改进作风、少说空话、多办实事"的重要讲话。

1985 年

6 月 15 日,"祖国为边陲优秀儿女挂奖章"活动评选指导委员会在人民大会堂召开挂奖章大会,70 名边陲优秀气象工作者出席大会。气象部门荣获 1 个先进集体,2 人获金质奖章,14 人获银质奖章和 58 人获铜质奖章。

1986 年

1 月 19 日,沈阳中心气象台在中央防汛总指挥部召开的全国抗洪模范抗洪先进集体表彰大会上荣获"全国抗洪先进集体"称号。

1987 年

6 月 13 日,国家气象局召开森林扑火救灾气象服务表彰大会。会上发布嘉奖令,有 12 个先进集体和 36 位先进个人受到嘉奖。

1988 年

3 月 13—19 日,邹竞蒙同志在北京参加党的十三届二中全会。

1989 年

9 月 30 日,国家气象局副局长章基嘉、马鹤年会见来北京出席全国劳动模范和先进工作者表彰大会的代表。

1990 年

2 月 19 日,国家森林防火总指挥部召开表彰全国森林防火先进单位和模范个人电话会议。国家气象中心、卫星气象中心应用服务室、黑龙江省气象局、吉林省气象科学研究所被授予"全国森林防火先进单位"光荣称号,云南省气象台张静忠被授予"全国森林防火模范"光荣称号。国家气象局副局长骆继宾出席了会议。

1991 年

6 月 29 日,国家气象局、人事部在北京联合召开陈素华命名表彰大会,国家气象局副局长温克刚主持大会。陕西省委副书记安启元、国家气象局局长邹竞蒙出席会议并讲话;人事部考核奖惩司副司长邹日光宣读了人事部、国家气象局授予陕西省商洛地区气象局政工科长陈素华"全国气象系统模范工作者"称号的决定;陈素华作了事迹报告。出席大会的还有国家气象局副局长马鹤年、陕西省宣传部、商洛地委以及中央组织部、中宣部、中央国家机关党工委的有关负责同志。

12 月 13 日,国家气象局以国气政发〔1991〕7 号文发出关于表彰 1991 年防汛减灾气象服务先进集体和先进个人的决定,授予安徽省气象台等 12 个单位"全国气象部门 1991 年防汛减灾气象服务先进集体标兵"称号;给予马琼等 17 人以通令嘉奖;授予江苏省兴化市气象局等 38 个单位"全国气象部门 1991 年防汛减灾气象服务先进集体"称号;授予丁松年等 81 人"全国气象部门 1991 年防汛减灾气象服务先进个人"称号。

1992 年

4 月 6—8 日,国家气象局党组召开扩大会议,学习邓小平同志视察南方时的重要谈话和中央政治局会议精神,讨论、研究气象部门如何贯彻中央精神。会议要求,各级气象部门要抓改革促发展,通过深化改革,使气象科技进入经济建设主战场,充分发挥科学技术是第一生产力的作用。国家气象局党组书记邹竞蒙在会议开始时讲话,党组副书记温克刚作会议总结,党组成员骆继宾、马鹤年、李黄同志以及局各职能机构、直属单位负责人出席会议。

10 月 21—28 日,国家气象局党组召开扩大会议,学习领会江泽民总书记在十四大的报告,研究气象部门如何贯彻十四大精神的问题。国家气象局党组书记邹竞蒙传达了十四大的盛况,并宣讲了江泽民总书记的报告。温克刚同志传达了江泽民总书记在十四届一中全会上的重要讲话并代表局党组作了会议小结。

1993 年

10 月 16 日,中国气象局党组召开民主生活会,主要内容是"廉洁自律自查自纠"。中央国家机关党工委、中央纪委、中央组织部、人事部派人参加了会议。

12 月 25 日,中国气象局在北京举行毛泽东同志诞辰 100 周年纪念大会。

1994 年

1 月 4—7 日,中国气象局党组召开扩大会议,学习贯彻党的十四届三中全会决定,研究部署 1994 年的气象工作。

7 月 1 日,中国气象局机关党委在北京召开"一先两优"表彰大会,纪念中国共产党成立 73 周年。中国气象局党组书记、局长邹竞蒙,副局长马鹤年、李黄、颜宏和局机关及直属单位的近千名党员出席了大会。

1995 年

4 月 3 日,中国气象局印发中共中国气象局党组《关于因公出国人员政治审查暂行规定》(中气党发〔1995〕17 号)。

4 月 24—26 日,气象部门培养选拔优秀年轻干部工作座谈会在湖北省武汉市召开。

10 月 4—5 日,中国气象局党组召开扩大会议,传达、学习中共中央十四届五中全会精神。7—13 日,党组扩大会议第二阶段会议,学习了《邓小平同志建设有中国特色社会主义理论纲要》及李鹏总理、姜春云副总理最近有关气象工作的 4 次讲话,联系部门实际讨论《气象事业 15 年发展规划(1996—2010 年)》及《气象事业发展第九个五年计划(1996—2000 年)》和各分专业计划。

1996 年

1 月 26 日,我国第一部气象题材的故事片《笑傲云天》的首映式在国务院小礼堂举行。国务院副总理姜春云、国务委员宋健、国务院副秘书长刘济民在中国气象局局长邹竞蒙,副局长温克刚、李黄的陪同下观看了影片。

4 月 26 日,中国气象局召开陈金水同志先进事迹报告会,中宣部、人事部、中央国家机关工委、西藏自治区和新华社等单位有关部门领导出席,著名歌唱家胡松华到会演唱表示敬意;1300 多人听取了报告。报告会由中国气象局局长邹竞蒙主持,副局长马鹤年宣读中国气象局《关于授予陈金水同志"模范气象工作者"称号的决定》,副局长李黄宣读中国气象局《关于开展向陈金水同志学习的决定》,局长邹竞蒙向陈金水同志颁发了荣誉证书。

1997 年

2 月 17 日,中国气象局下发《关于加强气象部门领导干部出国管理的规定》。

1998 年

4 月 16 日,中国气象局以中气人发〔1998〕29 号文将"中国气象局精神文明建设领导小组"更名为"中国气象局精神文明建设指导委员会",中国气象局局长温克刚任委员会主任,刘英金任副主任。

5月5—8日,全国气象部门文明服务示范单位经验交流会在山东威海召开。

11月10日,1998年全国科技抗洪救灾先进集体和先进个人表彰新闻发布会在北京举行。气象部门有9个单位和17名个人获此荣誉。

1999 年

6月15日,中央文明办、国务院纠风办联合召开"深入开展优质规范化服务,大力倡导文明行业新风电视电话会议",公布了第二批开展规范化服务的5个部门,中国气象局名列其中。

11月10日,重庆市首家"文明行业"在重庆市气象局挂牌。中国气象局局长温克刚,重庆市委书记贺国强、副书记刘志忠,市委常委税正宽,市委常委、市宣传部部长邢元敏,副市长程贻举等领导出席了由重庆市委办公厅组织的中国气象局和重庆市精神文明建设委员会共同授予重庆市气象部门"文明行业"命名授牌大会。

2000 年

1月24日,中国气象局印发《中国气象局精神文明建设指导委员会关于创建省级文明气象系统的若干规定》(中气文发〔2000〕1 号)。

12月25日,人事部、中国气象局下发《关于表彰全国气象系统先进集体和先进工作者的决定》(人发〔2000〕124 号)。授予 20 个单位"全国气象系统先进集体"荣誉称号,授予 20 人"全国气象系统先进工作者"荣誉称号。

12月27日,中国气象局下发《关于表彰全国气象部门双文明建设先进集体和先进个人的决定》(中气人发〔2000〕69 号)。授予 30 个单位"全国气象部门双文明建设先进集体"称号,授予 100 人"全国气象部门双文明建设先进个人"称号。

2001 年

1月11日,中国气象局召开会议传达中央纪委五次全会、中央国家机关十五次党的工作会议、中央"三讲"总结会议精神。

3月16日,中国气象局以中气人发〔2001〕14 号文转发中央组织部《党政领导干部任职试用期暂行规定》。

2002 年

2月22—24日,中央纪委驻中国气象局纪检组在北京召开各省(自治区、直辖市)气象局党组纪检组组长述职会和局务公开会议,中国气象局党组全体成员出席了会议。

8月21—23日,全国气象部门落实党风廉政建设责任制经验交流会在安徽合肥召开。安徽省委副书记、纪委书记杨多良、省纪委副书记、监察厅厅长陈履祥、省直工委副书记兼纪工委书记王军、中央纪委第四纪检监察室监察专员翁跃波出席开幕式。纪检组组长孙先健出席了会议。

2003 年

3月8日,中国气象局党组印发《关于印发〈中共中国气象局党组关于 2003 年气象部门党风廉政建设和反腐败工作的意见〉的通知》(中气党发〔2003〕18 号)。

6月30日,中国气象局庆祝建党 82 周年暨兴起学习贯彻"三个代表"重要思想新高潮大会在北京举行。中国气象局副局长刘英金主持会议,纪检组组长孙先健宣读表彰决定,授予局办公室党支部等 7 个党支部"抗击非典先进基层党组织"称号;授予张国胜等 15 位同志"抗击非典优秀共产党员"称号。中国气象局党组书记、局长秦大河及党组成员为获奖单位和个人颁发了奖牌和证书。

2004 年

7月26日,中国气象局党组向中共中央组织部报送《关于中国气象局机关、直属单位干部调整工作的总结报告》(中气党发〔2004〕36 号)。

8月1—2日,全国气象部门十年干部援藏工作总结暨第三、四批援藏干部交接轮换会议在四川成都召开。会议总结了全国气象部门十年干部援藏工作的成绩和基本经验,并对进一步做好气象部门干部援藏工作提出了要求。

2005 年

4月30日,全国劳动模范和先进工作者表彰大会在人民大会堂召开。全国气象部门有 4 位同志被评为全国先进工作者。

10月15—16日,首届全国气象行业运动会在中国气象局隆重开幕。来自全国气象部门、气象院校、盐业气象、农垦气象共 40 个代表团 1000 余名运动员参加了运动会。

11月14日,中共中国气象局党组印发《关于印发〈气象部门干部任前公示办法〉的通知》(中气党发〔2005〕64 号)和《关于印发〈气象部门领导干部任用备案审批工作暂行规定〉的通知》(中气党发〔2005〕65 号)。

2006 年

2月13日,中国气象局党组下发《中共中国气象局党组关于 2006 年气象部门党风廉政建设和反腐败工作的意见》。

9月12—13日,全国气象部门廉政文化建设工作经验交流会议在广西南宁召开。中国气象局党组书记、局长秦大河出席会议并作重要讲话。

11月9日,中国气象局党组印发《关于认真贯彻落实〈关于党员领导干部报告个人有关事项的规定〉的通知》(中气党发〔2006〕42号)。

2007年

9月21日,中国气象局印发《关于授予崔广同志"模范气象工作者"称号的决定》(气发〔2007〕329号)。

9月30日,中国气象局党组印发《关于印发〈中共中国气象局党组工作规则〉的通知》(中气党发〔2007〕39号)。

2008年

10月21日,中国气象局召开会议传达全国落实党风廉政建设责任制电视电话会议精神。会议强调,党中央、国务院历来重视党风廉政建设和反腐败斗争,党风问题是关系到党生死存亡的问题,以胡锦涛为总书记的党中央对党风廉政建设给予高度重视,中共中央政治局审议并通过了《建立健全惩治和预防腐败体系2008—2012年工作规划》。为此,中国气象局党组下发了贯彻实施办法,进一步加强气象部门的党风廉政建设。

12月8日,中国气象局成立60周年庆祝大会在北京召开。

12月17日,《中央纪委驻中国气象局纪检组参加党员领导干部民主生活会暂行办法》印发。

12月1日和2日,中国气象局先后召开局务公开工作领导小组会和党风廉政宣传教育联席会议,研究审议气象部门局务公开示范点和廉政文化示范点命名事宜。会议审议通过了首批全国气象部门局务公开示范点93个、廉政文化示范点35个。中国气象局党组成员、中央纪委驻局纪检组组长孙先健出席会议并讲话。

2009年

1月16日上午,中国气象局召开会议传达贯彻第十七届中央纪委第三次全会精神。中国气象局党组书记、局长郑国光出席会议,并要求按照中央纪委第三次全会的精神和工作部署,抓紧起草《中国气象局党组关于2009年气象部门党风廉政建设和反腐败工作意见》。中央纪委驻局纪检组组长、局党组成员孙先健传达了胡锦涛总书记的重要讲话和第十七届中央纪委第三次全会精神。

3月9日,《中国气象局巡视工作暂行办法》印发。

3月25日,中国气象局召开会议,传达国务院第二次廉政工作会议精神。中国气象局党组书记、局长郑国光在会上要求各级气象部门要认真贯彻落实国务院第二次廉政工作会议精神,全面推进气象部门的反腐倡廉工作,确保气象事业科学健康发展。

4月20日,《中共中国气象局党组关于加强领导干部党性修养树立和弘扬优良作风的意见》印发。

2010年

1月22日,中国气象局直属机关召开会议,传达贯彻第十七届中央纪委第五次全会精神和中央国家机关第二十二次党的纪检工作会议精神,并研究安排2010年中国气象局直属机关党的纪检工作。

3月中旬,为深入学习贯彻落实胡锦涛总书记在十七届中央纪委第五次全会上的重要讲话精神和中央纪委第五次全会精神,中国气象局在全国气象部门部署开展了以"切实抓好反腐倡廉制度建设,不断提高制度执行力"为主题的第九个党风廉政宣传教育月活动。

3月31日,2010年春季中共中国气象局党组中心组学习会议召开,主题是继续深入学习党的十七大和十七届三中、四中全会精神以及中央领导同志近期关于气象工作的一系列指示精神,贯彻落实十一届全国人大三次会议、全国政协十一届三次会议和国务院第三次廉政工作会议精神以及《中国共产党党员领导干部廉洁从政若干准则》,高举中国特色社会主义伟大旗帜,以邓小平理论和"三个代表"重要思想为指导,继续深入贯彻落实科学发展观,加快经济发展方式转变,研究推动气象事业科学发展,加快现代气象业务体系建设和公共气象服务发展,切实增强领导科学发展的能力。

2011年

1月14日,2011年全国气象部门党风廉政建设工作会议在广东东莞召开。此次会议的主要任务是:深入贯彻党的十七大、十七届四中和五中全会、中央纪委第六次全会以及2011年全国气象局长会议精神,认真总结2010年气象部门党风廉政建设和反腐败工作,研究部署2011年任务。

3月28日,在2011年春季中共中国气象局党组中心组学习会议上,中国气象局党组书记、局长郑国光传达了国务院第四次廉政工作会议精神,要求加强领导,采取更加有力的措施,把气象部门各项廉政建设任务落到实处,确保政令畅通,加强廉洁自律和政风行风建设,为加快实现气象现代化、推动和谐部门建设提供有力保障。

5月12日,气象部门第十个党风廉政宣传教育月座谈会召开。中国气象局党组书记、局长郑国光要求各级气象部门领导班子和领导干部要认真学习宣传贯彻落实党风廉政建设责任制,确保2011年党风廉政建设和反腐败工作各项任务的顺利完成。会议指出:党风廉政建设重任在肩,气象部门一定要坚定信心、扎实工作,以改革创新的精神和求真务实的作风,全面推进气象部门党风廉政建设各项任务的落实,为做好各项气象工作保驾护航,以优良的党风、政风迎接建党90周年。

2012年

1月4日,中国气象局党组印发《中共中国气象局党组关于推进气象文化发展的意见》。这是中国气象局党组贯彻落实《中共中央关于深化文化体制改革推动社会主义文化大发展大繁荣若干重大问题的决定》精神,全面推进气象文化发展,增强气象软实力的重要举措。

3月27日上午,中国气象局党组书记、局长郑国光在2012年春季中国气象局党组中心组学习会议上,传达了国务院第五次廉政工作会议精神和温家宝总理重要讲话精神,要求切实把反腐倡廉工作摆在气象工作更加突出的位置抓紧抓好。

11月8—14日,中国共产党第十八次全国代表大会在北京召开。中国气象局局长郑国光作为大会代表参加会议,并当选为第十八届中央纪律检查委员会委员。

2013年

2月7日,《中共中国气象局党组关于2013年气象部门党风廉政建设和反腐败工作的意见》印发,总的要求是:深入贯彻落实党的十八大精神,按照十八届中央纪委第二次全会部署,紧紧围绕中心,坚持标本兼治、综合治理、惩防并举、注重预防的方针,明确重点、狠抓落实,改革创新、攻坚克难,深化党风廉政建设责任制的落实,严明党的纪律特别是政治纪律,认真贯彻落实中央"八项规定",深入推进惩防体系建设,着力提高气象部门纪律建设、作风建设和反腐倡廉建设的科学化水平,为气象事业科学发展提供坚强保证。

2月8日,中共中国气象局党组印发《气象部门2013年廉政风险防控工作方案》,总体要求是:紧密结合气象部门实际,以制约和监督权力运行为核心,以加强制度建设为基础,按照"层级管理、突出重点,先行先试、循序渐进,稳步开展、积累经验"的要求,深入开展重点领域和重要环节的廉政风险防控工作,不断提高党风廉政建设和反腐败工作的科学化水平。

9月17日,中国气象局党组书记、局长郑国光主持召开局教育实践活动领导小组第12次会议。会议认真学习了中共中央政治局常委、中央党的群众路线教育实践活动领导小组组长刘云山9月13日在部分中央督导组工作座谈会上的讲话精神和中央第30督导组关于贯彻落实讲话精神的要求,强调开好民主生活会是党的群众路线教育实践活动的重中之重,征求意见、查摆问题要深化,谈心交心要聚焦"四风",对照检查材料要认真撰写。会议要求切实贯彻中央精神,研究中国气象局的具体贯彻落实措施。

9月29日,中国气象局党组书记、局长郑国光分别主持召开党组会和党组中心组学习会议,集体观看9月25日中央电视台《新闻联播》和《焦点访谈》节目,认真学习领会《关于组织学习习近平总书记指导河北省委常委领导班子专题民主生活会有关新闻报道的通知》精神,围绕习近平总书记讲话精神进行讨论,对贯彻落实工作进行部署。

11月5—15日,按照中国气象局党的群众路线教育实践活动安排,中国气象局党组书记、局长郑国光,局党组副书记、副局长许小峰,局党组成员、副局长沈晓农,中央纪委驻局纪检组组长、局党组成员刘实,局党组成员、副局长于新文分别深入到部分直属单位、省气象局,参加相关单位领导班子专题民主生活会,实地指导查摆"四风"问题、以整风精神开展批评和自我批评,并要求高标准、高质量地做好整改落实、建章立制的各项工作,保证教育实践活动有始有终、善做善成。

11月6日,中国气象局党组召开党的群众路线教育实践活动专题民主生活会。按照"照镜子、正衣冠、洗洗澡、治治病"的总要求,以"为民、务实、清廉"为主题,以"反对'四风'、服务群众"为重点,局党组成员围绕贯彻落实中央"八项规定"、聚焦"四风"对照检查,深入查摆问题、深刻剖析根源,认真开展批评和自我批评,进一步明确努力的方向和具体整改措施。中国气象局党组书记、局长、局教育实践活动领导小组组长郑国光主持会议,中央第30督导组组长吴定富到会指导并讲话。

11月27日,中国气象局党组书记、局长郑国光主持召开党组会暨局教育实践活动领导小组第18次会议,学习领会中央精神,认真组织开展"回头看",推动整改落实、建章立制等各项工作扎实开展。

2014 年

1月8日,中国气象局党的群众路线教育实践活动民主评议会召开。中国气象局党组书记、局长郑国光就活动基本情况、初步成效等进行介绍,并谈体会及下一步打算,强调要狠抓整改落实,巩固活动成果,加强组织领导,切实抓好第二批教育实践活动。

1月20日,中国气象局召开2014年全国气象部门党风廉政建设工作电视电话会议,传达十八届中央纪委三次全会精神,总结2013年气象部门党风廉政建设和反腐败工作,部署2014年任务。

1月28日,中共中国气象局党组印发《气象部门2014年廉政风险防控体系建设工作方案》,总体要求是:紧密结合气象部门实际,针对重点对象、重点领域和关键环节,以制约和监督权力运行为核心,以加强制度建设为重点,以现代信息技术为支撑,构建权责清晰、流程规范、风险明确、措施有力、制度管用、预警及时的风险防控体系,不断提高党风廉政建设和反腐败工作的科学化、制度化和规范化水平。

3月6日,全国气象部门第二批党的群众路线教育实践活动部署电视电话会议在北京召开,中国气象局党组书记、局长、局党的群众路线教育实践活动领导小组组长郑国光在会上指出,要把握总要求、重点任务,抓好各环节工作,着力解决"四风"问题,确保活动扎实推进。中央第12巡回督导组组长邢元敏出席会议;副组长钟攸平讲话,提出"一把手"既要挂帅,更要出征;督导既要从严,更要从实等要求。

3月21日,中共中国气象局党组关于贯彻落实《建立健全惩治和预防腐败体系2013—2017年工作规划》的实施办法,提出经过5年不懈努力,坚决遏制气象部门某些领域腐败等违纪违法问题易发多发的势头,取得干部群众比较满意的进展和成效。作风建设得到进一步加强,形式主义、官僚主义、享乐主义和奢靡之风问题得到有效治理,党风政风行风有新的好转;惩治腐败力度进一步加大,纪律约束和法律制裁的警戒作用有效发挥;预防腐败工作扎实开展,廉政风险防控体系不断完善,党员干部廉洁自律意识和拒腐防变能力显著增强,党风廉政建设和反腐败工作科学化水平明显提高。

8月1日,中国气象局党组会议暨党的群众路线教育实践活动领导小组会议召开。中国气象局党组书记、局长,局党的群众路线教育实践活动领导小组组长郑国光主持会议,带领与会人员认真学习领会习近平总书记在中央政治局第十六次集体学习时的重要讲话精神和7月30日刘云山同志在中央党的群众路线教育实践活动领导小组会议上的重要讲话精神。他要求,气象部门要切实把思想和行动统一到中央领导同志的重要讲话精神上来,确保整改任务落到实处,深入推进教育实践活动。

9月17—18日,中央国家机关工委督查调研组到中国气象局,通过调查问卷、个别交流、集中座谈等方式,就中央八项规定精神和国务院约法三章贯彻落实情况进行督查调研。

10月13日,全国气象部门党的群众路线教育实践活动总结大会在北京召开。中国气象局党组书记、局长、教育实践活动领导小组组长郑国光出席会议并讲话。他强调,贯彻党的群众路线、保持党同人民群众的血肉联系的历史进程永远不会结束,作风建设没有休止符。气象部门各级党组织和广大党员干部要把学习贯彻习近平总书记10月8日在党的群众路线教育实践活动总结大会上的重要讲话精神,作为一项重要的政治任务切实抓紧抓好,深刻领会精神内涵;要振奋精神,巩固和拓展教育实践活动成果,继续打好党风建设这场硬仗,以好的作风保障各项工作顺利开展。中央第12巡回督导组副组长钟攸平受组长邢元敏委托,出席会议并讲话。

2015 年

1月23日,2015年全国气象部门党风廉政建设工作会议在陕西西安开幕。

3月17日,中国气象局直属机关基层党组织书记落实主体责任专题轮训班开班。中国气象局党组书记、局长郑国光作开班动员并强调,要进一步将思想和认识统一到党中央的部署和要求上来,将行动统一到中国气象局党组的工作和部署上来,将精力集中到将落实党风廉政建设主体责任作为党建工作的一项重大政治任务抓实、抓好、抓出成效上来。

3月23日,2015年春季中国气象局党组中心组学习会议召开,深入学习贯彻党的十八大、十八届三中、四中全会精神和全国两会精神,学习领会习近平总书记系列重要讲话精神以及关于"四个全面"战略布局的重要论述,研究气象部门贯彻落实协调推进"四个全面"战略布局的举措、全面推进气象现代化、全面深化气象改革、全面推进气象法制建设、全面加强气象部门党的建设。

5月4日,中国气象局党组召开会议,认真学习中共中央办公厅印发的《关于在县处级以上领导干部中开展"三严三实"专题教育方案》和中共中央政治局常委、中央书记处书记刘云山,中共中央政治局委员、中央组织部部长赵乐际在"三严三实"专题教育工作座谈会上的讲话。中国气象局党组书记、局长郑国光要求,严格按照中央部署,把"三严三实"专题教育作为局党组2015年一项重要工作部署好、开展好。

11月3日,中央第九巡视组专项巡视中国气象局工作动员会召开。中央第九巡视组组长吴瀚飞就专项巡视工作讲话。

2016 年

3月3日,中国气象局党组书记、局长郑国光主持召开党组会,传达习近平总书记重要批示精神,重温《党委会的工作方法》,研究部署气象部门贯彻落实举措。会议传达学习了习近平总书记关于学习《党委会的工作方法》重要批示精神,原原本本学习了毛泽东同志《党委会的工作方法》。就气象部门深入学习《党委会的工作方法》,会议要求:气象部门各级党组织要充分认识习近平总书记重要批示的深刻意义,把学习重要批示精神与学习《党委会的工作方法》深入结合;要在制定气象部门"两学一做"方案中,把学习《党委会的工作方法》作为一项任务纳入其中;要紧密联系实际,学以致用,全面加强部门党的建设。

2月23日,中国气象局党组书记、局长,局党组巡视整改工作领导小组组长郑国光主持召开党组会,会议原则上审议通过《中共中国气象局党组对中央第九巡视组专项巡视反馈意见的整改方案》,进一步落实中央专项巡视反馈意见整改工作。

3月25日,中国气象局党组书记、局长,局党组巡视整改工作领导小组组长郑国光主持召开党组会暨局党组巡视整改工作领导小组第六次会议,听取中央专项巡视反馈意见整改落实工作的进展情况,研究部署下一步工作。会议强调,要认真对照中央巡视反馈意见,切实做到条条要整改、件件有着落;要上下联动、统筹协调、突出重点,将巡视整改工作推向深入。

4月6日,中国气象局党组书记、局长郑国光主持召开会议,迅速传达习近平总书记对开展"两学一做"学习教育的重要指示精神和"两学一做"学习教育工作座谈会精神,就气象部门贯彻落实习近平总书记重要指示精神和座谈会精神、进一步开展好"两学一做"学习教育作出部署。

4月17—20日,2016年春季中国气象局党组中心组学习会议在北京举行,围绕"认真开展'两学一做'学习教育,履行全面从严治党主体责任"进行深入学习研讨。4月18日,中国气象局党组书记、局长郑国光作主题发言,要求深刻理解目标要求,强化政治责任担当,认真开展"两学一做"学习教育。

4月25日,《中共中国气象局党组关于坚持和改进党组民主集中制的意见》印发。

11月20日,《中共中国气象局党组贯彻落实中央关于改进工作作风、密切联系群众八项规定的实施意见》印发。

2017年

1月20日,中国气象局党组召开2016年度民主生活会。党组领导班子及成员以中央政治局民主生活会为榜样和标杆,聚焦"四个合格",对照《准则》《条例》,深入查摆问题、剖析原因,开展严肃认真的批评和自我批评,并提出整改措施。中央纪委、中央组织部等部门有关同志到会指导。

2月8日,2017年全国气象部门党建纪检工作视频会议召开,中国气象局党组书记、局长刘雅鸣作题为"坚定不移落实全面从严治党责任 以优异成绩迎接党的十九大胜利召开"的工作报告,中央纪委驻农业部纪检组组长宋建朝、中央国家机关纪工委副书记刘利华出席会议并讲话。

5月5日,2017年第6次党组会审定了规范领导干部在企业社团兼职、选优配强局直属单位纪检干部等事项。

6月29—30日,中央国家机关工委在北京召开中央国家机关党代表会议,选举产生186名中央国家机关出席党的十九大代表。中国气象局党组书记、局长刘雅鸣,国家气候中心气候模式室党支部书记、主任吴统文当选。

11月7日,中国气象局党组召开2017年第三轮巡视情况通报视频会议,通报巡视发现问题,强化巡视震慑作用,促进巡视整改,扩大巡视成效。会议强调,要以党的十九大精神为指引,充分认识当前全面从严治党面临的形势,正视问题、狠抓整改,用更大的决心、更大的勇气、更大的气力,从严、从实、从狠落实全面从严治党"两个责任",推进气象部门全面从严治党向纵深发展。中国气象局党组书记、局长,党组巡视工作领导小组组长刘雅鸣,中央纪委驻农业部纪检组副组长、中国气象局党组巡视工作领导小组副组长王会杰出席会议并讲话。

11月16日,中央纪委驻农业部纪检组组长、农业部党组成员吴清海带队到中国气象局调研指导,围绕学习宣传贯彻党的十九大精神、深入推进全面从严治党、强化纪律审查等工作进行座谈。中国气象局党组书记、局长刘雅鸣全面介绍了近年来气象事业发展情况,重点汇报了气象部门学习宣传贯彻党的十九大精神、强化党的建设和党风廉政建设、落实全面从严治党"两个责任"等方面情况。

11月20—24日,2017年中国气象局党组中心组党的十九大精神扩大学习研讨班举行。党的十九大精神中央宣讲团和中央国家机关工委宣讲团成员、科技部党组书记、副部长王志刚作"深入学习贯彻党的十九大精神,围绕开启新时代中国特色社会主义新征程"辅导报告,中央国家机关工委宣讲团成员、环境保护部中日友好环境保护中心主任任勇作"生态文明建设在新时代中国特色社会主义事业中的总布局"辅导报告。研讨班学员前往北京展览馆,集体参观了"砥砺奋进的五年"大型成就展。

12月8日,中共中国气象局党校正式成立,11日,中国气象局党组书记、局长刘雅鸣,中央国家机关党校常务副校长陈韶光为局党校揭牌,中国气象局党组成员、副局长沈晓农主持揭牌仪式。

12月26日,中国气象局党组党建和党风廉政建设工作领导小组正式成立并召开第一次会议。会议听取了2017年度气象系统党建工作、党风廉政建设工作、审计工作情况及2018年重点任务安排汇报,审议并原则通过《中国气象局党组党建和党风廉政建设工作领导小组工作规则》《2018年全国气象部门党建和纪检监察工作会议方案》。

2018年

1月16日,中国气象局党组书记、局长刘雅鸣主持召开全国气象部门纪检组长座谈会,学习贯彻党的十九大和十九届中央纪委二次全会精神,研究推进各省(自治区、直辖市)气象部门落实全面从严治党责任。

1月30日,中国气象局党组召开2017年度民主生活会。局党组班子成员以中央政治局民主生活会为标杆,深入学习贯彻党的十九大精神,从学习贯彻习近平新时代中国特色社会主义思想、认真执行党中央决策部署、对党忠诚老实、担当负责、纠正"四风"、严格执行廉洁自律准则等6方面查摆问题、剖析原因,开展严肃认真的批评和自我批评,并提出整改措施。

2月2日,中国气象局召开全国气象部门全面从严治党工作视频会议,以习近平新时代中国特色社会主义思想为指导,深入学习贯彻十九大和十九届中央纪委二次全会精神,总结2017年全面从严治党工作,部署2018年重点任务。中国气象局党组书记、党建和党风廉政建设工作领导小组组长刘雅鸣作工作报告。中央纪委驻农业部纪检组组长吴清海出席会议并讲话。

3月11日,2018年中国气象局党组巡视巡察工作动员部署会在北京召开。中国气象局党组书记、局长,局党组巡视工作领导小组组长刘雅鸣作2018年巡视巡察动员部署。中央纪委驻农业部纪检组副组长、局党组巡视工作领导小组副组长王会杰出席会议,中国气象局党组成员、副局长,局党组巡视工作领导小组副组长沈晓农主持会议,并宣读局党组2018年第一轮巡视组组长授权任职决定。

10月18日,中国气象局在北京召开警示教育大会,传达学习中央和国家机关警示教育大会精神,通报剖析党的十八大以来气象部门违纪典型案例,教育引导广大党员干部以案为鉴,进一步贯彻全面从严治党要求。中国气象局党组书记、局长,局党组党建和党风廉政建设工作领导小组组长刘雅鸣出席会议并讲话。会议强调,要贯彻落实好习近平总书记关于全面从严治党的重要论述精神,深刻认识警示教育的重要意义,坚持问题导向,以高度的政治敏锐性和政治责任感,采取强有力措施,进一步增强廉洁自律意识和拒腐防变能力,坚定不移推进党风廉政建设,推动气象部门全面从严治党向纵深发展。

11月20—21日,全国气象部门组织人事工作会议在北京召开。会议深入学习习近平总书记关于党的建设和组织工作重要论述,贯彻落实全国组织工作会议精神,研究部署当前和今后一个时期气象部门组织人事工作。中国气象局党组书记、局长刘雅鸣出席会议并强调,要深入学习领会贯彻总书记重要论述,切实增强紧迫感、责任感,坚持问题导向,坚定信心,用新时代党的组织路线指导实践,不断开创气象部门党的建设和组织工作新局面,为全面建成现代化气象强国提供坚强组织保证。

主要参考文献

《中国气象百科全书》总编委会,2016.中国气象百科全书-气象服务卷[M].北京:气象出版社.

《中国气象百科全书》总编委会,2016.中国气象百科全书-气象观测与信息网络卷[M].北京:气象出版社.

《中国气象百科全书》总编委会,2016.中国气象百科全书-气象科学基础卷[M].北京:气象出版社.

《中国气象百科全书》总编委会,2016.中国气象百科全书-气象预报预测卷[M].北京:气象出版社.

《中国气象百科全书》总编委会,2016.中国气象百科全书-综合卷[M].北京:气象出版社.

《中国气象事业发展战略研究》课题组,2004.中国气象事业发展战略研究[M].北京:气象出版社.

本书编写组,2012.十八大报告辅导读本[M].北京:人民出版社.

本书编写组,2013.《中共中央关于全面深化改革若干重大问题的决定》辅导读本[M].北京:人民出版社.

本书编写组,2015.《中共中央关于制定国民经济和社会发展第十三个五年规划的建议》辅导读本[M].北京:人民出版社.

本书编写组,2017.党的十九大报告辅导读本[M].北京:人民出版社.

本书编写组,2018.《中共中央关于深化党和国家机构改革的决定》《深化党和国家机构改革方案》辅导读本[M].北京:人民出版社.

气象信息化战略研究课题组,2016.气象信息化发展战略——研究与探索[M].北京:气象出版社.

王志强,2018.气象保障国家重大战略研究[M].北京:气象出版社.

习近平,2018.在庆祝改革开放40周年大会上的讲话[M].北京:人民出版社.

于新文,2017.中国气象发展报告2017[M].北京:气象出版社.

于新文,2018.中国气象发展报告2018[M].北京:气象出版社.

郑国光,2008.气象部门改革开放三十周年纪念文集[M].北京:气象出版社.

中国气象局,2009.中国气象现代化60年[M].北京:气象出版社.

中国气象局发展研究中心,2014.气象软科学2013[M].北京:气象出版社.

中国气象局发展研究中心,2015.气象软科学 2014[M].北京:气象出版社.

中国气象局发展研究中心,2015.中国气象发展报告 2015[M].北京:气象出版社.

中国气象局发展研究中心,2016.气象软科学 2015[M].北京:气象出版社.

中国气象局发展研究中心,2017.《全国气象发展"十三五"规划》辅导读本[M].北京:气象出版社.

中国气象局发展研究中心,2017.气象软科学 2016[M].北京:气象出版社.

中国气象局发展研究中心,2018.气象软科学 2017[M].北京:气象出版社.

中国气象局发展研究中心,2019.气象软科学 2018[M].北京:气象出版社.

中国气象局发展研究中心气象发展报告编写组,2016.中国气象发展报告 2016[M].北京:气象出版社.

中国气象局计划财务司,1983—2017.气象统计年鉴 1983—2017[M].北京:气象出版社.

朱玉洁,唐伟,王喆,2018.气象现代化评估方法与实践[M].北京:气象出版社.

附　表

表 1　1981—2017 年各类业务站点数(单位:个)

年份	地面观测站	高空观测站	卫星云图接收	独立农试站
1981	2552	210	67	54
1982	2547	206	67	54
1983	2541	205	70	54
1984	2524	205	73	57
1985	2581	204	72	55
1986	2506	208	75	55
1987	2500	205	76	54
1988	2489	175	76	54
1989	2479	172	77	59
1990	2479	162	77	56
1991	2493	147	79	60
1992	2490	143	87	60
1993	2490	142	108	60
1994	2484	141	136	60
1995	2487	141	156	59
1996	2539	141	179	58
1997	2569	141	235	57
1998	2691	138	277	56
1999	2800	148	315	56
2000	2819	152	319	55

年份	地面观测站	高空观测站	卫星云图接收	独立农试站
2001	2422	120	356	70
2002	2409	124	391	64
2003	2411	124	413	66
2004	2403	120	389	67
2005	2405	120	435	67
2006	2418	122	384	68
2007	2431	123	496	69
2008	2438	121	621	67
2009	2416	118	311	68
2010	2418	120	361	68
2011	2419	126	363	68
2012	2423	120	363	68
2013	2424	126	364	68
2014	2423	127	364	68
2015	2422	127	245	70
2016	2423	120	380	70
2017	2425	127	380	70

表2　1981—2017年天气雷达数量变化情况表(单位:部)

年份	雷达合计	
		新一代天气雷达数
1981	355	
1982	368	
1983	380	
1984	384	
1985	389	
1986	392	

续表

年份	雷达合计	
		新一代天气雷达数
1987	409	
1988	405	
1989	407	
1990	409	
1991	416	
1992	418	
1993	417	
1994	426	
1995	429	
1996	428	
1997	434	
1998	437	
1999	441	7
2000	436	10
2001	405	16
2002	396	32
2003	426	58
2004	453	73
2005	488	91
2006	523	113
2007	536	136
2008	550	146
2009	602	156
2010	602	164
2011	610	172
2012	645	178
2013	666	160
2014	721	172
2015	766	181
2016	795	190
2017	822	198

备注:新一代天气雷达 2013 年之前为组装架设的雷达数量,自 2013 年开始为实现业务运行的雷达数量。

表3　1981—2017 年气象部门科技成果历年获奖表

年份	国家级	省部级	合计
1981	1	86	230
1982	10	62	203
1983	4	63	200
1984		66	261
1985	32	119	354
1986	3	70	379
1987	7	76	382
1988	7	75	333
1989	7	80	356
1990	2	82	402
1991	12	87	478
1992	5	99	381
1993	4	126	547
1994	4	122	563
1995	6	115	446
1996	4	117	481
1997	3	92	443
1998		56	266
1999		65	377
2000	2	54	280
2001	8	42	178
2002		71	213
2003		52	185
2004	1	54	191
2005		69	236
2006	1	54	245
2007	1	45	65
2008	2	61	233
2009	1	52	84

续表

年份	国家级	省部级	合计
2010		59	59
2011	2	54	56
2012	2	61	65
2013	1	32	33
2014	1	29	30
2015		36	36
2016		48	48
2017		39	39

表 4　1981—2017 年气象部门本科以上学历和副高以上职称变化表

年份	本科以上学历占比	副高以上职称占比
1981	7.96%	
1982	8.85%	
1983	9.09%	
1984	10.03%	
1985	10.69%	0.22%
1986	11.03%	
1987	11.40%	
1988	11.90%	
1989	12.47%	
1990	13.08%	1.62%
1991	13.91%	2.03%
1992	14.49%	2.33%
1993	14.87%	2.95%
1994	15.31%	3.19%
1995	15.84%	3.62%
1996	16.49%	4.63%
1997	17.33%	5.45%

续表

年份	本科以上学历占比	副高以上职称占比
1998	18.18%	5.42%
1999	18.67%	6.00%
2000	18.08%	5.36%
2001	18.95%	5.59%
2002	20.31%	6.45%
2003	25.17%	7.65%
2004	24.66%	7.78%
2005	28.95%	8.41%
2006	32.53%	9.13%
2007	37.44%	9.97%
2008	42.63%	11.07%
2009	48.80%	12.27%
2010	53.80%	13.22%
2011	58.34%	14.13%
2012	63.36%	14.63%
2013	67.88%	15.20%
2014	71.64%	16.12%
2015	74.87%	16.80%
2016	77.58%	18.07%
2017	80.45%	19.90%